U0023183

品質的最新思潮

QUALITY

A critical introduction

著者：JOHN　BECKFORD

譯者：李茂興、留佳妙

校閱：蔣明晃教授

弘智文化事業有限公司

John Beckford

Quality : A Critical Introduction

Copyright ©
By John Beckford

ALL RIGHTS RESERVED

No part of this book may be reproduced or
transmitted in any form by any means,
electronic or mechanical, including photocopying,
recording, or any information storage and
retrieval system, without permission, in writing,
from the publisher.

Chinese edition copyright © 2004
By Hurng-Chih Book Co., Ltd..
For sales in Worldwide.

ISBN 986-7451-04-X（平裝）
Printed in Taiwan, Republic of China

目錄

第一篇

品質概論

概論

　　本書第一篇披露關於品質的所有爭論。第一章檢視提升品質的正反面論點，並探討經濟、社會、及環保等各面向對提高品質的急迫要求。第二章則思考品質在組織中的角色，這關係到目前仍在進行的爭論——即品質究竟屬於策略性或作業性的議題。第三章的焦點在於指出提升品質的障礙，並點出企業現存的文化、系統、及組織流程如何約束了品質的創新能力。第四章介紹管理思潮中的「古典學派」與「人群關係學派」，並闡述它們對品管大師們的重大影響。

　　本書第一篇將探討下列四個重要主軸，以作為讀者們學習品質概念的基礎：

- 品質的必要性
- 品質的角色
- 提升品質的障礙
- 主流取向背後的思潮

2 品質的最新思潮

第一章

品質之必要性的論證

* 凡是萬物皆有累贅之處。

Tom Peters,1992

前言

　　自 1940 年代起，品質就從管理思潮中脫穎而出，且至今仍然是管理思想中的主流議題。雖然最初的研究方向來自美國的理論家及實業家，但日本公司則享有商業應用的初期優勢。提高品質的必要性，曾一度受到西方世界廣泛的漠視或摒棄，然而近年來世界各地的組織企業組織已經紛紛開始採用這些理論與實務。本章關切的重點是，「為什麼」品質能在眾多經理人的心目中擁有如此崇高的地位？本章對於追求品質的必要性提出了三方面的論點：分別是經濟、社會、及環保的必要性。每一項都來自本書作者本人在品質上的領悟及自身對管理的看法。

1.1 經濟的必要性

　　第二次世界大戰以後，消費者的需求快速成長，程度之高，使得當時西方的工業界極為重視生產力。當時成長中的市場渴求商品

，經濟繁榮度又與日俱增，生產出來的一切都能銷售一空。簡而言之，由於需求尚未被滿足，因此企業組織對商品的品質毫無管制的壓力，或許還認爲它們已達到終極標準。是故，正如當初產品及製程科技與今日的差距，當時消費者對產品壽命與可靠度的期望，與現今比起來尚有一段距離。

當市場日益成熟而穩定成長時，日益高漲的生產成本逐漸挑戰企業界所建立的工作方式—尤其是勞工成本及 1970 年代的能源成本。某些企業組織除了縮減原料及研發成本之外，也進一步地對員工施壓，以求能增產更多；有些企業組織則仰賴自動化技術、機械人、電子資料處理等科技來因應；大部分的企業組織則是混合使用這些方法。在技術與財務容許的限度下，更有其他的企業組織採用更方便的方法：將工作輸出到低成本的製造中心去，特別是東南亞一帶。這些組織並非經由改善製程來減少成本，而是藉著轉移生產工廠來從低成本勞工身上獲益。

這種競相追逐廉價勞工的現象，可以追溯到 19 世紀末葉，當時美國的製造業顯現出一片廉價土地及廉價勞工供應無缺的榮景，於是歐洲的企業組織開始建立海外營運中心。而從 1960 年代中葉起，西方組織開始在所謂的亞洲經濟小龍國家中發展營運中心。時至今日，最初脫穎而出的新加坡、香港、台灣等地，經濟皆已成熟（每人每年國民生產毛額已直追西方國家的水準），並開始將工作機會流失給它們新崛起而低成本的鄰國，如柬埔寨、印尼、韓國、越南等。

我們若觀察近年來英國經濟的變化，可以看出某些亞洲公司有一種趨勢，即是將製造營運部門轉移到英國去。因爲英國的勞工如今較以往廉價，且具有高品質工業所需的技術。追隨著這股潮流的著名企業有：日本的 Sony、Nissan、Toyota、Handa，以及韓國的 Lucky Goldstar。國泰航空公司也已經把大部分的紙上作業與會計工作從香港轉移到澳洲去，另有一家英國航空公司由中東操控它們

的顧客轉機泊留中心。

　　明顯地，只要技術與總成本足以負荷這樣的轉移，工作機會就會被吸引到擁有廉價勞工的地方去。目前我們還無法確定這對原先經濟體的經濟影響力為何，但卻很容易觀察到財富在新興國家中成長，而在成熟國家中跌落的相對現象。雖然投資國的企業或許有（稅後的）利潤可匯回國內，可是工作機會及大部分的財富仍留在被投資的經濟體系中，畢竟那裡才是勞工們消費其所得之處。

　　看來企業似乎不斷地追逐著往總生產成本低廉的地區去發展。如果繼續這樣循環下去，那麼很明顯的，一旦新興國家發展出足以吸收大部分製造業及服務業工作機會所需的技術與能力，則成熟經濟體之經濟實力保證一定會長期下滑。

　　因此儘管近年來在產品、服務、資訊科技上有大幅度的明顯進步，但除了某些新興商品及服務以外（如電腦遊戲及休閒設備），我們仍可觀察到許多產品的需求在實際上已受到滿足。

工業活動驅動了服務業

　　若說是製造業工人們的薪資推動了經濟體的服務業繁榮，或許備受爭議。但我們如果觀察任何一個失去其工業基礎的地區，則可證實此項觀點。舉例來說，英國的南威爾斯，在大量流失其礦業、鋼鐵、及造船工業後，就持續苦於高失業率。此處零售業蕭條、房價與其他地區相比之下偏低，對法律及會計等專業服務而言，成本/收益比也偏低。後來由於高科技製造業工廠計劃在本地興建，使得此區有明顯復甦的跡象。我們可以預期到，正如英格蘭東北部一樣，這將為本區整體經濟復甦提供刺激誘因，並延伸至服務業部門。

　　在許多現有商品的汰換循環當中，消費者們佔有決定性的操縱因素：例如說汽車、家電用品、家庭娛樂設備、甚或是個人電腦，只要有額外的特色就會讓其他產品頓時顯得趕不上潮流。而在這個商品生命循環的汰換階段裡，消費者們希望從他們的購買行為中獲得更大的可靠度及持久性，且這些特徵在他們的決策中更形重要。同時，對許多商品而言，由於有來自新興國家的競爭產品，而使商品的選擇及多樣性都不斷擴充。這些新興的低成本經濟體數目，在近年來也大幅度地增加，不只是遠東國家，還有東歐的國家也加入此行列。每一個新的生產者與經濟體都增加了現有市場的競爭程度。摩托車業就是一個很好的例子，其產品不僅由歐洲、日本、美國等地的生產者所提供，也有許多像 Proton、Kia、Hyundai、Daewoo 等亞洲品牌出現。這些在英國的新競爭者，更企圖最終建立遍布歐洲的市場。

　　舉了這麼多私人企業的例子，但對於公共事業部門，同樣的經濟論點是否也適用呢？對這一類部門來說，品質的提升也同樣重要。從全球各處公共部門的行動上，可以觀察到政府在許多公眾服務的成本與效能方面，並不甚令人滿意。近年來，許多公共部門都有民營化或商業化的趨勢，這些公共部門也像許多私人企業或利潤導向企業組織一樣面臨相同的商業限制。像這種國民生產毛額（GNP）的貢獻泰半被政府部門吸收的情形，似乎是很多選民所不能接受，並有可能對經濟體系造成潛在的危害：企業組織紛紛從高就業成本的經濟體系轉移到低成本經濟體的趨勢即為一例，如 BMW 與 Rover 的併購案等（因為英國的就業成本低於德國）。而當西門子（另一家德國企業）進一步地大幅度投資英國時，Mercede 據聞也正在審慎考慮類似的移轉動向，且已在歐洲之外建立了裝配廠。對許多組織來說，目前的境況是更低的稅負就等同於創造更大的財富——而這也回過頭來暗示了工作機會的創造與令人滿意的社會型態。

此時，較為富裕的現有經濟體——如英國，正掀起一股潮流：消費者開始遠離公共部門所提供的服務，而倒向民營組織。當地認為公共部門提供的服務並無法滿足其消費者的需要：故英國明顯傾向民營的健康照護服務，或偏好公立私辦的學校。這諸多觀察消費者所得的種種問題，如果公眾服務部門再忽視不理的話，最後必然會落入荒廢不堪的境地，若不是由於失去公眾支持而全然崩潰，就是只能對支持它們的少數社會中下階層成員提供較次級的服務，且更加重其單位成本負擔。提升產品或服務的品質，恰好給這些公立企業組織一個機會，以提供可和民營組織相抗衡的服務。筆者認為沒有任何民營服務業者會在先天上優於公共部門所提供的服務，只是因為傳統上民營企業更重視求生存的經濟前提而已。

於是提升品質的經濟必要性在本質上就相當明白了——其目的就是要求得組織的生存，最終並獲致整個經濟體系的生存。大師們認為提升品質將可以降低成本、提高生產力，且有許多方式可完成這些目標。一旦消費者對他們的抉擇日益挑剔，則品質將不再只是可有可無的選擇性附加價值，而是飽和市場中企業組織的重要決勝因素。此外，從整個國家經濟體的觀點來看，改善品質問題要比產業外移，或將工作外包給其他海外供應商等方式更具有成本效益的價值。

1.2 社會必要性

正如科技迅速前進一般，第二次世界大戰後，我們對人類的瞭解也有了長足的發展。經由如 Barnard(管理功能)、Mayo、Herzberg 與 McGregor(人際心理學)、Beer(組織控制論)、Ackoff 與 Checkland（軟性系統）等管理學論著者與行動家的努力，管理理論家及科學家們已知悉許多用來設計、管理各種工作與組織的方式。然而，由

於簡單短視之為「無錯不改」的專斷思想，經理人與學者們，皆未採納將這許多思潮發展應用於現實的可能性。在大學與學院中的學者繼續傳授古典的方法——或許因為那是他們所知的全部，也或許只因為他們拒絕「新穎的」想法。對實務經理人來說，要在短期內維持現況不變又是比較容易—特別是外界關注之焦點均是在短期財務績效下—改變總是會耗費能量，並通常會呈現在金錢損益的數字上。結果，我們經營組織及管理人才的方式，經常是極度浪費人力資源與才賦。

更糟糕的一點是：許多人雖身處無效率、無效能的系統中，且其實深知其系統之無能，更重要的是，他們也知道如何去改善修復。因而這樣的系統不僅浪費人力資源，同時也打擊了其成員與使用者的士氣，並有損他們的才能。令人驚訝的是負責這些工作的人員，通常都能指出讓工作可以及時準確完成的捷徑或秘訣，但系統本身的組織方式卻忽略了這些重要的變因。

正如所見，若人們確實有能力將工作做得比系統所要求的更多更好，那麼經理人目前就是在浪費資源。這本身足證，除潛在效益以外，「改變」對提振人員士氣也是必要的。若從社會凝聚力的觀點出發，每個經理人都有責任盡量擴展其部屬的發展機會。這將可以導致令人滿意的勞動力、對組織的忠誠度、及安定的社會型態。

但減少人力資源浪費的負面效果則是：一旦達到一定的品質之後，市場成長停滯，不再吸收日益增加的大量產品，則可能使失業率大幅度上升。因為企業會發現他們沒必要維持目前的雇員人數（且這麼做耗費太高——因雇用多餘員工會使間接的額外成本增加）。這種心態於是推動了 1980 年代企業組織的「規模縮減」風潮——要極力將員工人數減少到最低限度。

自 1970 年代起，在已開發國家的許多都市圈中，可以發現到高失業率創造出社會疏離的傾向。一種不安與不抱希望的感覺，常造成社會騷亂，以及藥物、酒精濫用、犯罪率日漸升高等所謂的反

社會行為。例如曾發生在利物浦、伯明罕或英國其他城市中的暴動、犯罪統計中所報導的藥物濫用增加、扒竊行為加劇，以及私生子的增加等，特別是在青少年當中尤為嚴重。若我們提升了品質水準，卻也同時使社會解構，這當然令人無法接受；但繼續產出劣質品，以維持短期內的就業率，又非長久之道——最重要的是，消費者市場也不會容許這種現象。因此，有必要以大規模的討論來處理這個議題，畢竟能在提升品質上有所成就的國家，將具備對產業的吸引力，而導致該國經濟上的成功。所以不可避免地，這個議題將具有國際性的影響力，而遠超過個人或一般組織所能處理的能力範圍。同時，市場的變化腳步不會停息，因此我們也必須採取行動來維持、發展各種產業。

品質必要性的第二種論點，乃紮根於經理人的責任：其責任在於將人力資源浪費降到最低，並藉由部屬的工作來達成最高的滿意度，並在經理人的能力範圍內，集結穩定的社會凝聚力。

1.3 環保必要性

最後一項品質必要性的論點則有關環境保護。由於有 Lovelock (1979、1988、1991)等作家的經驗與觀點之推動，並伴隨著環保社會運動的產生，使現今的人們普遍認知到：世界上的資源是有限的，尤其是化石燃料（煤、石油等），且使用此類燃料會危害到地球上的整體生態。但可取代的能量來源，如太陽能、風力或波浪推動力，現在既無法馬上取得，也不似未來可能應用時那般廉價。

因此，當我們在經營一個組織時，若不注重品質的提升，就等於是在浪費這些有限的資源。品質優良的產品、製程與系統，可以將生產因素（勞力、原料、土地及資本）的使用縮減至最低程度，因而也將對環境的傷害降到最少。舉例來說，一個能達到 Crosby

「零缺陷」要求，或是 Shingo 的「Poka-Yoke」（譯註：也指零缺陷）標準的製程，將不會產生重製品或修正品。這樣的製程在產出時使用最少的成本、原料與人工，若與會產出缺陷品的製程相比，前者對環境的傷害自然較小。

當然，除了「超人」這種虛構的小說人物以外，若是要求個人或組織單槍匹馬地「拯救世界」，未免期望過高。但是，我們可以期許個人或企業組織在適當的程度上，為此做出貢獻——也就是依照個人所處的地位等級，以及往上往下延展的各個層次來發揮。這些層次可以包括個人、企業組織、利害關係人、地方社區、國家社群、及國際性團體等。

對個人來說，他（她）或其雇主有責任以最小的資源耗用量來完成其職責。這有賴於企業創造出能以最小耗費量來完成個人職務的工作環境，例如確保工具的功能正常（鋒利、精準等），並有足夠的時間讓員工能在適當的注意力之下完成工作。

對組織的經理人而言，他們應從組織行動的資源運用及環保因果關係等角度，來考量組織的整體效能。這表示他們可能要進行某些額外的投資，以減少對環境的危害。這當然必須獲得企業中其他利害關係人的支持，特別是股東們——股東們必須接受組織的環保責任，也要對組織履行責任所產生的報酬抱有心理準備，縱使在短期內這些報酬或許會比其他的投資報酬來得少。

就組織所在的社區而論，它必須在衡量環保事務時，對組織的舉動保持一定的期許，並將這些期許加諸於組織身上。同時，它也必須接受自身所應負的責任。舉例而言，在有關廢棄物傾倒的問題上，社區應對組織有所限制與期望，但也應提供適當的技術來進行傾倒。就經濟上來說，雖然社區層次只能提供某些特定的資源，如焚化爐與回收場，可是社區也有責任確保這些設備供應無虞。

在國家層次上，也可以應用相同的考量。國家對它本身、對其選民、以及對國際性的社群團體都負有責任。這責任包括了環保標

準及要求的設立、維護、與推行，並應創造出足以強化這些期許的
環境（可透過稅負等方式達成）。

推進至國際性層次時，其責任型態也是相當雷同。國際性社群
必須進行環保標準的制訂與執行。雖然各組織的型態可能差異甚大
，如工資率、組織文化等等，但國際性社群應對社群成員實施齊一
性的環保規章要求。

每一個層次，都有必要且有責任去進行環保事務的教育與傳播
，並以全面性的觀點瞭解其需要。因此品質必要性的第三個論點，
即是要處理這日益高漲的共同渴望：減少環境危害，以確保所有生
物的生存。這是一項與各階層世界公民都切身相關的責任。

摘　　　　要

本章指出並闡釋了當代提升品質的三項必要性論點——經濟
、社會、及環保。從這些不同的觀點、簡明的論證中，可以對組織
提升品質的各種想法，發展出合理而共通的瞭解與需求。

學習要點

提升品質的三個必要性論證點：經濟、社會、環保。

經濟：

成熟的市場與區域飽和；工作機會追隨著（相對）廉價的勞工
發展；製造業會推動服務業的收益——故經濟體系必須保持平衡；
公共部門必須用同等或更低的成本，提供更佳服務，以滿足大眾的
期望；最終的要求是求得經濟上的生存。

社會：

　　品質低劣的產品與服務，是一種人員能力與才幹的浪費；在品質低劣的環境中工作，將消磨工作者的士氣；本論點是希望將人才的浪費達到最小，並使其工作滿意度最大化。

環保：

　　世界上的資源有限；我們有責任將資源浪費及環境危害降到最低程度。

問題

　　在你所處的社會中，請問這三個有關品質必要性之論點能應用的程度為何？

第二章

品質是策略性的決策嗎？

重點在品質，而非數量。

江澤民　中華人民共和國前國家主席（1996）

前言

　　一項成功的品質提升計劃，將耗費可觀的組織資源。故瞭解此等計劃是否能為組織創造價值，如何為組織創造價值，將極為重要。從以上引言中可知：中國大陸，這個擁有 12 億潛在消費者的舉世最大新興經濟體，不只是將品質視為一項組織性的議題，而且當作國家性的議題來對待。這樣的立場更強化了以下的訊息：所有想要生存並成功的組織，都必須認真地看待品質問題。

　　在本章中，我們將透過傳統公認的各個管理決策層面（作業面、行政面、策略面），探討品質在組織中的角色與意涵。也將介紹「規範性決策」的觀念以增進讀者們的瞭解。並從作業管理層次開始評估組織提升品質的意義。

2.1　作業面

　　作業管理所關心的對象，是那些確保組織得以達成近期目標的例行活動。這些目標可能包括短期獲利能力，或達成某特定水準的

產出、良品率、生產力等。作業性決策通常或多或少會對組織造成立即性的衝擊，影響到某天或某些工作班次的工作內容，例如輪班程序中的產品變動。

　　本書第四篇的章節中，會顯示出傳統的品質工具主要是針對作業層次而來。它們企圖在日常基礎上，協助經理人與員工生產出高品質的產品與服務。其焦點在於預防錯誤發生、減少重製品及修正品；並致力將檢查縮減到最小程度，持續改善。要達成這些目標，則透過工廠現場績效評估制度的利用，將其結果通知諸如品管圈及工作改善小組等單位。這些作法讓員工們反映出在產品或服務上所遭遇的困難與問題，並透過眾人之力尋求解決之道。

　　從組織需求的觀點來看，則可以用 Herzberg 激勵理論的概念來比喻。Herzberg 認為，影響動機的工作狀況可概分為兩大類：保健因素與激勵因素。保健因素的特性是指工作環境中若缺少它們，就會引起不滿。它們的存在並不能激勵員工，但卻可以創造出具有激勵空間的狀態。激勵因素的特性則是能夠鼓舞員工付出更大的努力。

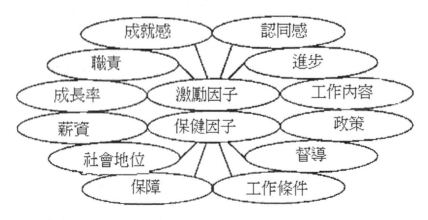

圖 2.1 Herzberg 的雙因子激勵理論

在這個比喻上，我們可以將對作業品質的要求推想為保健因素。缺乏作業品質焦點代表更多的錯誤與失敗，但它的存在並無法保證更高的品質水準，因為還有組織中的其他部門會左右結果，如規劃、設計、及行銷。

作業管理的角色在於達成組織所設的品質要求——但這只有在更高階決策所設的限制範圍下才能做到。明白地說，如果品質並不在組織高階主管的考量中，那麼在作業性層次上將極難貫徹。

2.2 行政面

行政管理在於妥適分配、運用並控制組織中現有的營運資源，以達成組織的近期目標。它是作業管理的控制部門。行政經理人的行動會受限於更高階經理人，致力於在達成組織目標時謀求資源利用最大化。

在這個管理層次上，浮現了提升品質的第一項重大限制。一位行政主管，例如說工廠中的生產部經理，可能會發現在滿足顧客的交貨量要求與品質要求之間，他（她）是處於兩相衝突的位置上。此刻，上述經理人的優先性考量就決定了衝突的結果。問題很簡單—「組織認為在交貨時何者更重要？數量？或品質？」除了觀察經理人的行為之外，這個解答的線索也可以從組織的績效評估制度中略察端倪。若評估制度著重數量，則交貨量將凌駕於品質之上，反之亦然。

在行政經理人所採用的績效管理系統中，品質管理系統（無論是 ISO 9000 或近年來的 ISO 14000）應佔有重要的一席之地。但若整個管理系統並未把品質視為首要之務，則它是無法在這個層次上取得優先性的。

在這個時候必須提出一項很重要的認知：即品質不該只應用於組織的作業面，也應運用在所有使作業性程序得以發揮作用的支援與行政程序上。例如，我們可以將人員招募系統想成一個具有生產性的程序，它提供技能與人格特徵都足以勝任工作所需的員工給營運系統（顧客）。如果它在這一點上失敗了，要期望作業程序發揮作用達到適當的品質水準，就很不合理了。同樣的想法也適用於訓練、獎懲系統、設備及原料採購等方面。

因而行政經理人在品質的交付上負有雙重責任—這兩者並無孰輕孰重之分—它們是同樣必須的。一是創造出其產品或服務能滿足顧客的作業環境；另一項是確保他（她）自己的系統或程序也能交給作業性「顧客」們滿意的結果。

2.3　策略面

策略管理牽涉到組織活動的範圍、市場、產品或服務、及市場定位等。它所處理的問題是組織應如何發展並因應未來。策略制訂程序必然會導致帶有某程度不確定性的結果。所以策略性決策最好從可能結果的角度思考，而不是從牽涉到作業性或行政性的短期現實面出發。這一類失敗最有名且常被引用的例子即為 IBM，它當時認為電腦的未來在於大型主機系統—這個決定讓它在個人電腦的發展中遠落於競爭者之後，而在初期時無法增加其市場佔有率。因此策略制訂程序在品質上，也必須接受如作業程序般嚴謹的方法。然而，我們還必須思考：採取一項品質提升計劃或成為高品質組織的這項決定本身是否具有策略性。

Michael Porter 在一篇哈佛商業評論（1996）的文章中，與作者在 2.1 節中的想法類似，他認為「營運效能與策略對卓越的績效而言同屬必要」，但他也提出：「許多公司受挫於無法將組織效能改善

的利益轉換成持續性的獲利能力」。他指出：一旦某家企業在組織間採取設定標竿或技術移轉等方式，而使得績效增加，則其他組織很快就會仿效跟進，這可能造成一種長久的僵局—沒有永遠的輸家也沒有永遠的贏家—因為產品或服務之特徵的同質性越來越高。如果策略管理的目的是要為組織創造並維持其競爭優勢，那麼這就代表追求高品質可能相當違反策略，尤其是在齊一的環境下。如果所有的廠商都競逐同樣的品質水準，則它顯現的是減少競爭優勢而非加強，只是增加組織間的類似性——而這可能無法表現產品或服務真正的潛力。

然而，這並不代表提升品質全無策略性意義。Porter 的著述指出：特定市場中的每個組織，都會設法去仿效公認首屈一指的組織之行動。但也並非總是如此。某些組織並無意願與眾人同步。他們可能把程序知識（組織效能的關鍵之一）視為一種私有的財產，就像他們對待品牌商標或其他智慧財產權的項目一樣，如石化工業就有「產品即製程」的箴言。同樣的，由於背景上的差異，一項能在某文化背景下使組織獲益的行動，並不一定能為不同文化下的組織帶來相同的好處。Hofstede（1980）曾約略探討過這個觀點。因此競爭優勢的表面損失對各產業來說無法一概而論。

同時，居於領導性地位的組織，即其他組織的標竿目標，將會設法持續改善其產品與程序，以保持它們所擁有的優勢——這使它們不因此自滿。因而在任何產業中，我們皆能以一種不可避免的時差分辨出領導者與追隨者：起自領導者引進某項改良，直到它能在產業中推廣到其他組織為止——可能透過設定標竿或具創意的模仿方式推廣，這時差能使產業中保持競爭狀態，並支撐領導性組織的價格或成本優勢。並非所有的革新都會在瞬間為整體產業帶來利益，除非它是由外界所推動，如牽涉到政府法規或主管當局；或受產業結構要求而改變。銀行業的系統革新，如銀行間支付清償的新方法，必然要等到它被大量企業組織同時採用時，才能真正發揮效

用。作業效能的改善，在大多數情況下，也直到它被其他組織所仿效時，才能為革新的組織帶來利益。這種重視不斷革新與改善的作法正與 Porter 之「差異化」策略不謀而合，即創造出具有價值優勢的市場認知。

但是，其策略性意義遠不止於此。到目前為止，我們在策略管理上的意見基本上是內省性的——針對組織與產業本身。如果我們現在看看外部環境，就能觀察品質改善對消費者行為所造成的影響。它對生鮮或消耗品而言影響不大。假設在頗為成熟的市場中，提高一條麵包或磨菇的品質，可能會影響消費者的選擇，但也只是讓某廠商略勝其他人一籌及微量增加的整體產量而已。當我們觀察消費者耐久產品時，整體的影響會更加清楚。

任何現有的消費者耐久產品，在其生命週期的成熟期階段，都將遭遇到產量成長的限制。有些消費項目的市場有限，如汽車、洗衣機、微波爐、或洗碗機等。在這些狀況下，更新或升級現有設備的需求常左右購買行為。這些已進入消費者汰換週期的產品，其品質在消費者心目中也許受到諸多因素的主宰。當然這些因素包括了可靠度、耐用性及其他因素，如價格、外觀、運作噪音、與品牌。如果我們以一位耐久產品製造商的身份，致力於改善可靠度與耐用性，則其效果即為拉長汰換週期（兩次採購間的時間長度），這對表面的市場規模具有直接影響。於是品質改善減少了特定項目的整體銷售水準，且若市場已成熟，則供應商的成長機會將決定於它能從對手手中搶到的消費者數量。除此之外，這種因果關係將推回組織中，影響到為滿足需求所必須製造的產出量。這也直接衝擊到每一個組織所做的策略性決策，因為策略性決策意味著一個將大量組織資源移轉給期望成果的承諾。想想以下的公式：

改善品質＝

增加銷量＝

增加產量＝
額外的產能需求

　　這公式可能在根本上就有瑕疵。第一，因爲提高品質應能從現有的設備中獲得更大的產出量。第二，因爲品質水準的改善可能大幅拉長了汰換週期，而導致整體市場量的損減。汽車產業就舉證了這樣的可能性。

汽車產業

　　在 1950 到 1970 年代期間，汽車業的產品除了某些光榮的特例之外，無論美國、英國、或歐洲，都普遍被認爲是既不可靠又昂貴的。這些因素伴隨著當時東西方間的龐大勞工成本差異，使得日本的汽車產業快速成長，並大量滲透進現有的市場中。當時一般認爲汽車只有低於 5 或 6 年的壽命，並且在開了 3 年（或 40000 英哩）之後，就變得極不可靠並容易故障而需要更換。周邊零件如離合器、方向盤系統、煞車系統、及發電器等，也都差不多在這個里程數時需要更換。

　　在面臨著高品質進口汽車威脅的滅亡危機下，汽車業終於帶著許多財務與人事上的陣痛強調起品質來。現在通常認爲汽車有 5、6 年的壽命是很平常的要求，而零件（如以上所指）的有效期限也比以前長。里程數在左右汽車的可靠度上，也成爲較不重要的因素了。服務歷史（指良好的維修記錄）變得比較重要。製造商與其供應商通力合作，極爲戲劇性地提升產出品的品質，而幾乎毫無例外地，製造商都在他們的裝配廠中爲產能利用苦苦掙扎。雖然新車市場已較 1950、60 年代時擴大許多，但仍未成長至汽車現貨供應的預期數量。消費者可以倚賴二手車，且因爲車體與其他零件的耐用性提高，而維持了它們大部分的價值。至於新車的成本（尤其是在

主宰英國市場的集團採購者中），已經高到讓一般消費者不願也無力支付製造商開價的地步。對那些消費者而言，等值的金錢可以透過二手車市場綽綽有餘地滿足其需求。

這些由於製造商提高品質而推動的購買者行為變化，實質上也反過來影響了廠商蓋建新廠、發展新產品、擴展產能等等的策略決策。

故我們可以下結論說提升品質必須視為具有策略性意義。第一，制訂策略的程序必須呈現品質的特徵——即此一程序本身必須正確地設計並加以執行。第二，選擇提高品質水準的影響符合了一般性的差異化策略。第三，由於提升品質可能改變消費者行為，而對策略性決策產生衝擊。這回過頭來可能排除了建立新設施或新配銷通路的必要性。

2.4 規範性決策

我們已經考量過組織中傳統公認的各個決策層次。然而，組織所處世界所展現的變化本質，以及日受矚目的倫理議題，如道德、環保主義等等，在在促使我們更進一步探討。規範性管理決策所關心的正是這一方面，它幫助組織釐清自身的本質，也就是組織成員所擁護的價值觀、期許與信念。因此而衍生的規範應確保組織在倫理上符合利害關係人及社會大眾的要求。

一個無法迎合利害關係人的組織，可能會失去它的顧客——這是因為它無法反映出顧客的期許；或落得遭人輕視，正如許多國家中的公眾服務。雖然當今消費者對某組織或品牌的忠誠度，的確高漲到以品牌象徵某項產品的程度－如 Hoover（真空吸塵器）、Sellotape（透明膠帶）、Post-it note（隨意貼便條紙）等等－且透過

各種忠誠計劃不斷加強（如飛行里程、超市折扣卡等），但這些都留不住一個打從心底不滿產品或服務的顧客。當政黨未去聆聽賦予它們權力的選民之心聲時，特別容易失敗。一旦某特定政治團體的規範標準無法反映出它們社會的期望時，人們就會透過民主程序或革命方式揚棄它們。商業組織中也有類似的現象存在。一旦產品或服務的特性無法滿足消費者的需要，或是組織的舉動讓人無法認同接受時，顧客們就會「用腳投票」，上別家去買。舉個例子，就像在種族隔離時代時還和南非做生意的那些組織一樣。當無法達到銷售及獲利目標時，組織的股東們（多半是大型的金融機構）就會罷免執行長，並另雇他人以挽救局面。因此對企業的生存（和那些想保住自己權位的人）來說，非得傾聽顧客們的要求並建立滿足這些需求的價值規範不可。

近年來許多組織孜孜於提升品質，正是對這一方面的回應。成熟市場的消費者在呈現於他們面前的各色各樣選擇中，尋找具有可靠、高品質（由消費者自己定義）的產品或服務，而不對此做出回應的組織將會失敗。

在第二篇中將介紹的品管大師們，也全都強調資深主管對品質概念加以承諾的必要性，以確保品質能夠貫徹。這承諾即產生於對規範的管理中。消費者回饋給資深主管的期望則完成了組織決定下一步行動的迴路。這個迴路正是資深主管必須信守承諾的原因。

規範決策左右了組織在策略層次上可接受的問題與抉擇。因此會預先為策略決策程序設下限制（Espejo and schwaninger,1993）。策略決策為組織創造了潛在的新價值—明日如何獲利—這卻也預限了行政與作業層次潛在的決策。此時，儘管行銷活動可能可以影響消費者行為，但組織已大大失去對市場的控制。若規範性決策錯誤，消費者就不會買。

在許多組織中，規範決策是透過諸如「使命聲明書」或公開願景等措施來表達，以企圖顯現組織擁護的價值觀。人們常認為做了

聲明，工作就結束了。然而，若所表達的價值觀並未展現在資深主管的言行舉止中，或是組織的績效評估與獎懲系統中，那麼基層主管與員工們是不會有反應的。他們會寧可去回應資深主管實際的表現與期許，評估其所作所為，而非口頭宣言。正如 Charles Handy 教授所說的，資深主管能「行如其言」是很重要的。

摘　　　　　　　　要

　　本章回顧了品質在四種管理決策層次背景下的角色與定位——作業面、行政面、策略面、及規範面等。明確指出組織若要生存，則需將品質概念根植其中。雖然傳統主要的品質工具著重於作業與行政層次，但本章已指出它遠不止於此。若資深主管並未全然地在所言所行上展現出對品質的承諾，那麼組織便不會真心注意品質問題。若欠缺這份關注，是無法建立一個高品質的組織。

學習要點：

管理決策的四種層次：作業面；行政面；策略面；規範面。

・作業層次：具有立即性衝擊；關切日常活動。
・行政層次：分配資源以完成目標。
・策略層次：著重活動範圍及發展的方向。
・規範層次：著重組織的本質、價值觀、信念、與期許。

品質觀念應根植於各個層次中。

問題：

　　你所處的組織中（企業、或大學/學院）有哪些規範？你從何得知？

第三章

提升品質的障礙

消極抵抗是人類所擁有的最強武器。

Benjamin Tucke

前言

　　本章旨在為讀者們介紹某些提升品質的阻礙。指出這些障礙如何產生，如何辨認。本章將障礙分為四個主要的類別：

- 系統與程序障礙
- 文化障礙
- 組織設計障礙
- 經理人觀點障礙

　　每個類別中都包含各種其他因素，但這些因素只是徵兆而非根本主題。在本章的最後一個單元中，我們將探討品質的代價（即品質低劣的程序與產品所付出的代價）。

3.1　系統與程序的障礙

　　許多組織或多或少都會透過官僚式的程序來運作，尤其是中大型且歷史久遠的組織。這表示這些組織由職位或官階（Weber,1924）的階級系統組成，並且藉由正式報表、文件、與檔案記錄以維持組

織運作。這並不是壞事，實際上這對交付制式貨物來說是很必要的——尤其是服務性組織，或是透過散置的配送網路運作之組織（如零售連鎖店或銀行等）。若沒有制式方法的話，顧客很容易混淆，而組織也易於失去控制。

　　然而，問題也就出在這樣的系統上。第一，系統與程序可能過於僵固，這是指它們會讓組織「凍結」，導致變革與適應的壓力遭受到高度的抗拒。此刻，當有必要因應顧客新的期望水準作改變時，就變得相當困難。這就是一個提升品質的障礙。當員工使用「我們以前都是那樣做」的字眼時，你就會看到它的存在。運用慣例作為當前決策基礎的方法，在生活中相當普遍，尤其是在高度依賴判例的法律實務與市政運作上。讀者們也許記得 Lynn 與 Jay 所寫的「Yes Minister」中，當 Humphrey 先生與 James Hacker 神父討論榮譽制度時的對話：

> 「我告訴他別傻了。但這讓他更加憤怒。『沒有道理…』他邊說邊伸出手指戳向虛空。『…去改變一個以前都運作得好好的系統。』
> 『但是它現在作得並不好。』我說」

在當今的組織氣氛下，依賴慣例還必須要思考威脅是否有衝擊性，以及是否能從機會中獲取利益等問題，即使這些慣例在以往曾經是可信賴的。

　　第二個問題：認知，可能是提高品質的更大阻礙，特別是在 Crosby 型態背景下的品質提升專案中。這一類專案相當倚賴勸告、傳道式的方式。然在大部分個案中，經理人與員工們，都專注於達成那些評估方式清楚明白的績效表現。而組織的系統與程序（特別是與績效評估有關的部份），又很容易去決定哪些組織特徵最受矚目。譬如，Beckford 舉了一個糕點工廠的個案：其生產部門的績效

反映在兩項簡單的評量標準上——即計時產量、與人工利用率。因此生產部經理設法在日常工作中極力增加這兩項特徵，而得到極大化的成就。但不論是內部品管部門或外部顧客對於品質低劣的抱怨，卻都在追求高產量的程序中被視而不見。儘管超出 Beckford 的研究領域，個案中的組織卻有必要在實現任何長久的改善之前，先重新設計其績效評估制度。

這裡所透露出來的品質提升障礙在於工作者的認知——也包括了所有經理人在內。組織中的員工們會努力達成經由官方評量所建立的目標，也就是組織透過績效評估制度指示員工們應重視之事物。在組織中要發現這個障礙很容易。只需要看看績效評估的方式就成了，它會告訴你組織以何者為重。而即使品質績效也受到正式的評估（通常沒有），仍可以透過與生產力或其他衡量標準的優先性比較，以判斷出其重要性。

克服這些障礙的方式，在本書稍後的章節中會談到。目前，能瞭解到系統與程序在設計上，應注重績效準則的選擇以支援品質水準的提升就夠了。若品質的確是組織所期望的產出特徵，則應以某種方式在某程度上予以評量，且必須考慮顧客的需求——不論是內部或外部顧客。

3.2 文化障礙

發展重視品質的組織文化，在品質提升中是很重要的一環。但何謂文化？依據 Clutterbuck 與 Crainer（1990：195）的描述：

組織中大部分或全體成員所認同的一套行為與態度的規範標準，透過自覺或潛意識，它會對人們解決問題、決策與進行日常工作的方式造成相當大的影響。

　　Schein 引用 Clutterbuck 與 Crainer（1990：196）的說法，認為文化是一種主宰組織中之行為的「藝術、價值觀、與根本假設」。在本書中，「價值觀」與「信念」是以許多方式表現在外的重要文化驅動物。通常在資深主管向員工們傳播績效重心的衡量系統與程序中產生。最後，這些觀點會根植於文化中，而成為組織價值系統的一部份。

　　信念與價值觀也常透過組織中的儀式、故事、與寓言表現出來。它們透過正式或非正式的管道交換，並引領新進者融入特定的行為或態度中。不順應者則被視為激進份子，而被排除在組織的「文化網絡」之外（Johnson 與 Scholes，1993：60）。

　　根深蒂固的行為規範是組織最難改變的部份之一。較之其他目標的達成，若品質的提升在先前未被重視，則改變既有價值觀將需要極大的決心與努力。再一次地，也許我們可以用歷史個案來說明這個論點。現在許多公司已揚棄了當初在第二次世界大戰後所興起的制服規定。或許制式服裝最有名的例子就是 IBM——灰西裝、白襯衫、及單調的領帶。接受這套服裝規定表示個人接納自己屬於組織——成為「公司的人」。IBM 和其他許多組織現在已經正式廢止穿著標準辦公服裝的規定——但要花多久才能讓員工接受這種改變呢？Fletcher Challenge Steel 是紐西蘭最大的公司之一，它在 1980 年代就已正式廢止服裝規定，但至今大部分的員工們仍固守不移。Fletcher Challenge Steel 的執行長（是位英國人），在過去六年多的期間內都採取較輕鬆的穿著風格—短袖且偶爾領口敞開的襯衫—他的穿著在公司內頗為顯著，但仍無法改變大家的作風。比起提升品質水準的態度改變而言，要改變服裝規定算是相當容易的了。相反地，在某些日本公司中（但絕非每家公司皆如此），所有的職員—甚至上至執行長—都穿著同一式的企業工作套裝。它們主張如此有助於減少或消弭階級間的差異，增進溝通；而且一致感可以增加員工間的契合度。

可見文化常是決定行為舉止的重要因素。在接下來幾頁中，我們更將考慮到一些組織文化的特殊層面。

組織環境中的政治活動，通常並不是指不同意識型態的團體間之公然競爭，雖然這有可能。一般是指組織中各個次團體私下的權力競逐，即競逐具有權威與影響力的地位，以能在管理組織時反映他們的偏好。這些團體可能奠基於特定的技術或部門能力上，例如行銷、財務、或生產等；也可能具有共通的背景，如同一時期進入組織且並肩發展事業，或是擁有同一大學學歷、同樣的宗教、甚或是同鄉。身為在組織文化下的次文化團體，這類團體通常具有龐大而靜默的影響力。如果組織中這類團體相當強大，則其利益可能會被擺在組織利益之上。這成為另一個提升品質的障礙。從這些次團體的觀點來看，提升品質水準必須成為全文化的要求。特定團體的利益必須配合或從屬於組織追求高品質的利益之下。

把這些有關績效評估制度與政治上的既有觀點連接起來，組織中的員工們真的關心工作，特別是產品或服務的品質嗎？如果沒有，那麼不論因何目的，都不太可能提升品質。這樣的態度往往透過經理人管理組織時所設的重要性順序與結果而推動。舉例而言，如果組織獎勵的是生產最多而無視品質的人，那麼生產力（產出量）就會成為眾人的焦點。但若換另一方面，獎勵品質優先於產量，則品質將居主導權。

品質水準的提升，特別是在 Kaizen（日語：持續改善）的意義上，有賴於充分的革新。創造力（新觀念或革新的源起與實行）常被壓抑於組織的階級制度之下。這可以從以下的字眼中透露一二：「不要搗亂！」「是的，你說得對，但為了你的工作/加班時間/同事們……」。組織缺乏創造力並非人們沒有創意，因為創造力是我們與生俱來的。這多半表示人們的創造力在組織中窒息，而在工作場所之外顯現。

大型或成功的組織通常會吐露一種滿足的低喃。它們對事物有一種自滿自足的氛圍。這種狀態造成品質提升的龐大障礙，因爲並沒有需要改變的明顯強制力或誘因。這類滿足感常見於擁有短期目標焦點的組織中——也可能是缺乏遠景。它們假想這段期間裡凡事都很好，那麼接下來凡事自然也會很好。災難或近日的不幸常會橫掃這類組織。

康柏電腦（Compaq computer）

過去曾廣泛報導過，在 1990 年時，康柏電腦，世界前 400 名的公司，達到了３６億美元的銷售額，以及４.５５億美元的毛利。而在下年度第二季時毛利下跌了 80%，第三季時更出現了虧損。康柏企業在品質方面聲譽無可匹敵，價格在其採購準則表上排第七。因之雖然它們享有高品質產品，但價格對消費者而言卻比其他對手高。一旦市場有變，價格成爲消費者的優先考量，而公司中滿意的單音卻蓋過了市場所發出的警告訊息。其後康柏經歷了一次重要的策略重整才努力回歸獲利面。

這在一本談品質的書中看起來或許是個不當的例子，但它卻有力地強調了：「品質不僅只談品質。」

也許缺乏前瞻的最佳例證是由 Handy 所提出的：

> 我喜歡有關秘魯印地安人的故事。他們看到西班牙侵略者的帆船時，把它當作是天氣反常，而繼續做他們的工作。在他們有限的經驗中對帆船毫無概念。抱持著一貫的假設，他們忽視了不對勁之處而任由災難來襲。我還喜歡有關青蛙的故事。若把它放在緩慢加熱的冷水裡，它便不會掙扎跳躍，而直到最後被活生生煮熟為止。太過安於現狀將不會瞭解到：恆定在某

　　點會變得不穩定，而需要在行為上有所改變。

　　在動盪不安的現代企業環境中，這種穩定連續的假設極為危險。以持續改善、標準化、常態化等意義追求高品質時，也必須注意不連續變動的可能性同佔一席之地，特別是策略性優勢常隱含於這一類不穩定性的縫隙中。

　　在文化的廣大標題下，我們所要簡單探討提升品質的最後一項障礙，是責任。要提升品質，必須承認錯誤、追蹤錯誤來源並矯正之，並對相關事物採取預防性或補救性行動。

　　但在許多組織中，這項程序受到採取責罰態度的次文化所壓抑。認知錯誤的程序由察知、貫徹（有時是迫害），及懲罰的程序展開。本書並不打算辯護這種方法的社會價值如何，但卻認為那可能有本質上的負面效果。這最後可能導致了 Deming（1982：107）所提出的情形：「恐懼支配眾人。」在這種狀況下，錯誤也許會被隱匿或掩藏。在無法掩蓋之處—如製造性組織中—則有可能藉由卸責或拒絕接受責任以避免受到懲罰。

　　想克服這項障礙，則應認知到：錯誤的發生常是學習的機會，且是修正程序或系統以避免未來再度發生錯誤的基礎。但這自然要視情況而定，若是有意或刻意引起過失，則應找出負責的人並予以適當處理。然而，在大多數組織中，或是大多數情況下，過失的成因可以追溯到程序設計或執行的缺失、人員訓練的缺失、或工作設備的缺失上。這些方面應是首要的矚目焦點，且在一個高品質組織中，應盡量避免使用懲戒。但在許多個案中，它們卻到最後才被注意。經理人常偏愛歸咎於某人，或許是因為那比接受責任疏失在己要容易多了——這就產生了卸責文化。舉個例子，某組織雇用了一群行政人員管理郵局與行政系統，以便服務外勤業務員的需求。業務人員甚少到辦公室，而高度倚賴行政人員維護顧客造訪的紀錄與時間。以活動計的薪酬制度表示出業務員完全仰賴行政系統，以確

保他們的工作領到正確無誤的報酬。而系統的延遲導致了支薪的固定延誤。導致已完成的工作未獲得報酬,以及膽大妄為的業務員因延誤而提報未完成的工作,以矇騙系統。該營業單位運作於是產生問題。業務部人員開始進度落後,而其他人則到了好幾個月後仍未領到任何薪水。在一些延誤之後,有一位行政人員與兩位業務員,由於績效過差因此未更新其臨時契約而離開公司。目前,沒有一位工作人員會在取得至少一位經理人簽名許可前採取任何行動,以確保他們不需負任何責任。但這些問題的原兇—即系統本身,卻毫無改變。

3.3 組織設計

當我們討論組織設計時,並非單單考慮系統架構而已——如傳統的金字塔階層,或較近代的扁平組織圖等。還必須納入單位與資訊或管理系統間的互動,以及它們的整體關連性。正如 Beer(1985:I)所言,組織圖就像「凍結的歷史」,除了在出問題時透露罪責歸誰以外,並不能顯現出組織實際上的運作方式。在這個領域中,可以看到許多提升品質的障礙。

第一,也是最常見的毛病,是所謂的制度化衝突。這表示組織設計方式中,先天上存在著品質與其他特徵的衝突性,如生產力等。常見於品質控制經理須接受生產部經理的監督。在這種情形下,滿足顧客的訂單需求常凌駕於品質標準之上。品管經理的存在既然對組織的運作沒有附加價值,實際上是名存實亡。根據 Flood(1993:210-221)報導,在 Tarty 麵包廠中當產量不足因應顧客訂單時,生產部經理會將已被品管員退回的產品列成可接受產品。

這種情形在許多組織中皆然，也代表了高品質的一項主要障礙。我們必須創造出一種架構，使得品質部門獨立於生產部門之外，且令品質根植於產品、製程中；及最重要的，根植於組織文化中。與其檢查出退回品與失敗品，不如讓高品質內存於產品中。

由此看來，提高品質的第二項障礙在於組織資訊系統的設計。並非單指電腦化管理或高階資訊系統而言，而是指組織中所有產生資訊及處理資訊的活動，包括正式與非正式管道。若要有所益處，則這些活動必須在「對」的時間，以「對」的格式產生「對」的資訊，並傳達給「對」的資訊決策者。但大多數時候，資訊的使用者耗費太多時間分析討論昨天或上週的錯誤，而對當下或未來毫不關心。雖然人們也許會評論道這是基於資訊系統設計的功能與管理上的要求。組織對經理人的一般要求是解釋何者出錯，並辯護錯誤與缺失。這類組織企圖管理它們的過去而非未來，也許因為它們發現這樣比較容易—就有點像你在開車時藉著看後照鏡來確定自己身在何處一樣！

非正式的資訊系統指透過諸如工會及其他員工小團體與耳語等機制傳播。Beer（1985：58-59）鼓勵這類部門間的非正式傳播，這可能牽涉到及時性的作業問題，如下一批產品的時機；或牽涉到資本規劃的長期議題等。然而，他特別指出這類傳播只能作為正式系統的輔助，而不能取代其地位。Beckford（1993：300-323）指出經理人與員工都視工會與其所散佈的小團體為組織中最可信賴的消息來源。此刻值得提出的是，經理人無法在組織中遏止資訊傳播，無論路上有何等阻礙，資訊總是會找到傳播的方式，但唯有在適當控制傳播管道下，組織才能有效運作。

資訊系統的另一面即為績效評估。3.1 節中概述過，績效評估取決於組織重視的面向。這些受到評估的面向或結果將成為工作的焦點，而未受評估的則被忽略。於是績效評估制度的設計，包括其主要內容與將結果回報給經理人的方式，可能將操縱組織的績效。

　　相同的，許多組織的運作毫無正規的績效評估制度，凡事皆憑直覺與經驗法則行事。在這種情況下，既然品質無從定義，無所衡量，自然就無從提升。就像「愛麗絲夢遊仙境」中的對話：

> 「愛麗絲：『請你告訴我，我應該打哪兒離開這裡呢？』
> 咧嘴貓：『那可要看你想到哪兒去。』
> 愛麗絲：『我不在意去哪兒。』
> 咧嘴貓：『那你走哪條路都無所謂。』
> 愛麗絲：『只要我能到某處去就好了。』」

適當格式及程度的評估是必要的。它應足以瞭解目前現況，但不致使「受評估者」感覺到系統的負擔與壓迫，因為在這情形下，他們也許會設法扭曲結果。也許，正如 Beer（1985：102）在自主性著述中所提出的，我們的評量應如「保證的凝聚力」一樣多。

　　下一項品質障礙是組織中的角色認知與銜接，特別是存在於控制與發展等功能性部門的員工間——如一般管理、行銷、人力資源管理、會計、策略規劃等等。在許多這類員工之間，有一種深陷於組織之運作的傾向，而在錯誤或意外發生時直接施予控制。但如此他們可能會將自己在組織中的角色棄之不顧。這種「滅火員」或「危機處理」型的管理在許多組織中被視為英雄行徑，這麼做的人將擁有掌聲與獎勵。然而，正如出處不明的格言所述：「當你赤手空拳對敵鱷魚時，很容易就忘了原來的目的是要排乾沼澤。」

　　解決當下的危機固然很重要，但正像 Senge 所認為的：「那只是解決徵兆，而非根本原因。」介入基層事務的資深主管鮮少去處理問題的根本原因，但那才是他們應肩負的角色，而非處理作業性的事務。資深主管必須應允作業性主管有自由解決他們自己的問題，並加以協助。若資深主管始終介入基層主管日常事務之解決活動的話，則會發生兩件事。第一，基層主管將學不會自己解決問題，

因而降低組織效能並增加成本。第二，資深主管的工作將永遠無法完成，結果造成組織將在最近所遇到的障礙上失去控制，因為沒有人注意組織正往何處去。

我們在這一節所要探討的最後一項阻礙，即不相干或不適當的活動。這一節名為「組織設計」，但事實往往是組織未經設計，而幾乎是自然地生成與成長。許多組織的特色，無論是結構性，如部門與單位；組織性，如活動與程序；或是文化與態度等，都未經過刻意的創造，它們就這麼發展起來了。其發展可能是為了支援某項組織久已遺忘或幾經更迭的目標，但自此未曾停止。原因常是這些程序已經制度化且行之有年。有個例子是某經理人一度要求特定的報告需以手工謄製，但隨著主管的調職（及退休）而不再對報告作此要求等原因，卻並不成為停止的理由，「畢竟，你不瞭解！」同樣地，也無人注意到相同報告已可用電腦製作的事實，而說「總之，科技是不可靠的。」

類似的程序在組織程序再造（BPR）中，即是所謂的牛徑（cowpath）：指組織中不受員工人為介入，而自然發展出來的途徑路線。現今所使用的程序可能從未精心設計過，而只是單純地發展出來，且其使用者習於此道，將所有特性與弱點都囫圇照單全收。這類程序常常沒有效率，有時甚至沒有效能，每個人都會抱怨，但誰都沒有責任。

這些「牛徑」與不當程序或許正代表了提升品質的障礙，因為它們是組織中的「潛意識」部份，而其妨礙品質提升的特性可能不為人知。

3.4 管理觀點

　　管理觀點不單只是對待品質的態度而已，而是指組織中所有會影響到品質的管理理念——這是我們在前一章中已探討過的。而政治行爲的主題也在 3.1 節中提過，此處不再贅述。

　　要想對品質觀念發展出適當的態度，必須先承認那是值得關心的主題。這是指承認產品或服務的品質有所欠缺。公司在發現將低劣的績效歸咎於其他理由比較容易時，通常會對品質採取鴕鳥般的態度。例如說，當先前輝煌的銷售成績下滑時，一般反應是鎖定市場改變、業務團隊、或競爭者行爲等；而非注目於產品或服務本身。提出諸如定價或毛利的主題時，可能會從生產力的角度而著重產製績效，而鮮少在最初時就將產品或服務的品質視爲潛在性的主要議題。

　　將品質問題當作是問題的一部份，並將其考量爲下滑的可能原因是很必要的。即使在營運甚佳的公司中，也必須發展出對品質問題的積極態度並維持之。過去認爲「夠好」的產品可能在當前的競爭市場中並非如此，並無法讓你以此自滿。

　　而提升品質水準的更進一步阻礙，在於只重視短期的結果，這是指某特定班次、日、週、季或年度的結果。薪資配套與績效獎金往往直接與本期的績效有關。因此達成目前可以接受的績效變數，就被當作是不重視品質議題的理由（或藉口）。實際上雖然不一定會如此，但在著手品質或其他主要的變革計劃時，由於經理人與員工必須適應變化，常導致短期的績效下滑（特別是生產力）——即所謂的「曲棍球棒效應」。這或許與重心的全盤改觀有關，尤其是提昇產品品質的需要（或許是首次）凌駕於產出數量之上時。此刻管理態度的轉變是根本關鍵，它要從純粹重產量移轉成生產具有高品質的產品。畢竟，不論是被組織內部或顧客所退回的產品，都並

不是真正的產出－－那只是代表浪費。

於是提升品質的重大障礙可能就內建在組織的獎懲系統中。唯有改變系統方能加以克服－－這無法透過勸誡、宣傳、懲戒、或數據評估加以改善。真正有效的改變手段可能要與企業中的所有利害關係人商議新的條件：從工作人員與紅利系統，到股東或權益提供者，甚至是貸款者等等短期利益將受影響的人，都應加以處理。

經理人常著重於「當前產出的所有代價」，明顯地對品質毫不關切，毫無興趣。為了提升績效，其焦點僅限於目前的產出。在生產量下滑明顯可期的狀況下，常企圖以增加生產率來加以彌補，但除非對生產系統本身多所著手，否則這類增加經常只是宣告失敗。

有個食品工廠的個案就點出了這個問題。每一條生產線都有自己預設的計時產量標準，那是設備與操作員所能應付的最適比率，以及產量與品質間所能達到的「滿意折衷方案」。而經理人所能接受的預設退回比率是 10%。

在產量可能不足因應顧客訂單的情形下，產品的計時量產率可能從 12 單位/分躍升至 16 單位/分，工廠經理人認為這比起最適運作率而言，增加了約 33%的淨產出。實際上，若抵銷低於品質標準而被退回的產品，只增加了 10%左右的產出。自然地，經理人的反應是進一步加快製程速度，以增加所消逝的額外產出。圖 3.1 圖示了欲速則不達的效應。

雖然我們為了簡化而以階梯式勾勒其變化，但實際上，產量每有增加，則品質缺口便漸次擴大。計時產量越大則退回率也越大；產製速度越是提高，所增加的合格產品就越形減少。在這個案例中，尚有另一項主要因素，即隨著運送帶的速度加快，員工個人的必要工作量也隨之增加－－而通常只好對產品品質睜一隻眼閉一隻眼。適用於此個案的解決方案，在於降低計時產量，因而縮小品質缺口；確保操作員有餘裕處理每個產品，使其得以達到適當的品質水準。還可以採用其他一連串的手段－－這家公司之品質問題的

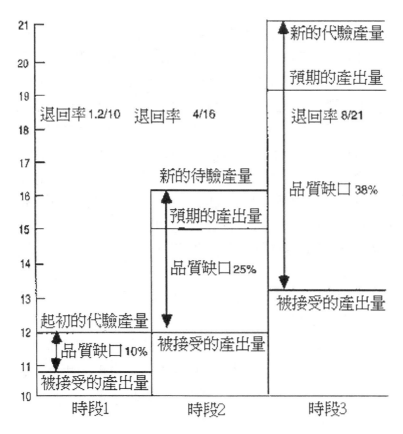

圖 3.1 品質缺口滑落現象

完整解答並非只是改變生產率而已。

　　這個單元中所點出的每一項障礙，都反映出管理層面上的一項共通心態。這項心態即所謂的「過簡論」，相信凡事皆可由不斷細分為更小的部份而取得瞭解，也常被稱為解析法。過簡論者的心態企圖為單一效應尋求單一原因，並反映出主導 20 世紀科學的機械性思考。

　　當代思潮則指出全盤的問題解決法更為有效。那是一種處理系統整體的方法：肯定系統中各部份間的相互關連性與互依性；並認

為只修復系統的一部份不一定能改善整體效能。這個方法藉由拓展調查範圍，而擴展了解決問題的眼界，它不只是研究影響因素（投入），也考量了改變的後果（產出的效果）。例如說，更換汽車的輪胎也許能改善抓地力，但可能對車子的整體效能毫無提升。

3.5 品質的代價

在本章所要探討的最後一項主題，是品質的代價。這泛指組織中因缺乏有效之品質提升系統而發生的所有不必要之直接與無形成本。文中的直接成本表示因品質低劣而發生的額外成本，且可由事實明顯察知。文中的無形成本也指因組織品質低劣而發生，但並未被明顯歸因於此的額外成本——即那些與品質低劣有所關連，但未受組織察覺的成本。

任何產品或服務的生產系統，若在最初未設計成「第一次就能，每一次都能」符合品質標準的話，則必然會產生重製與修正成本。這是發生於矯正錯誤、重新執行工作、拆卸並重組產品的額外成本。傳統上組織會將這些成本當作全部生產成本的一部份，並將問題商品的成本以比例加成包含於銷售品的價格中。於是接受錯誤不但制度化，也被巧妙地掩蓋。

在高品質時代中的精簡生產系統與及時交付系統下，這些成本應被揭露出來，並致力於降低及根除。人們應挑戰這些成本，而非默然接受。所有製程皆是由程序鏈中的前一步驟投入原料或資訊，也就是每一個程序都是上一個內部或外部供應商的「顧客」。若投入有缺陷，則將以許多種方式產生額外成本。

第一種方式，也可能是最具殺傷力的一種，即整個交付程序必須掉頭、延遲或中止生產，而導致訂單開天窗並損失利潤。常見的作法是增加囤積存貨（以確保足以補上中斷的供應量）。但這作法

不但增加了倉儲成本、減少可供組織利用的營運資本，並遏抑整體績效——並對解決品質問題毫無幫助。

第二種額外成本，可能是在處理供應商的貨物或資訊前，先行確認品質，並檢查出缺失時發生，且實質上吸收了一部份供應商的營運成本。也可能由於收貨時未驗貨，而在後續程序中使用了缺陷零件或缺陷資訊，因此最終產品必然有缺點，導致重製或修正的成本發生。

第三種方式是在收貨時驗貨，並於使用前修正完成。這裡所產生的成本，同樣原來應由供應商負擔。處理這些問題的策略將納入第24章「供應商發展」中來討論。

作為一項稽核活動而言，「檢查」是無法完全根除的。檢查所產生的報表也能提供高階經理人進行營運控制及發展時所需的必要資訊。然而，檢查常成為一項品質提昇技術，只是一項企圖確保產品或服務能保持在合格水準的程序而已。對這項執行品質把關的方法而言，至少需要一套合適的數據抽樣法，且 100%信心就需要100%全檢——這對某些產業是不可能的，如糕點製造商或其他薄利多銷的產品。故儘管通常意圖遠大，但卻鮮少成功或過份昂貴，且不切實際。Beckford（1993：308）指出，名義上目標 100%的檢查系統，實務上估計只能達到 5%而已。這個目標並不實際，且無關緊要，因為將被檢查的產品，一旦外部供應商裝箱到塑膠袋中，或硬紙板盒裡以後，所做的唯一檢查是針對包裝盒，而非產品本身。

因此，若高品質能深植於產品與程序中，檢查的程度即可大幅減低，而以有效的稽核取而代之。這對活動的成本與效能都具有直接性的影響。

無形成本較難明白指出，但仍發生於未適當強調品質時。它們可能包括：

・轉向其他供應商交易的不滿顧客。

- 在製品的重製成本（在製程中因重製半成品所發生的成本）。Beckford（1993：300-323）曾報導過某個個案，據傳忽略 *10%*的缺陷在製品，將倍增為 *25%*的缺陷製成品。
- 因不滿的員工離職，導致高人事異動，並導致招募名額及訓練成本的增加。
- 為儲存缺陷品及額外物料所提供的設備及倉儲之資金成本。
- 因不必要的貸款或資本透支（如動產增加）等，而使內部營運資本的周轉性降低。

這些成本甚少被直接歸因於品質問題上。然而，它們與企業中的所有其他因素皆存有互依性的關連，以及同樣有極大部份與品質有關，並受品質問題的左右。

摘　　　　要

本章探討了許多品質提升的阻礙，特別是從系統與程序、文化、組織設計與管理方法等主題切入。而以品質的代價總結全章。

學習要點

四個品質提升的主要障礙：系統與程序；文化；組織設計；管理觀點

- **系統與程序**：它能支援品質水準的提升，或是阻礙？
- **組織設計**：組織設計是支援或阻礙品質的提升？
- **文化**：態度、價值觀與信念。組織文化是提升品質的後援動力嗎？
- **管理觀點**：經理人是否視品質為需要改善的問題？組織有提升品質的正確焦點嗎？經理人的心態是全盤論或是過簡論？

品質成本的兩大分類：直接成本、無形成本。

- 直接成本：重製成本、修正成本、缺陷品投入成本、檢查成本。
- 無形成本：可能包括顧客流失、在製品缺失、高員工異動率、不必要的資金成本、營運周轉資金短缺。

問題：

請指出你所屬的組織（或任何你所知的組織）之品質提升阻礙。並提出你的評論意見及概述其解決方法。

第四章

管理學的興起

「這些看起來都是『是什麼！』，但是『該如何？』
才是我的問題所在。」

維尼熊

前言

　　本章旨在介紹至今仍主宰許多管理行為的主要架構。對管理學的正式研究在近一百年來左右才新興為自成一家的學派一事實上許多人（尤其是實務經理人）仍視它為「模糊藝術」多於科學的成分。

　　這門學科的理論與實務發展，或多或少平行於大型組織的興起。在工業革命之前，長期僅有的大規模組織（除了那些動盪不安的城邦之外），即為各種教會與較強盛國家的常備陸軍與海軍了。主要生產力要不是僅能餬口的佃農、自耕農、手工藝匠人；就是醫師或律師等專業人士。

　　隨著工業革命之後，農民從鄉間遷移到城鎮與都市裡，以改善他們的生活水準，並多半成為工廠裡的勞工。這一類組織日益擴增的規模（以及工廠所有權人日增的財富及追求其他利益的渴望），創造了專業經理人興起的機會一他們的工作在於代表老闆監督指揮工人們的活動。管理大規模組織的需求，以及尋求額外利潤的動力，解釋了管理學研究的誘因所在。早期管理學理論的發展將是下一節的主題。

　　早期主要的組織（或管理學）理論為「古典理論」（也稱為傳統或理性學派），以及「人群關係理論」。這兩種派別各有優劣，我們將在稍後探討。這些理論在某種程度上，被認為是許多品質問題的元兇，且將反映於本書下一篇將討論的品質模型中。

4.1　古典理論

　　組織的古典或「機械性」模型（Morgan，1986：20）反映在 Frederick Taylor 所發展的科學管理方法、Henri Fayol 的古典理論、及 Max Weber 的層級理論上。這些理論共同主導了管理思潮的主流。這些理論都將組織設計視為一種技術性作業，並仰賴於將組織剖析成各組成單位以供分析使能有效率運作。

　　組織的「機械性」研究取向興於 19 世紀末葉及 20 世紀初期，並可視為當時機械技術進步下的邏輯性衍伸。一般而言，機器是在特定限度下以已知的投入/產出率，為執行某特定工作而設計；這些管理取向也假設組織應以雷同的方式設計。

　　Frederick Taylor 的科學管理基於四項重要法則（見表 4.1）：科學化的工作設計、科學化的甄選、經理人與工人的合作、及職責公平劃分。Huczynski 與 Buchanan（1991：282—283）認為 Taylor 的目標是：第一，藉由增進產出與減少「怠工」（Taylor 所稱的「自然性怠工」與「系統性怠工」）而提昇效率。第二，藉由將工作劃分成小而緊密的次工作，使工作績效規格化。最後，則是藉著建立階級權威，並引進一套可執行所有經理人政策的系統，以逐步灌輸紀律。

表 4.1 Frederick Taylor 的科學管理原則

「發展探討人類工作之各種要素的科學，以替代舊有的經驗法則。」

「鑑於以往工人需自行選擇工作，並盡己所能自我摸索訓練；現在應科學化地甄選工人，並加以訓練、教導與發展。」

「衷心與工人合作，以確保所完成的工作都符合發展出來的科學原則。」

「確保公平劃分經理人與工人間的職責。儘管過去幾乎大部分的工作與責任都落在工人頭上，但如今經理人應接掌他們較為擅長的工作。」

儘管 Taylor 肯定在已知狀況下，工人擁有「大量經驗法則或傳統知識」，這成了他所謂的「本錢」，但他卻低估了工人的能力與智慧。例如說，他相信：

> 「處理生鐵的技術是這麼地了不起，以致於那些適合這類工作的工人們，無法瞭解這些科學原則，或甚至無法在沒有較高教育人士的指導下按照這些原則工作。」

Taylor 視組織為機器，能在經理人指定、設計、控制下完成特定目標。而工人則是規格化的機器零件，在類似設計下可任意更換，並隨意為經理人所用。他的方法之後由 Gillbreth 與 Gantt 所遵循，不過他們兩人都企圖將科學管理加以人性化，肯定休息的必要性（Gillbreth），以及人類需求與尊嚴的必要性（Gnatt）。但 Taylor 認為工人主要受金錢激勵的主要假設仍維持不變。

Henri Fayol 也運用「機器」的暗喻寫下：

> 企業體在概念上常媲美於機器、植物、或動物。「行政機器」、「行政傳動器」等字眼，絕妙地表達了一個有機體遵循其頭腦的操縱，而使所有相關部份有效一致地往同一目標前進的情形。

在 Fayol 有關組織與管理的著述中，這類絕妙的「機械論」觀點歷歷可見。他提出「要組織一家企業，就必須提供有利其發揮作用的各種條件：原料、工具、資金、人力。」並將六種活動視為組織生產所必備：技術性活動、營利性活動、金融活動、安全活動、會計活動、及管理活動。Fayol 所提出的經理人責任更強化其觀點，請參閱表 4.2。經理人的責任則也反映於 Fayol 的 14 點管理原則中，請見表 4.3。

表 4.2 Henri Fayol 的經理人責任

- 確保計劃的明智制定與嚴格執行。
- 留意人力、物力的組成皆符合心目中的目標、來源、與要求。
- 樹立適任而活躍的單一支配權。
- 協調活動、整合力量。
- 制定明確、清楚、而精確的決策。
- 有效率地甄選與配置─各部門應由適任活躍之人領導，並使員工各適其位，發揮最大長處。
- 明確定義職責。
- 鼓勵自動自發與勇於負責。
- 給予公平而適當的酬庸。
- 對缺失與錯誤予以懲戒。

- 注意維護紀律。
- 確保個人利益從屬於眾人利益之下。
- 特別注意命令的一致性。
- 監督人、物狀況。
- 令一切都處於控制之下。
- 抗拒過多的規定、官樣文章、及書面控制。

表 4.3 Henri Fayol 的 14 點管理原則

- 分工原則（專才化）
- 權責相稱原則
- 紀律原則
- 指揮統一原則
- 目標一致原則
- 從屬原則（組織利益重於個人利益）
- 獎酬公平原則
- 集權原則（有比例不斷變動的問題）
- 層級節制原則
- 職位原則
- 公平原則
- 職位穩定原則
- 積極主動原則
- 團隊精神原則

　　有些經理人責任與管理原則似乎和「機械論」有所衝突，或本身彼此衝突。例如說，「明確劃分職責」與「鼓勵自動自發與勇於負責」，或是「專業化」與「自動自發」等，這些例子看來似乎都瞻前便難以顧後。

　　而勸告經理人「抗拒過多的規定、官樣文章、與書面控制」則與他所主張的工作應「明確劃分」、「明智制定計劃、並嚴格執行」的觀點形成尖銳對比，因爲貫徹後者含有精準與高度依賴紀錄的意味。

　　Fayol 所持的整體想法，正如 Taylor 一般，視組織爲機器。經理人負責預告、規劃、組織、命令、協調、以及控制組織，而「具有技術能力特徵」的工人們則是適用於此機器的零件，他們的最佳位置是「人人各得其位，且人人各安其位。」Max Weber 的層級理論則發展自他對組織中三種合法權力的見解：理性權力、傳統權力、及領導魅力。傳統權力存在於既定的社會自然階級中—統治者與被統治者，或許可反映皇室的概念。領導魅力則是個人對特定領袖的效忠。這兩種管理型態都存在於今日的組織中。例如說，傳統權力可以在許多亞洲的家族企業中看到，而領袖魅力則被視爲美體小舖（Body shop）或 Virgin Atlantic 等組織的風格。然而，理性權力才是文獻中主要的關切點，因它已主宰了許多大型企業組織。

　　Weber 視理性權力爲代表性的法定權力，「服從法治而非人治」。他認爲「最純粹的法定權力型態即聘請一位專司行政的員工」，且層級不但有必要，更是處理組織複雜事務時不可或缺的。他認爲一般技術知識的普及使得對具有特定技術知識人才的需求增加，以便他們能有效管理組織。

　　Weber 將層級結構看成是由「職位」所構成的層級組織，人人都在特定的能力領域內依照組織規定與規範行事。架構中的個人都依照理性的考量任命，並執行職務，他們既沒有任命上的特權，也沒有組織的所有權。所有決策、規定、及行動皆須按等級以書面加以記錄，並「持續地組織職位功能」，使「辦公室正式化」。Weber 認爲組織在「層級結構與業餘玩家」間的選擇是相當明確的，他指出若要支援大型組織，層級結構是不可免的要件。

表 4.4　Max Weber 的層級理論原則

專業化：每個職位（層級）具有明確的專業領域

階級化：由高階指揮或控制低階

規定：眾人皆知、毫無例外的穩定規定

非關個人：依照規定對每個人公平對待

任命：甄選時依照能力而非個人的選擇

全職：職責上的工作是個人主要的任務

職涯：在系統中的升遷、資歷、及年資等

分隔：公私分明

　　機械論於此處再次歷歷可證，Weber 指出每個部門，每個職位的各項行動皆能精確地細分。在層級中人們就是職員而已，對組織事務的處置毫無人情因素涉入。

4.2　重點回顧

　　有幾項關於世界與組織的假設似乎可以貫穿這三項組織的理性觀。有必要在考量它們的優劣前先行提出。

　　第一項假設：組織被隔絕於環境的影響之外。這在一個快速成長生產者領導的經濟下，或許是可接受的論調，但顯然不適用於由消費者所領導的低成長高競爭市場。Galbraith 所稱的生產者壟斷現象往往短暫，想要存活的組織仍必須回應外部利害關係人的需求與期許。

　　第二項假設是：改善組織某部份績效必然能增進整體表現。這個想法在純然機械性層次上或許有其價值—更換或修理某些壞掉的零件可能會對績效有所改進。然而，這個方法忽略了組織間的互

依性。這表示整個組織只在最差或最弱部分的水準上運作。同樣地，也忽略了「綜效」的概念—即指整體績效會大於各部份績效總和。系統性思考的觀念將在本書第三篇中做明白的描述，同時也足以提出組織通常僅能擁有屬於整體性所有，而不屬於個別部門的特性。這些特性除了由互動的能量產生以外別無他想。

第三項假設是組織的研究必然只從管理當局之目標的角度出發。稍後的研究顯示出組織效能有賴於組織許多團體的通力合作。通常這些稱為「利害關係人」的團體包括有：所有權人、員工、顧客、供應商、以及組織外足以影響其活動與行止等人士。「良好的企業公民」的現代觀念，更肯定了企業應將其所屬社群之期望納入考量的必要性。

最後一項假設是組織可以用「機械性」的角度來設計與理解。組織為執行某特定任務而創造，一旦設計完成便無須再修改。但在以動盪不安著稱的全球經濟下運作，面對著技術與顧客期望的急遽改變，不能及時調適的組織恐怕難以倖存。

除了以上的評論之外，這些假設都受到 20 世紀所發展的組織思潮與人類福祉等想法所挑戰。組織實際使用這些模型的實務經驗也顯示出這些假設有缺陷。

4.3 評論

Flood 與 Jackson（1991：8—9）對「機械論」提出了一份有用的概要，構成了這一節的基礎。他們認為當組織在穩定環境下運作；執行直線工作，如單一產品的重複生產；以及人力資源按照「機械性指令」行事時；這理論在實務上是很有用。但他們也認為，由於它降低了組織的適應性，及其「非人性特性」使「精神層面」無以維持，導致去人性化或產生衝突，而限制了它的實用性。

　　這個模型的優點在於：

‧能系統性且條理井然地分析特定任務。
‧有助於建立組織秩序。
‧對建立一個對員工要求明確的組織而言（如核子產業或營業點眾多的銀行等），是相當有用的指南。

　　其弱點則是：

‧未能與環境互動。
‧欠缺對各組成部份間互依性的瞭解。
‧沒有先天上的適應力。
‧屬於靜態模型，而非動態模型。
‧人們受到「去人性化」。
‧目標已根植於組織設計中。
‧對控制的重視可能助長無效率。
‧無法借助於日益普遍的非正式組織（如網絡配置）。
‧僅作現象診斷，而無處方。

　　由此可見，雖然「機械論」確有所助益，但它有這些弱點，對今日經理人而言是絕對不足拿來運用。在 4.7 節中，我們將思考這種思潮對品質所造成的影響。

4.4 人群關係理論

　　儘管理性方法直至今日仍有助益，但它欠缺對人性問題的處理，卻因應用時處處與人相關，而顯現出弱點之所在。人群關係的

組織模型即為處理此一難題而應運而生，且是對「機械論」的首次
重大挑戰。

　　「有機」或「有機體」（Morgan，1986：39—76）的暗喻，源
於生物學中的現代系統性思考模式，它企圖達成組織或系統的永續
生存，而不僅是達成特定目標而已。雖然生存可以作為一項合理的
目標，但它或許不足代表組織的目的。有機論透過眾所皆知的人群
關係模型而在組織理論中首度發難。它主張注意組織中的人際面，
並以參與人員的角色、需求、及期許為首要之務。特別強調激勵、
管理風格、參與等主題，並以此為關鍵成功要素。

　　Roethlisberger 與 Dickson 及 Elton Mayo（Mayo，1949）所做的
霍桑（Hawthorne）實驗，也許正可解釋為早期的系統管理研究法
（Flood ＆ Carson，1988）。雖然這個實驗原先的重點在於科學管
理原則的應用，但最後的發現卻偏離最初的觀點。然後他們便肯定
了捕捉及瞭解各相關部份之關連性的必要。但在這個領域中進一步
研究的 Maslow、Herzberg 等人，卻未採用系統觀點。這些晚期的
研究仍採用過簡論調，以及「封閉系統」組織論，專注於改進各部
份的績效，而非整體效果；且強調組織的內部影響而非外部影響。

　　Mayo 主張：

　　現代大規模組織有三大管理沈痾：

・科學與技術對某些物料或產品的應用。
・系統性的作業秩序。
・團隊工作的組織—即持續性的合作。

　　繼 Chester Barnard 之後，Mayo 認為以上的前兩項可提高產業
的運作效能，第三項則提高運作效率。他認為科學與技術的應用可
藉由不斷的實驗達成；系統性作業秩序在實務上已發展完備。他覺
得第三項是組織想整體成功時所必要卻受到忽略的。

　　Mayo 在檢討改變物理環境對工人造成的影響之後，便積極投入「霍桑」實驗中。實驗顯示社會與心理因素是存在的，而使研究轉向這些人際議題上。記錄保留了各方面的改變及其影響，以建立一套「系統化」的觀點。進一步的實驗以正式面談相繼進行，而透露出許多特定組織的困境與情緒因素有關，並非理智上的因素。再進一步的實驗則顯示非正式團體在產出與績效上的壓力，比正式組織的經濟壓力還要巨大。

　　「霍桑」實驗的成就在於發現了組織中小團體的重要性；觀察者對受察者的影響；以及確保員工目標與權益不與組織目標衝突的必要性。儘管後人對其研究方法與結果解讀多所批評，通常人們仍視這個實驗為人群關係學派的基礎。

　　雖然 Maslow（1970）認為「個人是有組織而協調的整體」，卻提出了人性需求層級。這些需求是：生理需求（食物與健康）、安全需求（安全感）、歸屬感與愛（需要歸屬於某團體）、自尊（需要被人們尊重）、自我實現（需要成為自己想成為的人）。他提出這些需求彼此涵括，以致於一項需求滿足後，另一項則應運而生，但被滿足的需求仍然存在。這表示即使某項需求不再強勢，但仍然存在

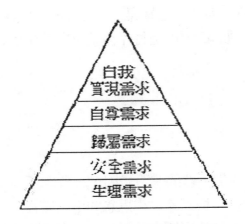

圖 4.5 Maslow 的需求層級理論

。Maslow 的「需求層級」通常如圖 4.5 所示。

　　Frederick Herzberg（1959）對於產業與商業背景的激勵研究，便建築在 Maslow 所打下的基礎之上。透過一連串對樣本人選工作時的觀察與訪談，他發現到有兩類因素影響了激勵的水準。這就是在第二章所談到的「保健因素」與「激勵因素」。簡單地說，「保健」因素可以維持導致滿足感的狀態。如果未達令人滿意的狀態，那麼工人們就會對工作感到不滿；相反地，達成令人滿意的標準並不具有積極的激勵效果。積極性的激勵源自「激勵因素」，這才是我們認為能主動鼓舞員工增進貢獻的因素。這兩種因素都概述於圖 2.1 中。

　　Herzberg 總結道，為改善組織的績效，這兩種因素必須兩者並重。他認為，「良好的保健因素可以預防許多士氣低落的負面後果」，但僅止於此是不夠的，他更提出：「我們應著重於加強激勵因素。」而依其所見，這可藉由以下方式達成：工作重組；給予員工某程度的工作自主權；有意義的工作輪調；擇人適任；透過規劃、組織、與支援做有效指揮（與 Taylor 的研究有關）；以及適當的參與。

　　最後，Herzberg 承認「這些處方可能不適用於社會中的大眾階層」。他認為這些人們可以從「有益的嗜好與工作之外的生活改善」而獲得良好的生活，且「人類的最大滿足將存在於與自身需求與社會的有關的活動中。」

4.5 重點回顧

　　同樣地，有幾項關於世界與人群的假設鞏固了人群關係學派對組織的觀點，其中有些更代表了機械論以來思想的重大轉換。但從組織設計的觀點來看，外在環境的影響仍普遍受到忽略，且重點仍

在於提升部份績效而非整體績效。

第一項主要轉變，或許也是最重大的轉變，是假設人們除了金錢之外，還可以從工作中獲得獎賞，因而受到激勵。在加薪已不構成實際期待的成熟經濟社會中，這個假設別具重大意義。若要在這種情況下維持激勵，則經理人有必要肯定這項假設，並且找出哪種工作或環境特徵足以鼓舞員工。

第二項假設則與人的能力有關。儘管機械論普遍認為人的能力有限，人群關係觀點假設人的能力更大（雖然變化不定），並鼓吹更多的自主性與彈性。它強調授權，以及直接對比於古典理論之工作單純化的工作豐富化。

4.6 評論

人群關係模型以組織中人的角色為首，並提出了增進他們滿意度的方法。然而，它對組織目標的達成毫無貢獻，並對組織中繁複工作應如何組織少有建言。

Flood 與 Jackson（1991：10）認為在組織與環境間具有開放關係；生存或適應的需要極為強烈；以及外界環境相當複雜時，「有機論」具有其實用價值。但他們相信人群關係觀點是失敗的。第一，因為他們並未指出組織是社會化結構的現象，並且需要從參與者的觀點加以瞭解。第二，因為它雖強調和諧的關係，但衝突與施壓仍時有所見。第三，因為變革往往由環境所驅使，而非組織本身所推動。

「有機論」模型的主要優點在於它把人性因素加入組織中，肯定了人並非「機器」零件，而是具有需求與渴望的個體。

這套方法也有許多弱點，而使它不足因應當前經理人的需要。第一，儘管 Herzberg 警告過，人們可以、及某些人必須在工作之外

滿足他們的需求，但人群關係理論在應用上的根本假設卻是：這些需求能在工作中獲得滿足。第二，人群關係模型並未在人的目標或需求之上預留組織目標的優先性，組織的需求主要由科技或營運環境所操控。但這樣的優先性在確保組織求存活時是不可或缺的。最後，這套模型並無助於組織設計與架構的細節，以便處理當今經理人所面臨的繁雜工作；或處理組織與環境間的互動。

於是，雖然「有機論」在「機械論」之上又提供了重大進步，但仍顯不足。

4.7 與品質的相關性

古典與人群關係的管理理論持有許多理由而與品質息息相關。首先，很簡單，因為它們還是許多文化背景下的強勢管理學說。它們之所以居優勢而不墜，是因為它們確有其巨大價值，並能為組織中的權力團體提供管理問題的速簡解決方案。第二個理由是，許多管理學院與訓練機構並未傳授太多現代富爭議性而前衛的想法，拒它們於門外而偏愛傳統方法。我們必須認知到，在員工們甚至還不習慣擁有工作等概念的新興發展中國家裡，符合傳統的觀點或組織的高度規訓化威權風格，在短期來說或許有其利益；但在更複雜的環境背景下，這可就行不通了。

需要認清的進一步觀點是，在引進工廠型態且具高生產力的現代工作方式時，造成了技能或地位的喪失。例如說，當農夫或手工藝匠離開他們的土地或傳統職業，來到工廠裡工作時，他們所累積的知識變得毫無用武之地，工廠中與日俱增的專業化與機械化更強化了這種情況。先前工人們大部分會以自身的技巧、知識、與能力來完成工作。但工廠式的運作絲毫不需要這些，也因此剝奪了大部分工人們的工作榮耀。這被視為是組織中許多品質問題的主因。

Trist 與 Bamforth 則提出這與社會學中三人採礦小組的「責任自主性」概念有關。

　　儘管「人群關係」學派當初是爲了因應古典學派的問題而興起，似乎能解決問題，但實非如此。人群關係學派（HR）重視個人需求更甚於組織之上，長此以往，顧客的需要將完全被忽略，而只追求員工的滿意度。於是，是否能準時回家，有沒有下午茶休息時間等都將比滿足顧客需求來得重要。同樣地，組織也可能只發展符合員工技巧知識或期望的產品/服務，而不是發展滿足顧客需要的產品。

　　明顯地，這兩種學說都對組織有益。但通常在於追求內部利益（因爲它們本來就著重於內部），並忽略了顧客的需要。

　　本書的第二篇將討論我們對所謂「品管大師」們的研究。而「古典學派」與「人群關係學派」等管理思想對這些大師們的影響是顯而易見的。當大家都強調顧客的重要性時，或許是在回應方才所提著重內部的管理學派；他們也特別強調那些在傳統方法下適應良好，但卻在現代背景中深受相同問題所苦的工具與技術。

摘　　　　　　要

　　本章以重點回顧的方式，顯示古典與人群學派等過去的主流理論，應用於今日經理人處理組織棘手問題時，是不合時宜的。在最後一小節中，我們就這些理論與品質的相關性提出評論。

學習要點

管理學研究的興起平行於大型組織的興盛。

主要的組織模型

- 古典學說:「機械論」模型
- 人群關係學說:「有機論」模型

古典管理理論

- Frederick Taylor:科學管理
- Henri Fayol:行政管理
- Max Weber:層級理論

人群關係理論

- Elton Mayo:「霍桑」實驗
- Abraham Maslow:人性需求層級
- Frederick Herzberg:兩因素激勵理論

每一項模型都被認為能解釋現代品質問題的一些面向。

問題

　　請比較組織的「機械論」與「有機論」。並試為這些管理風格舉出其他適當的比喻。

第二篇

品管大師

概論

　　這一篇將為八位主導品質改革的學者做一番明晰的介紹。人類思考與努力的各個領域總在不斷地改變及發展。許多針對某特定主題的想法與方法一再湧現並嘗試，但只有其中極少數熬過了嚴苛的考驗，而成為理論與實務上的主流，即成為這個領域中公認知識的一部份。這些作者與實業家們的想法便自成一家之言，而領導宣告了一項改革，因此稱之為「大師」。

　　品質革新運動在這方面與其他領域並無二異。這一篇著重於這八位學者與實業家在品質管理上所信奉的理論與實務。他們的思維、方法、工具流存至今，並在實務上證明確實有效，而被統稱為「品管大師」。

　　這一篇的目的在輔助讀者們解讀 Philp B. Crosby，W. Edwards Deming，Armand V. Feigenbaum，Kaoru Ishikawa，Joseph M.Juran，John Oakland，Shigeo Shingo，及 Genichi Taguchi 等人在品質改革上的貢獻。其中七位已對品質管理做出重大而持續的初期貢獻，Oakland 則被歸為歐洲品質管理的當代傑出實業家。我們將透過以下五點架構探索他們的成就：

- 思維
- 假設
- 方法
- 成與敗
- 重點回顧

　　透過這種方式，讀者們應該能發展出一套系統，以瞭解各個學者的優缺點及不同的觀點。雖然他們的特色或許與他人有所相近，但他們對於品質問題的論點卻有重大的差異。這些論點由各個學者們相異的背景、知識、與經驗所組成，只是不同，無關對錯。每一項觀點都繫於個別大師的世界觀，且由其理論與實務觀點而言是合理的。當我們以今日的背景批判這些觀點時，仍應尊重當初這些方法發展時的背景與脈絡。

第五章

Philp B. Crosby

「品質是免費的！」

Philp Crosby,1979

前言

　　Philp Crosby 是 Western Resere 大學的畢業生，在品管上具有專業背景。服完兵役後，他投身於製造業的品管控制，工作生涯從生產線檢查員直至 ITT 的品質總監與副總裁。由於有許多年的實務經驗，他的第一本書大受暢銷，並促使他成立企管顧問公司「Philip Crosby 關係企業」以及建立於佛羅里達的「品質學院」。Bendell 形容他「特別善於推銷並具有領袖魅力」，Financial Times（1986 年 11 月 26 日）則形容「他有著陽光地帶的容貌，而不像出身於品質部門的人」，Bank（1992）則說「他以近乎宗教般的熱情宣導他的理念」。明顯地，他是個心口如一或者說「行如其言」的人。他的方法被廣為接受，已有超過 60000 名經理人在「品質學院」受訓；而他所著的品質書籍，特別是（Quality is free）以及（Quality without tears）至今仍持續熱賣中。

5.1 思維

　　許多人（如 Gilbert）認為 Crosby 的思維可以濃縮為「品質管理的五大絕對原則」（參閱表 5.1）。以下我們將循序思考這五項絕對原則的意義。

表 5.1 品質管理的五大絕對原則：Philip B. Crosby

・品質的定義是「順應要求」，而非「好的」或「精緻的」。
・天底下沒有所謂的品質問題。
・第一次就做對總是比較便宜。
・唯一的績效衡量項目就是品質的成本。
・唯一的績效標準就是「零缺點」。

　　首先 Crosby 定義了品質。指出當他提到所謂的優質產品或服務時，他指的是能滿足顧客或使用者要求的產品。這表示接下來必須在事前定義出要求事項；並「必須持續評量以決定符合的程度」（Flood；1993：22）。雖然所顯示出來的要求事項，當然可能包含質與量兩方面，但 Crosby 的目標著重在量上，也就是「零缺點」。第一項基本信念即為：品質本質上是產品或服務的可衡量面；且當期望或要求被滿足時，便達到了品質要求。

　　Crosby 的第二項絕對原則是「天底下沒有所謂的品質問題」。他在這裡的意思是差勁的管理才會創造出品質問題；問題不會自己生成或獨立存在於管理程序之外。換句話說，產品，以及產品的品質不會憑空存在，它們是管理程序下的產物，若有優質程序，便有優質產品。第二個信念是經理人必須將員工們導向優質化的結果。

第三，「第一次就做對總是比較便宜」。Logothetis（1992）指出「一個靠著大量檢查製成品以提升品質的公司，是注定不會有發展的。」這可能更進一步指出，一家重視檢查的公司若就此罷手，將可以獲得的比原先更多。因為在長期來說，這是很有可能兩敗俱傷的。在這裡，Crosby 明確表示檢查是一項成本支出，高品質應該深植於產品之中，而不單是把瑕疵檢查出來。這就是我們在之後引以為實現高品質的信念：在最初便不預期失敗，而藉著發展優質程序與優質產品以達成顧客的要求。預防勝於治療。

第四，「唯一的績效衡量項目就是品質的成本」。Crosby 明確地相信品質的成本始終是可衡量的項目，例如說重製成本、保證期成本、退回品等等，而這是衡量績效的唯一基準。正是 Logothetis（1992：85）所指出的「未順應要求所付出的代價」。這在作為品質的衡量實務上，一般認為是很有用的，即使它不能當作是企業績效唯一的衡量尺度，但可說是品質的唯一衡量項目。一如既往，Crosby 對量化方法的信念有目共睹。

最後，「唯一的績效標準就是零缺點」。這個觀念是指透過持續改善，以完美作為看齊的標準，並強化了零缺點是可達成且可衡量目標的觀念。再一次地，Crosby 藉著以完美（即零缺點）為標的，而表明他以量化方法作為品質的基本信念。

總結 Crosby 對品質的觀點，可看出三大主軸：

・對量化的信念
・經理人的統御力
・重預防而非治療

Crosby 認為高品質是產品的固有特徵，而不是額外附加物。例如說，他相信有 20% 的製造成本與失敗品有關，而在服務業公司中這個比率約為 35%。他認為員工不應為錯誤而受責，而是經理人應

身先士卒，那麼員工自然會跟從。Crosby 提出 85%的品質問題其實都存在於管理控制之中。

5.2 假設

現在讓我們探討一些可鞏固 Crosby 方法的前提假設。

第一，我們可以明顯看出 Crosby 將注意力放在管理程序上，而以之作為品質的關鍵推動力。這是說若管理程序未能在提升品質上發揮作用的話，便不會產生優質產品或服務。如果採用產品/服務發展的因果鏈觀點，就很容易看出這項假設的價值所在。舉例而言，由於高品質被定義為「順應要求」，那麼定義出要求項目並傳播給所有利害關係人是絕對有必要的。若未執行第一步，譬如公司只生產它能生產的產品，而非顧客所要求的產品，那麼品質問題將源源不絕，因為顧客的要求從未被滿足。這項定義要求、順應要求的限制，必須在產品的各方面都達成：設計、功能、顏色、配送、價格等等。

第二個假設是「零缺點」是一項可達成的目標。意指任何產品在適當的數量下，皆能可靠生產，毫無缺點。這引發了到底何者構成缺陷的問題。這方面我們必須從 Crosby 對高品質的定義著手——即順應要求，並且說任何順應顧客要求的產品都是零缺點。再一次強調了產品細目在取決何謂優質上的重要性。

第三個假設是：建立一家「不預期會有過失為出發點」的公司是可能的，在這家公司裡，缺失並非想當然爾或不可避免。雖然這是個令人欽佩的理想，但在實務上必定認為相當難以實現。不同的文化、人事異動率、訓練或技能程度、對特定任務的適切度等等，在在都隨著時間而改變與發展。例如在任何一家大型生產企業中，工廠的人事異動率單是因為健康或退休等自然因素就可能達到 8—

10％左右。在這種情形下，要達成並維持零缺點的期望始終如一，似乎不甚合理－除非管理階層提升品質的決心十分堅定。在實物上，特別當產品牽涉到質性或主觀判斷因素時，經理人常面臨究竟應滿足顧客產量需求或品質要求的選擇。

製造手工裝飾糕點之「Tarty 烘焙廠」的經理人便常遭遇這樣的問題，品管經理可以完全滿足兩項要求的其中之一。大多數的時候他會做出將檢查時退回的蛋糕打成合格的主觀決定！這又回到「要求項目」的基本問題了－有哪些要求？如何定義？由誰決定？

Crosby 並未特別說明這個顯然有重要影響的主題。對實體可見且能輕易定義的產品而言，基本上要詳細描述要求是十分直觀的。但對諸如食物等農產品（不論是否加工），以及對服務而言，除非到了消費時，否則某些產品特徵並不甚明顯，甚至是無形的。於是要細述要求相當困難，而要知道是否已達成這些要求更是難上加難。Chesswood 有限製造公司的故事就說明了這一點。既然你不能拿到蛋糕並吃了它，就難以知道它是否符合你的要求，除非這些要求寬鬆到幾乎毫無意義。

Chesswood 有限製造公司

Chesswood 有限製造公司是 Rank Hovis McDougall 的一家子公司，也是一家歷史悠久而成功的磨菇培育公司。它從位於英國的兩處培育場中提供磨菇給主要的連鎖超市與批發市場。培育磨菇是件全年無休的工作。

就像其他的生產業者一樣，在高度競爭市場中致勝的關鍵在於生產力、產量、與品質。為了確保品質水準，Chesswood 的員工在整個培育、採收、與包裝的程序中均堅守嚴格控制－而每週產出超過 40 萬磅的磨菇（大約 200 公噸）！

長達八週的培育程序由準備堆肥開始；堆肥由稻草、各式肥

料、水、及各種微量元素組成的標準「配方」所混和並發酵。一旦低溫殺菌後，堆肥便與菌絲混和，同置於淺盤中，並以泥炭保護層封蓋。磨菇的菌絲來自單一供應商，並且也堅守嚴格的控制與績效標準。接著封蓋淺盤將移往具有氣候控制的培育庫中，它們在生長期間將受到全程監控。監控系統將控制氣溫、盤內濕度、與氣流，以力求擴增生產量，並減少精細採收時的損傷。為了達到超市顧客們的需要，必須審慎規劃以在每週的適當日期供應足量磨菇—因為磨菇的儲藏壽命很短。

先不管這些努力，以及磨菇培育者的專業技巧與能力，作物成熟的些許差異，便使得磨菇在不同時間出現，或是大小不一。在培育的最後階段中，每過 24 小時磨菇大小就會倍增，有些早早便可採收，有些則較晚。

這下問題來了。磨菇並不會全然按照超市所定的要求成長。每一捆的品質規定都涵蓋了約 8 種產品項目，從蕈柄到蕈傘開合到野生磨菇等。這些規定涵括了磨菇的大小、形狀、顏色，以及包裝與標示的準則。雖然後兩者可明確描述並達成，但一到磨菇本身，Chesswood 和它的顧客們就得依賴個人的判斷了。農產品是沒辦法以標準規格生產的。

Chesswood 不斷受其顧客施壓促使它提升品質—但不管這情形意有何指，每天仍有八卡車的磨菇載離 Sussex 的培育場—而幾乎沒有磨菇因為不符合規定被退回來過。

5.3 方法

Crosby 主要的方法是他的品質改革 14 步漸進計劃。（請參見表 5.2）基本上它相當直觀，並且有賴質與量兩方面的結合。頭兩個步驟可看出著重於組織的文化面。第一步與經理人的承諾有關，在字

表5.2　14步品質漸進計劃：Philip B. Crosby

步驟一　建立經理人承諾—管理團隊全員參與計劃是非常必要
　　　　的，三心兩意將會失敗。

步驟二　組織品質提升小組—這裡強調跨部門的團隊力量。只有
　　　　品質部門自動自發並不能成功。在人為或任何的組織邊
　　　　界間建立起團隊合作是十分必要的。

步驟三　建立品質的衡量法則—這必須要應用於公司上下的每一
　　　　項活動。必須找出方法涵括各方面：設計、製造、配送
　　　　等等。這些衡量法則將是執行下一個步驟的舞台。

步驟四　評估品質的成本—利用上一步驟所建立的衡量法則，這
　　　　項評估著重於品質改良獲益之處。

步驟五　提高品質自覺—一般藉由經理人與監督者的訓練來達
　　　　成，可透過錄影帶、書籍、以及張貼海報等宣導方式。

步驟六　採取行動，矯正問題—牽涉到鼓勵員工，指出並矯正問
　　　　題，或將問題傳達給足以處理問題的更高管理層級。

步驟七　零缺點規劃—建立一個委員會或工作小組，以發展實施
　　　　零缺點計劃之方法。

步驟八　訓練監督者與管理階層—這個步驟著重於提升所有經理
　　　　人與監督者對品質改良計劃的瞭解，俾使他們能循序推
　　　　廣。

步驟九　舉辦「零缺點日」，以在公司內部形成共識態度與期許。
　　　　Crosby 認為這可以藉由伴隨著標誌、徽章、氣球而來的
　　　　歡慶氣氛而達成。

步驟十　鼓勵人們設立改善目標。但除非這些目標能在可行的時
　　　　間內達成，否則它們毫無價值。

步驟十一　障礙呈報—這個步驟鼓勵員工們向工廠經理人提出建議，以預先防範工作缺失。這些建議可能涵蓋了設備瑕疵或不足、劣質零件等等。

步驟十二　肯定貢獻者—Crosby 認為對計劃有貢獻之人，都應該透過一項正式（儘管非關金錢）的獎勵方案加以獎賞。讀者們可能知道 Foxboro 對科學成就所頒發的「金香蕉（Gold Banana）獎」。（Peter 及 Waterman，1982）

步驟十三　建立品質評議會—基本上這是由品質行家與團隊領袖所組成的公聽會，以便讓他們能交流並決定更進一步的品質提升計劃

步驟十四　從頭再做一次。這裡的訊息非常簡單—品質提升是永無止盡的程序。即使已到百尺竿頭，仍應更上層樓！

面上表示經理人接受提升品質的責任（或是義務）。這樣的承諾限定經理人持續不斷地以品質提升作為行動導向，並限制了許多他們既有的傳統管理法（不論有效或無效）。

到了第二個步驟時—組織品質提升團隊，更進一步打破了傳統藩籬。由於組織仍然由部門別的方式架構主導，因此 Crosby 特別強調跨部門團隊。這代表經理人或其他員工必須離開他們的「安全地帶」，並且不可避免地放棄某些與組織部門化所相隨而來的「專業」與「地位」權力（Handy，1985；124—126）。光是讓經理人全心接納這兩個步驟就可以當作是了不起的成就了！

第三與第四步驟屬於量化工作且彼此直接呼應——無三便不成四。衡量方法是評估的必要先驅。

接著這兩個步驟為第五個步驟搭起了舞台：提升品質自覺，這是個較為質性的議題。為了使品質訓練能對監督者與經理人產生意義，則必須如衡量法則所示，在公司中為品質締造出堅定的地位。這個步驟也可以視為頭兩項步驟（增進承諾、與跨部門方案）的再

加強。透過衡量與評估，得以強調品質問題在部門間的相關性。

　　第六個步驟在於採取行動，除非能導致矯正行動，否則其他步驟都是白費。這個步驟正是經理人與員工們必須「行如其言」之處。它同時兼備質量兩方面。若評估制度所產生的數據只是用以打擊員工，是不可能有所幫助的。數據必須對行動予以指引與幫助，而所行也必須與所言一致。

　　一旦進行了步驟 6，就可當作組織已建立了品質提升的完整平台－員工與經理人已投入承諾，且已採取行動。在這個階段可宣稱道：倘若常保提升的動力，那麼品質便可持續改善。但 Crosby 的程序並不以此為滿足：在穩紮穩打的程序上，他將力氣與推進力轉向於「零缺點」。這就是步驟 7 的突擊：零缺點規劃（Zero Defect Planning），它致力於建立一項 ZD 計劃，在本質上雖是量化的，但須藉由軟硬兼施的方法達成。步驟 8 則與監督者及經理人之訓練有關，以使他們能將計劃傳遞給部屬們。

　　步驟 9：零缺點日，可以看成是一項對至今成就的慶祝活動，以及品質提升計劃的新開始。如今將零缺點當作是一項精確而可量化的目標了。步驟 10 是步驟 9 的自然結果，在於要求一項承諾，以將改善目標的達成繫於一段可定義且較短的時間內。它在本質上仍是量化的，且其結果可以直接衡量。

　　步驟 11：障礙呈報，這是一項溝通機制，有鑑於某領域的品質下滑可能與其他領域的缺失，或是與阻撓品質提升的地區因素有關。這個程序讓面對問題的人得以申報，並且重要的是，它讓經理人有義務去處理這些問題。這個步驟中內含有回應與行動的時間限制，並且在文化（經理人接受員工批評）上與經理人的角色本質上都需要改變。特別當問題屬於跨部門性質時，經理人單單專注於自己的直屬領域中是不夠的，他們必須與其他領域的經理人合作達成所設目標。步驟 12 則需要認清員工對這個計劃的貢獻－並直接獎勵他們所付出的努力。Crosby 明確指出這些獎勵應正式，而非金錢

性質。這個步驟的影響大部分是文化性的。肯定並獎勵貢獻者是一種在全體員工間強化某種行為的機制，而進一步讓優質文化深植人心。

步驟 13 建立品質評議會乃是將品質計劃「制度化」─讓它在文化裡根深蒂固，在這個階段中成為公司管理控制方式中不可或缺的部份。這個措施在本質上是質性的，它將影響未來公司員工的行為舉止。

最後一個步驟：從頭再做一次，可以看做是對品質提升永無止境的提醒。任何這一類的計劃都可能隨著時間而喪失其原動力與衝勁，只因為原先的革命性領導者已達到他們為自己所設的目標了。他們可能發現再難以維持最初的熱忱與動力。為了要維持並發展這個計劃，有必要藉著聘用新人，以及建立新目標等等為計劃輸入新血。

Crosby 的「品質疫苗」（Logethetis，1992；82─83）也是其程序中很重要的一部份。它由三大要素組成：

· 正直
· 對溝通與顧客滿意度的熱衷
· 支援高品質承諾的公司性政策與作業方式

Logethis（1992）提出一個三角形（參見圖 5.3）以顯示出 Crosby 所認為的疫苗組成三大要素間的互動關係。同樣也有三大主軸：

· 決心：經理人領頭的自覺
· 教育：針對經理人與員工
· 執行：創造出以提升品質為常規而非例外的組織性環境

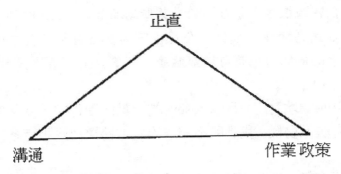

正直

溝通　　　　　　　　　　　　　作業政策

圖 5.3 互動的三角形

本章並不打算對方法、工具、與技巧鉅細靡遺地介紹，那是第四篇的任務。在適當的章節中，Crosby 方法的各方面將以更細部的方式，探討「將如何」而非「是什麼」。這一小節在於簡介 Crosby 方法的基本主軸：它建立於量化的後果上、高度依賴宣導態度，並實施於經理人與員工之間。

5.4　成與敗

品質大師就像醫生一樣，傾向於宣傳他們的成功案例並將失敗深深埋葬。公司亦然：為了吸引顧客，成功的品質提升計劃被大肆宣傳，而失敗事例則遮遮掩掩，高階主管假裝它們從來沒發生過。於是要找到失敗的經驗談幾近是不可能的任務。

另一方面，成功案例則廣為分享。當公司歌頌它們策略上的成功，以及將貢獻歸功於對某位大師方法的解釋時，那位大師便宣揚了自己的方法是成功的。例如克萊斯勒的 Lee Iacocca 引用 Bank（1992：75）所言：

「我們在密西根建立了自己的克萊斯勒品質講習班，以 Crosby 的經營方式為榜樣—我們的公司投下兩萬名員工於其中……而且我承認他們回來時前額都貼著「品質至上」的標籤。」

這裡可以明顯地看出正因 Crosby 的貢獻已受肯定，克萊斯勒才會使用其方法作榜樣。我們所不知道的是這榜樣與原版有多接近而已！

由其顧問事業、品質學院及屹立不搖的海外營運處等，Crosby 的成功是眾所皆知。其中也必然有足夠的顧客組織發現其方法有助於在長期間內維持組織的發展與成長。因此結論是 Crosby 的方法必然有些真實的價值存在。

Flood（1993：27—28）以指出 Crosby 的五大優勢來承認這點。簡而言之有：

・明確
・肯定員工參與
・拒絕具體的品質問題，接受解決方案的概念
・Crosby 的暗喻：「疫苗」與「化膿」
・Crosby 的激勵風格

Flood 也評論了他所知的弱點：

・有白費力氣時就會「歸咎」員工的危險性
・著重概念行銷更甚於辨認障礙何在
・14 步漸進計劃的經理人與目標導向並未能「使工作者從外部要求的目標中解脫」
・「零缺點」有被誤解為零風險的可能性
・在專制性權力架構下無效

　　讓我們看看這些優點，明確與簡單在處理日益複雜的問題時不一定有益。也許反而是問題解決方案的潛藏豐富性才足以應付所處理的情境。在選擇應用方法時，應考量適當性的問題。

　　工作者參與的價值則是無可否認的。第一，因為工作者也許是唯一能找出特定問題根源的人。第二，他們的參與代表員工更容易接受計劃與解決方案的所有權。

　　所有品質問題皆可解決的概念，在撼動參與者致力追求理想目標的狀況下，是非常有用的。Bank（1992：23）將此與溜冰選手Torville 與 Dean 即使無法達成仍追求完美分數的舉動相比。他引用IBM 創始人 Thomas J.Waston 的說法：「瞄準完美而錯失要比對準不完美而正中目標好得多了。」接受某些問題無法解決，就像是強化了永遠都無法解決問題的行為和態度。

　　創造力與統御力必然是品質提升中不可或缺的主軸。然而，即使某些學者認為 Crosby 在這方面具有極大的優勢，但仍可能有先天上的危機。Crosby 所採取的「領導魅力」或「諄諄勸導」風格就受到 Juran 的批評。Bank 引用 Crosby 的說法：「Juran 博士似乎認為我是個江湖郎中，而且這些年來可沒漏了太多次這麼說的機會。」這項有憑有據的責難彷彿也真是 Crosby 理論背後的一大缺陷，也許正反映出其他意見：「透過口號推廣命令，往往充斥著陳腔濫調」。

　　毫無疑問地，這幾年裡有許多持久不墜的管理理論與方法大受宣傳，但由其他實際演練的人所檢討時，總有理論上或方法上的缺點。這幾乎是不可避免的事實。在某一個典範下正確的理論總可能在另一個典範中被駁斥。同樣地，人們常說天下沒有壞的宣傳，而且套句 Oscar Wilde 在 The Picture of Dorian Gray 中的話：「在世界上只有一件事比飽受談論要糟，就是根本不被提起。」

　　不可否認地，Crosby 是一位傑出的自我推銷者，然而這不一定會減損其言論的價值。或許我們應特別提到另一位自我推銷高手邱

吉爾(英國在二次世界大戰時的首相)的意見。邱吉爾以「舞台總監」般的方式點綴其演說而聞名。他最為人知的一句話據傳是對演說空檔的勸告:「有弱點時一就大吼!」

當考量上述的缺點時,可議的是 Crosby 是否將歸咎員工視為合理。例如說 Bendell(1989)主張:「Crosby 並不認為員工應對低劣品質負大部分責任;事實上,他主張人們應先整頓管理階層。」Bendell 進一步提出在 Crosby 的方法中,「經理人帶動優質化的風潮,而員工風行草偃…應由上層採取主動。」於是我們可以聲稱 Crosby 的方法是一種由管理階層授權的形式,而非創造「歸咎員工」的文化。

陳腔濫調與缺乏實質的問題早已廣受重視,且開始著重目標導向。明顯地,Crosby 只考慮到一項組織目標——即「零缺點」。Flood 對這點的批評證據較為充足。由管理階層在外部壓力下設立目標就遠離了授權與解放的原意,且漠視員工們對自身價值與需要的認知。然而,我們也必須承認對品質的要求是由組織環境所推動的,若組織想要求生存,那麼優質產品就是不可或缺的特色。

另外一項合理的論點,是將「零缺點」的意義誤解為避免風險。在行為或程序革新時,總是會有風險因素涉入。為了克服風險危機,經理人應發展出能計算風險並將風險縮減到最小的組織文化,並鼓勵從錯誤中學習,也許可融合學習型組織的概念。(Senge,1990:請參閱本書第 19 章)

Flood 最強烈的批評,乃針對人們皆以開放而懷柔的方式工作之假設。他明白指出在政治性或專制性背景下,這是毫無用武之地的。許多管理學著述者承認,在許多組織中都或明或暗地具有政治性或專權性因素存在。總是會有具主導權的團體或次團體存在,全然開放而和諧的氣氛是一種理想但不易達成的目標。

5.5　重點回顧

　　綜觀之下，Crosby 方法的基本精神可分爲兩大要素。第一，他在品質上的專業背景構成了其學說對量化的偏好；第二，他具有領導魅力的人格特徵構成了質性面。

　　建立品質標準與目標的衡量方法，在將原則移轉給組織與人員時，便可肯定其一般價值。但質性面的問題則較難評估、轉移。大多數的經理人或許都不認爲他們自己是個「有領導魅力」的領袖：那是用在別人身上的綽號，不是用在我們身上的。毫無疑問，組織上下全心承諾品質提升，是絕對必要的；有問號的是勸勉激勵的口號和老生常談是否對所有的情境與管理階層都能適用。

　　結論是：Crosby 計劃的程序（指的是各個不連續的活動，而非發展中的管理方法）與量化面也許可以立刻移轉。然而，經理人風格必須能反映出計劃中相關的需求、價值觀、與人格特徵才成。

　　類似意見也適用於這個方法的其他面向。

　　舉個例子，雖然鼓勵獎賞，但 Crosby 提出獎勵不應是金錢性質的。然而也許唯有在獎賞能反映出收受者的需求與渴望時，它才真能對他（她）產生意義。對一個著重於專業成就的個人而言，公眾對其貢獻的肯定也許就是他所追求的全部獎賞了；而對一個薪資尙低，可能還在尋求減少個人負債，或者極端一點，對一個要支付保健治療的人而言，金錢獎勵可能最恰當。

　　這個方法對各產業的適當性也值得深思。由於 Crosby 具有製造業背景，他所發展的方法便反映在此—基本上，因爲在生產業中要確知何時達成零缺點的產品是有可能的。而在服務業中，由於難以對產品下定義，及配送時刻不易控制等因素，要這麼做就難多了。

　　服務的某些面向相當容易直觀地量化，如接電話前電話響了多久，或是招呼用語等。其他方面則較無衡量與控制的餘地，如聲音

的腔調等。許多這一類交易的本質，在於服務乃是立即提供立即消費。即使在某程度上，可加以設計並規劃，其產品仍是無法控制的。它們也受到某些超出組織能力範圍的因素所影響。這些因素包括消費者的期望、他（她）們的情緒、他們當天的體驗、以及他們之前所受到的服務層次等。這些因素不到服務提供時是無法知曉的。

因此 Crosby 的方法在應用於大範圍的產業與文化時必須特別留意。Philip Crosby 在 ITT、或在 Lee Iacocca 克萊斯勒的成效甚佳，不代表他們在香港的銀行、或在北海的石油開採場中也一樣。

摘　　　要

本章透過 5 點評論架構探討 Philip Crosby 的學說。我們勾勒了他的思維、學說背後的假設、描繪主要方法、檢討方法的成敗、並以簡單的重點回顧作一總結。讀者們可以參考 Crosby 的著述以加強進一步的知識與理解，特別是《品質免費》（Quality is free）（1979）一書。

學習要點　Philip B. Crosby

品質的定義

・順應顧客要求

五大品管絕對原則

・品質就是順應要求
・沒有所謂的品質問題
・第一次就做對總是比較便宜
・品質成本是唯一的績效衡量項目

・零缺點

三大關鍵信念

・量化
・經理人的統御力
・預防勝於治療

主要方法

・14 步品質提升計劃
・「品質疫苗」

問題

請討論 Crosby 的主張：「天下沒有所謂的品質問題。」

第六章

W. Edwards Deming

「先知顯達於自身的國土之外。」

Matthew,13:57

前言

　　W. Edwards Deming 卒於 1994 年，他受許多人公認為品質改革之父。可能也是在品管領域內外最廣為人知的大師。Deming 在耶魯大學獲得物理博士學位，且是一位傑出的統計學家，曾任職於美國政府農業部及人口普查局多年。根據 Bendell(1989：4)的說法，Deming 因與戰後日本的品質發展密不可分而嶄露頭角，Bendell 指出「他身負重責」。Heller (1989) 相信「Deming 對人類改善低劣、平庸、甚至是優良的能力深具熱情」，這是一個在他理論與實務中歷歷可證的信念。Logithetis (1992：xii) 認為 Deming 鼓吹「廣泛應用統計學觀念，讓管理階層主動建立高品質。」Bank (1992：62) 引用 Hutchins 的說法，指出 Deming 對日本品質革新運動最重要的貢獻在於幫助他們：「切入學術理論，並以員工理解層次的簡單方式將其表現出來。」

　　一言以蔽之，雖然 Deming 是個相當有能力的傳播者，但其學說仍奠基於科學方法上（科學與統計背景）。即使正如 Bandell (1989:5)所言，由於不斷地琢磨與改進，因此「難以限定出 Deming 的概念範圍」，但他的成功好書《走出危機》（Out of the Crisis）仍以簡鍊而有條理的方式，從管理與品質兩方面呈現出他的想法。

6.1 思維

Deming 初期的學說奠基於他在統計學方法上的背景，但最初飽受美國產業界的閉門羹。他的量化方法「為品質提供了一個有條不紊而嚴謹的研究方式」。(Bendell，1989：4)。受到統計學家 Walter Shewhart（Deming 的指導教授）的研究工作所吸引，Deming 極力鼓吹將管理重點放在製程變異的原因上。

由此可以看出 Deming 的第一項信念，即品質問題有「一般」與「特殊」原因。「特殊」原因是表示與特定操作員或機器有關的起因，而必須格外注意其個別原由。「一般」原因則產生自系統本身的運作方式，屬於管理階層的責任。

Deming 認為可利用統計程序控制圖（Statistical Process Control：SPC）作為指出特殊原因與一般原因的重要方法，並輔助診斷品質問題。他的重點在於移除「半調子因素」，也就是與特殊失敗因素有關的品質問題。可透過訓練、改善機器設備等方式以達成這個目標。SPC 可讓生產程序「回歸控制」。剩下的品質問題則與一般因素有關，也就是存在於生產程序設計中的先天問題。移除特殊因素便可將重心轉向一般因素，而進一步提升品質。

Deming 的第二項想法就浮現於此，即量化方法可以指出問題所在。而 Bendell 提出這個以統計為基礎的方法本身也帶來一些問題。他指出其中存有缺少技術標準、以及資料限制等問題，但更重要的是「因員工抗拒、以及經理人在品質提升程序中對自身角色缺乏認識等人為困難」，在美國的情況尤甚。Bendell 認為 Deming「或許過度強調統計面了」。由此可聯想到 Deming 的方法在某重大程度上正反映出第四章所描繪的「機械論」組織觀點。

但撇開這些問題不談，Deming 仍成為日本的國家英雄，且其方法廣受支持。1951 年更創立了具公信力的「Deming 獎」以褒揚

對品管有貢獻之人，而他更在 1960 年榮獲「二級天皇珍賞（Second Order of Sacred Treasure）」，是日本的帝國大賞。

Deming 學說的第三個主軸，是他那條理井然的問題解決架構。這就是今日所謂的 Deming、Shewhart 或 PDCA 循環圈—規劃、執行、檢討、行動（如圖 6.1 所示）。這是個反覆的循環，一旦系統完成，就馬上再重新開始，永無止盡。正符合了先前提到 Crosby 的勸誡：「重頭再做一次。」這個方法再次強調管理階層有責任主動介入組織的品質提升計劃，但 Logothetis（1992：55）認為它也為「自助永續的品質提升計劃」立下了基礎。

由此而推論出另外兩項更進一步的想法。第一，如此井然有序的方法與許多品質創見中特設或隨意的行動形成尖銳對比。第二則在於品質持續改善行動的必要性。這與 Crosby 的方法中提出一套不連續行動的弦外之音構成強烈對比。

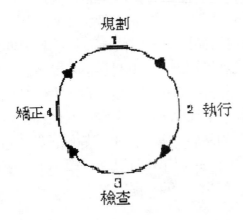

圖 6.1 「規劃－執行－檢查－矯正」循環圖

Deming 晚期的研究工作著重於西方，特別是美國管理界。在此 Deming 闡述了七項不良管理行為的基本想法（請參閱表 6.2 的七大罪），這是他認為在美國管理風格轉型為成功的品質執行支援

表6.2　W. Edwards Deming 指出的七大罪

1.缺乏持續性
2.著重短期利潤
3.績效評價
4.工作異動
5.只看有形數字
6.過多的醫療成本
7.過多的責任成本

者之前，所必須徹底根除的。

　　第一項罪狀：「缺乏持續性」，Logothetis(1992：46)認為這是極力主張「對資深經理人而言，應對品質、生產力、革新等立下絕對而持續的承諾。」這隱含著不斷推動具有更佳品質與可靠度的產品，藉以降低成本、保護投資與資方、創造並擴大市場、以及製造更多工作機會。這似乎能為組織提供一項積極而具成就導向的目標。Deming（1986：98）批評經理人，尤其是美國產業界，只為了「每一季的股利而營運。」此言不虛，即使是今日，世界各地仍有許多組織根據「月盈餘指標」來管理，資深主管從某個神奇對策飛奔到另一個神奇對策，更多的基層主管只能垂首靜候苦難經過。

　　罪狀2：「著重短期利潤。」這似乎正挑戰而打擊了上述所倡議的「目標持續性」。Deming（1986：99）提出：

　　　　任何人都能在季末提升股利。他們只要無視品質，裝運手頭上的一切貨物：標上「已裝運」，然後列為應收帳款。盡可能將原料與設備的訂單遞延到下一期。裁減研發、教育、訓練預算就成了。

　　對此 Deming 明言他認為經理人應以長期導向來經營的想法。Deming 對滿足股東期望的必要性有清楚的認識，但他指出這些期望遠不止於在資本上得到立即性回收，還須考慮到未來。

　　近年來在倫敦、華爾街、證券交易所、拍賣場等地，都對所謂的「短期論」引發許多爭議。其根本理由與起因並非本書主題，但讀者們或許想要略加思考以下的問題：金融組織的持股日增；以及在苛刻的產業環境下，單靠生產商品賺錢的困難度也日增。退休金保險公司與投資機構常是上市公司的頭號股東；值得思考的是，他們的要求與其公司員工的獎酬配套往往繫於股票短期的績效。

　　罪狀三：「績效評價」，Deming（1986：102）認為它「助長了短期的績效表現」……並「讓人們痛苦、受壓榨、受折磨、受傷害、憂傷、沮喪、灰心、自認低劣」，這些控訴不無道理。Logothetis 也認為「評估」鼓勵「競爭與孤立」，並摧毀團隊作業，走回單打獨鬥、只求一時績效的老路上，意味著「嘗試改變系統（使之更佳）的人沒有受肯定的機會。」

　　儘管我們瞭解 Deming 對一個粗劣評估制度可能造成危害的想法，但與其說這是績效評估的必然後果，不如說是劣質系統設計的作用。就像產品的品質一樣，評估制度的品質與影響，全賴系統設計的品質。我們大多數人都希望自身成就受到肯定，並樂在其中；且能受益於一個有建設性而有效之評估制度所提供的指導。這或許部份反映出了 Maslow 人性需求層級中的自尊因素。

　　工作異動，指經理人在組織內或組織間經常性地調動工作，乃是第四項罪狀。這原本是西方管理界的特徵，如今也日益常見於香港或新加坡等遠東地區。工作異動會導致不穩定性，並更進一步地強化組織的短期導向。Logothetis（1992：39）提出它會再次摧毀團隊作業與承諾，並使得許多決策在抉擇時或多或少地忽略了周遭環境的影響。

罪狀 5：只看有形數字。對此 Deming 批判人們未去認識與評估組織的無形面，舉例而言，如因顧客滿意而產生的額外業績、因高生產力所帶來的利潤、因人員的感受而衍生的高品質之類，都是成功故事的一部份；此外，還有因績效評估與品質提升障礙所帶來的負面效果等等。Deming（1986：123）認為那些相信凡事皆可衡量的經理人是自欺欺人，並且提出他們應在開始前就瞭解：他們所能量化的，不過是「利益中微不足道的部份」而已。這看法表示他相信無形而不可見的利益乃由良好的管理行為而生。然而，由於能可靠地評估無形面特徵之難是人所周知，因此確實與他所信奉的統計方法有所衝突。或許組織心理學有助於提供某些衡量 Deming 所謂無形面的學習課程。

Deming 所揭示的第六條與第七條罪狀，並不太受 Deming 研究者的注意。他的觀點很簡單。第六條罪狀，醫療成本包括直接的人力損失成本與間接的醫療保險加給兩部份，這些多由雇主支付。因此它們屬於產品價格中需涵蓋的額外成本。Deming 引述 Pontiac 汽車部門的 William Hoglund 曾告知他的話：公司花在醫療保險上的直接成本甚至超過了生產每輛車所耗費的鋼鐵金額！

由於保險成本受索賠經驗與保險精算師的預期所操縱，因此 Deming 的論點是否公平是有爭議的。醫療成本如今在每個已開發國家中皆包含在內。要不是由私人保險計劃支援—普及於美國、法國、新加坡、及其他許多國家中；就是由國家性計劃支出—如英國的 NHS 計劃等。無論是哪一種方式，企業皆須負擔部份成本—以直接吸收，或提高基本工資好讓員工自己負擔等間接方式進行。舉例來說，在英國，每個員工會收到一份約在薪資 7% 到 9% 之間的收入給付表，支付於國家保險計劃（National Insure scheme）中，以因應基層醫療保險與州立退休金條款。除此之外，雇主也應為員工支付約 10% 的總薪資成本給同一個計劃。在這方面的成本上，美國或英國的雇主是否真有差異則令人存疑。

　　第七項罪狀，也是最後一條：「責任成本」，目前漸受重視。在已開發地區各處皆有證據顯示，或許好訟民眾日增的現象，是受到律師們「不贏就免費」的策略所鼓動。儘管許多潛在風險可受保險保障，但其他許多則否。這一類成本均須由組織負擔。而將這些問題全部歸咎於經理人與生產者是否合理？必定是引人爭議的；且這些問題是否在他們能有效控制的權力範圍之內，也令人質疑。人們懷疑它牽涉到層面更廣的社會變遷，如與日俱增的個人化風潮取代了群體價值；以及一旦事情出錯，通常就「找人頂罪」的現象等等。

　　總結 Deming 的思維，我們可以指出某些清晰而想法明確的主軸：

- 一個量化、統計上有效度的控制系統
- 明確地定義了哪些面向處於員工直接控制之下，即所謂「特殊原因」；以及劃歸經理人責任的層面，即「一般原因」。Deming 認為這部份高達 *94%*！
- 條理井然而秩序嚴謹的方法
- 持續改善
- 持續性與決心，這兩點聯合涵括了前五項罪狀，至於其他兩項則具高度爭議性。

　　就如同 Crosby 一樣，Deming（1986：ix）認為高品質應扎根於產品與製程之中。他相信「美國經理人風格轉型」對「一個由基礎向上提升的全新架構」而言，是不可少的必備條件。

6.2 假設

現在我們將繼續探討 Deming 為鞏固其學說所做的某些假設。

第一，可以看出最初的焦點注意力著重於現有製程，以求立即性的改善—即「根除失敗的特殊因素」，接著迅速將焦點轉向管理程序與經理人的態度。Deming 似乎相信為了要不斷進步，這些方面必須（依他自己的說法）加以「轉型」。管理階層有責任，也有能力去進行他提出的「轉型程序」。但從組織設計的觀點而言，他並未提出應如何執行。

第二個假設是，適當運用統計方法可提供量化證據，以支援變革行動。同時他也承認某些層面並不易衡量，並提出經理人並未認真對待這些他們認為不可衡量的層面。

第三項重要假設是：持續進步是可能達成且令人期待的。若採用他對品質的定義：「在現在與未來，均滿足顧客需求。」這就令人存疑了。如果顧客的需求都已滿足，那麼進一步改善的利基何在？

這方面更深一層的思考在 1990 年代可能格外明顯。以長期導向作為持續改善後盾的假設，使得組織力求滿足顧客的「未來需求」。然而，若今日世界具有 Handy 所提出的「不連續變化」之特徵，那麼長期觀點與持續改善將可能有所不足。也許組織必須要能預測並準備面對突如其來的巨變才能屹立不搖。第三章中康柏（Compaq）電腦的例子就闡明了這個論點—持續進步與漸進改革在一個不連續的世界中，或許並不是什麼響亮的招牌菜。

Deming 的最後一項假設，與 Crosby 相仿，都與服務業有關。簡單的說，他認為服務業在國家經濟中的主要角色，便在於讓製造業順利運轉。他曾舉出一個例子（1986：188）：

對空運業者較佳的計劃是改善服務，降低成本。這些節省下來的成本將流往製造業及其他服務業，而幫助美國產業提升美國商品市場，最後終將為空運業者帶來新的生意契機。

雖然都在服務業品質提升的問題上提出明確的建議，但Deming 與 Crosby 不同，他明確地承認這部份在衡量某些層面上確有難處。他似乎也預設了利他精神，這更明顯地襯托出他對短期論點的強烈譴責。在某種程度上，他或許是對的，所節省的成本也許會回流到產業鍊中，在一個井然有序、發展完全的方法下，這是可能的。但這樣的移轉也許是透過競爭而開放的市場機制發揮作用，而不是利他主義。

其假設對於服務業角色所隱含的意義也值得加以思考。正如第一章所言（生產活動操縱著服務業），可見極少社區能在流失其工業基礎後仍然繁榮興盛，例如英國的造船或採礦社區便深受經濟困難、社會崩潰、及高失業率之苦。值得注意的是，許多服務業工作與組織目前明顯仰賴地方產業的生存—可能透過組織直接購買服務或是員工間接消費薪資等方式。雇主所生產出來的財富，大部分又花費於同一社區中。一旦製造業榮景不再，服務業也難逃厄運。

能夠持續維持繁盛的服務業多屬專業技術領域，如銀行業、保險業、金融業、及其他知識產業。這些產業對製造業的依賴關係低於其他服務業（如零售業或房地產業等）。但儘管有這些特定層面，對國家性或多國層次而言依然是警訊。如果個別社區在製造業流失後難以倖存，那麼全然失去工業基礎的國家還談什麼未來？

6.3 方法

Deming 有四項主要方法：

- PDCA 循環圈
- 統計程序控制（SPC）
- 轉型 14 項原則
- 7 點行動計劃

第一項先前已介紹過，在這裡不再贅述。第二項「統計程序控制」將略加介紹，但在第 22 章中會有更詳細的闡述。而 14 項轉型原則與 7 點行動計劃才是這一小節的主要內容。

統計程序控制是一種奠基於程序績效衡量方式的量化作法。基本上，只要程序的隨機變異數落在預設的上下限區間內，這個程序便在控制之下，也就是具有穩定性。Deming 認為這就是程序已移除特殊失敗因素後的狀態。

控制圖的樣本如圖 6.3，可用以記錄程序中某事件的相關衡量值。某特定程序的一般變異數預設值，在傳統上是平均數加減三個標準差。若有事件落於一般變異數之外，則被視為「特殊值」，而應加以追蹤，做個別診斷與處理。而落在標準值內的事件則具有「一般原因」，它們是系統組成之下的產物，須由系統層面加以處理。在此我們可以直接引述 Deming 的言論（1986：315），並再次強調在高品質發展程序中經理人的角色：

依我的經驗估計，大多數的問題與大多數的進步空間是以下列比例所分配的：
94% 屬於系統層次（經理人的責任）。

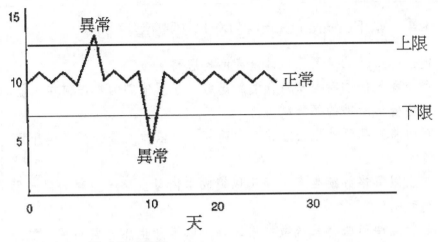

圖 6.3 樣本控制圖

6%屬於特殊原因。

　　在此必須承認 Deming 對特殊原因與一般原因的分野，以及他劃分疏失責任的方式也直接關係到 SPC 的結論。在穩定系統中加減 3 個標準差表示：不可避免地有 95%的疏失屬於系統層次，因為 95%在常態分配中僅 2 個標準差左右。但 SPC 要有 3 個標準差（約 99.7%的結果）才承認系統具有穩定性—指系統處於控制之下。這個標準（±3σ）原先曾由 Shewhart 修正，以減少矯正錯誤時的淨經濟損失，Taguchi 的主題「二次損失函數」，將在第 12 章中詳細說明。

　　我們現在可以將注意力轉向這小節的第一個重點：Deming 的 14 項轉型原則。這些原則就像 Crosby 的 14 項步驟一樣，本質上相當直觀，且有賴於數據統計、人力、文化各方面的結合。以下我們將逐一檢視。

表 6.4　W. Edwards Deming 的 14 項轉型原則

1. 創造一致性的意圖，以改進產品與服務。
2. 令經理人接納新經濟時代的新思維，學習他們的責任何在，並臆測變革所需的領導統御力。
3. 藉由將高品質扎根於產品之中而停止以依賴大量檢查來提升品質。
4. 終止以價格評斷生意，而應以總成本衡量生意，並轉向單一供應商制度。
5. 針對生產與服務系統做持續改善，以提升生產力與品質，並降低成本。
6. 建立在職訓練。
7. 建立以協助員工表現更佳為目標的監督指導權。
8. 消弭恐懼以使人人皆能為組織並肩效力。
9. 打破部門疆界。鼓勵研發部、設計部、業務部、及生產部門同心協力，以預見生產與用途上的難處。
10. 消除工作力的口號、勸誡、與數字目標。因為它們具有分化性，無論如何，困難屬於系統全體。
11. 消除配額制度、工作標準、或依據目標及數字管理的方式，而應以領導力取而代之。
12. 移除那些剝奪員工之工作榮耀權利的障礙。
13. 設立嚴謹的教育與個人進修計劃。
14. 讓公司中每一人均為完成轉型而努力。

Kennet 中學：一個堅定與決心的故事

　　直到 1989 年一月之前，Kennet 中學呈現的是一幅令人沮喪的景象。教師們缺乏具有凝聚力並堅實的後盾，從而限制他們無法開

發自身天分與潛力。儘管某些學生的表現優秀地出人意表，有些家長只把學校當成「粉飾過的少年俱樂部」——一個讓他們在外出工作時，可以把孩子送去消磨時光的地方。領導不足顯而易見—教職員工之間絕少溝通，家長的抱怨受到漠視，連建築物也棄置不用。學校還深受學生報到率下滑之苦，六年級生只有 90 名學生報到，而面臨停辦威脅。從績效評估的角度來看，只有 28%的學生在中等教育一般認證考試（GCSE）的 A—C 級中獲得 5 以上的成績——真是慘澹的紀錄。

在 1997 年，儘管有額外建築，這所學校幾近滿額招生（在五年內成長了 43%），且六年級生欣欣向榮。1997 年的測驗結果顯示，60%的學生在 GCSE 的 A—C 級中取得 5 以上的成績（1996 年的國家平均水準是 44%），而在 93%通過 A 級（國家平均及格率為 87%）的學生中，有 50%達到 A—C 級的程度。這所學校所達到的高標準，使得它在 1997 年初期被名列為測驗結果與考察成績傑出的學校。在英國及威爾斯僅有 63 所中等學校獲此肯定，Kennet 中學便是其中之一；同時它也是 Berkshire Royal 郡中唯一獲此殊榮的學校。

這個大逆轉的成就並非借重什麼「靈丹妙藥」，或是採用了哪位大師的方法，而是全憑「堅定與決心」。在 1989 年所聘請的新校長在初期採取「古典」式的管理法。他樹立起學童與員工的紀律，「不放過任何他不喜歡的事情」。並立刻對學童與教職員發展並施行各項規定，涵蓋了舉止、行為、制服、及家庭作業等範圍，他本人更以行動支持。現在學校能順利運作全賴這些當初頗受矚目的規定。另使用一本教職員手冊，其中規定了學校的目標，並明確劃分責任作為後盾，現在人人都知道「誰應為何事負責？」

學校的首要之務在於學術成就。體育勝績（常態性的成就項目）與田野主題則視為是學術目標的重要後援，是達到教育終極目標的手段，但本身並非目標。更創建「內閣制」，由校長統籌以強調學

術優先性。內閣成員包含學校中 11 個主管以及一位宿舍總監。這種不均衡的代表權以行動驗證了校長的名言—「行如其言」！

校長承認某些「初步勝利」是必須的，以確保他管理學校的不同方式能受人認可。在前三年有 10 位教職員離職，有些是自願的，有些則否。有兩位學生被開除。在那些早期的歲月中必然有某些衝突，而雖然與受影響的人士有諸多討論，校長仍一本初衷地保有所有事務的絕對否決權—儘管他極度小心地使用這項權力。他瞭解在聽其自然與事必躬親（專制下可能的後果）間取得平衡的必要性。

在建立一套規範系統，並使員工接受新的工作方法之後，大部分的決策權便轉移到部門首長身上（且不管校長的否決權）。他們的抉擇（以及校長的決策）都繫於一個簡單的問題：「對課堂的利益何在？」如果毫無利益，那麼提案就會失敗。引進新觀念或新作法的準則也是教育上的利益。

這所學校的三年發展計劃，是由部門首長及其部屬來擬定進行。並在修改與重訂時採取「圓形簽名文件」的程序。每一位教職員工會收到一份完整的計劃書。計劃書的最後一欄顯示由何人負責哪一部份—以使責任公開透明化。資深教職員則每學期對計劃做一次回顧與重點調整。

這所中學，目前以盡可能信任教員與學生及更加分權的方式管理，但堅守三項通則：

- 在學術標準上持續進步
- 教職員發展
- 改善行為規範並持續改良學校環境

正如校長所言：「還有更多的事要做。」

前三項原則：創造目標一致性、採納新思維、以及停止依賴大量檢查，或許全都著重於組織的文化面。第一項原則旨在創造出一

個眾人為同一目標齊心協力的「團隊型」環境。它要求經理人對自己下承諾，將品質提升作為組織的首要目標。Kennet 中學再造的故事就例證了這一點。

第二項原則關係到經理人的學習，以及追求管理風格的領導力，期能使經理人接受：發展與達成變革是他們的責任。它並要求經理人明確承認員工不需為品質缺失而受責。在經理人方面，這可能在言行上都需要有戲劇性的大轉變，尤其是如果他們已然習慣（許多人都如此）透過階級層層往下責罰的話！

第三項原則「藉由將高品質扎根於產品之中而停止以依賴大量檢查來提升品質」，則經理人在方法上需要更進一步的戲劇性改變，並在組織架構與資訊管理等問題上具有重大意涵。只是單純摒棄檢查，而未在其他方面改變作為支援，可能會災情慘重。這類轉變的一個成功例證，是近年來將跨部門產品發展團隊引進組織中的 John Deere 曳引機公司。這些團隊包含了設計與生產雙方的工程師，使得產品在設計時便能將生產要求納入考量，而不須為生產修改設計。這加速了新產品的發展、減少生產複雜度、更導致品質提升。其他主要的製造廠商也遵循相同作法。

第四項原則「終止以價格評斷生意，而以總成本代替」，乃是認知到零組件的約載單價不過是它們對組織的潛在總成本（或總價值）中的一小部份而已。舉例而言，一項單位成本最低的零件可能會造成高度退貨率。這若不是支出高檢查成本以找出劣質零件；便是造成劣質製成品，而接著導致高檢查與重製成本，並可能在顧客手上出現產品疏失。

在辨識採購商品的總成本時，有許多方面需要加以考量。這可能包括單位成本、品質（失敗與退貨率）、檢查成本、倉儲成本（例如說執行「及時制度：just in time」或 Kanban 系統的可能性），以及在生產環境中的使用便利性（指該項目對人力及其他成本的影響）。其他必須考慮的方面則是應採購可支援生產程序的物件，如

機器工具、輸送系統、控制系統等。特別是後者，上線運作成本在總生命週期成本中所佔的比例往往遠大於最初的購買成本。若爲了長期節約而容忍較高的原始成本，可獲得重大利潤。最好的例子是Mercede 汽車。儘管最初的資金成本遠高於其他競爭者的同級車款，但評論指出 Mercede 的折舊率遠低於其他競爭者（前三年的折舊率低於 40%，而其他超過 60%），且零件可靠度與持久性較佳，運轉成本也較低。

　　Deming 也提倡轉向單一供應商制度。就像許多事情一樣，這個方法也有正反兩面。它的主要利益在於令採購者在產品品質與價格的談判上，握有重大影響力；並可基於信任與互相支援而建立長久關係；且能提供給供貨廠商更安全的財務平台。相反地，倚賴單一來源的零件供應使得採購者承受不起任何供應商的疏失，不管在財務上，或在品質上。這樣的風險可能會引來銀行業者與其他金融業者的關切。在此有另一個值得一提的方法，便是考慮使用 Porter（1980）基於競爭模式下的單一供應商制度。在供應商力量微弱下（有眾多供應商，且產品無差異化或非關鍵時），單一供應商制度或可爲公司帶來重大利益，使它能有效控制供應商。而在供應商強勢下（供應商稀少、產品具差異性或關鍵性時），組織應盡量由多家供應商支援，以拉抬自身地位。

　　針對持續改善的第五項原則，若考慮顧客需求與產業現況後適切可行，便可藉由著重生產力、品質、及降低成本等方式，而對第一、二項原則助益更大。在這個階段的目標可設定得更爲量化，由第一項原則的理想化轉往更實務性、成就導向的目標。

　　第六項原則：「在職訓練」強調了在實務面上提升競爭力與技能的必要性。儘管並未排除課堂訓練，但這項原則提出：持續改善的目標應至少如實施於製程上一般地應用於工作人員身上。

　　第七項談到「領導力」的原則再度回歸質性與文化面，並與第八項原則「消弭恐懼」息息相關。這些原則都和組織中的管理風格

有關。這裡的目標在於要求經理人將對立式的管理風格轉變為合作式的管理型態。以這種方式有效管理，並輔以 SPC 技術，可將注意力引向如何改進個人（特殊原因）或系統（一般原因），而非歸咎某人。這個方法再次以防治問題而非宣判受害者為目標。

第九項原則「打破疆界」則呼應第四項。這裡的建議實際上在創造出發展產品與服務的跨部門團隊，以促進新產品或服務的發展、生產、與配送。Deming 在此並未討論這該如何達成，或明確地指出相關難處。通常在創造跨部門團隊的程序中會產生許多專業或文化面的問題；且不論是矩陣管理方式或專案小組的重整建立，都必然牽扯到薪資或紅利配套上的相應改變，以使個人目標能與組織目標和諧一致。

第十項原則「消除口號、勸誡、及數字目標」，又是一項文化面大於量化面的敘述。Deming 在此提出這些宣導品困擾員工甚於激勵員工。他的主張很簡單。如果透過 SPC 的使用，而移除了與個別員工或機器有關的「特殊失敗因素」，那麼所有其他的問題成因便與系統本身有關。這是經理人的責任，而再多的口號、勸勉、與配額制度等都毫無正面效果。相反地，Deming（1986：67）認為它們會「產生挫敗感與怨懟」。這項原則明顯呼應於要求經理人接受自身責任的第二項原則。

第十一項原則：「消除配額制度、工作標準、或依據目標及數字來管理的方式，而應以領導力取而代之」。看起來有點兒矛盾。改善目標本來就是績效衡量與監督中固有的一部份，而統計程序控制是衡量績效的方式之一。

但 Deming 的觀點是指：若系統如控制圖所顯示的一般穩定，那麼設定目標並無助於改善績效，只有改變系統才能做到。就像口號與勸勉一樣，Deming 認為設定目標與配額除非伴隨著一項改善程序的明確計劃而來，否則可能既無意義又徒增對立。代表該重新審視當初組織設計的目的為何。

移除那些剝奪員工工作榮耀權利的障礙則是第十二項原則。Deming 在此區分出經理人與員工的不同。他認為年度評量或考績系統將經理人的注意力都集中於考績系統所涵蓋的事務上。影射他們將致力達成上述事務，而絲毫不顧它們對品質或生產力的影響，因此經理人們是依據考績系統，而不是顧客需求來做出自以為是的事情！

Deming 認為員工受限於聘用不確定性、缺乏良好員工的定義；受限於劣質原料、工具、與設備；更受限於缺乏效率的監督與管理。Deming（1986：85）提出「給員工一個以榮譽心工作的機會，那麼 3%的漠不關心便將以同等壓力自行消失。」但他似乎忽略了一點：許多工廠的整個組織正是基於古典管理理論而建立，並藉由細分工作而剝奪員工的成就榮耀。

原則十三是制定一套嚴謹的教育與個人進修計劃。Deming 知道若組織要追求持續改善，那麼個人也必須持續進步。他提出未來的競爭利基在於知識，這是到目前仍無異議的結論。

第十四項原則，也就是最後一項原則在於推動每一個人均為完成轉型而努力。這指出唯有採取「面面俱到」的方法，整個計劃才能成功。要求在組織中具有強大、一致、凝聚力強的文化價值觀，及由上到下的承諾。這樣的文化又唯有在經理人言行一致時方能達成，也就是「行如其言」。

綜觀這些原則，可以彙總如下：在組織上下推行大規模的態度變革（質性面），並在適當之處輔以合理的統計分析（量化面）。

為了使這些原則得以施行，Deming 又提出七點行動計劃（見表 6.5）。但這份行動計劃較適合解釋為一連串有關「該做什麼」的宣言，而非更重要的「如何去做」的部份。

前三點明顯地將注意力集中於高階主管群身上，並扎根於態度、與溝通兩方面。它們提出高階主管群必須瞭解所為何事，對成

表6.5　W. Edwards Deming 的七點行動計劃

1. 經理人必須決定品質提升計劃的意義、內涵、及所採取的方針。
2. 高階經理人必須接受並採納新思維。
3. 高階經理人必須向組織中的人員傳播此計劃及其必要性。
4. 每一個活動皆須認知為程序中的一個步驟，並指出這個程序的收受顧客為何。其顧客則負責程序中的下一步驟。
5. 每一個步驟皆須採納「Deming」或「Shewhart」循環圈作為品質提升的基礎—規劃、執行、檢討、行動。
6. 必須誘導並鼓勵團隊工作，以改進投入與產出。人人皆能對程序有所貢獻。
7. 由博學多識的統計學家輔助，建構優質組織。

功的結果做出承諾，並向組織中的部屬解釋計劃的必要性。這與Crosby 直接勸導的寓意有所分別，並反映出這個計劃的倫理面，也就是指品質必要性應根植於組織所有成員的價值觀與信念中。可以確定的是，若經理人未能全心承諾計劃，且不能（或不願）有效地與必須同樣接納計劃的員工們溝通，那麼計劃是無法奏效的。

　　第四點肯定了大多數組織的程序導向工作方式，並要求將程序劃分為各階段。並藉由將在製品的接受者視為顧客一般來對待的方式，使每個階段都成為明確的任務。因此每個階段中都有必須指出並滿足其需求的顧客存在。這是一項企圖克服多程序中員工問題的嘗試，譬如裝配製造業等。這些員工通常沒有顧客意識，並無法體認到裝配動作不僅是他們的產品，更是他們可能從未得見的大型完成品的一部份。這樣的重點轉移可令員工從工作中獲得前所未有的榮譽感。

　　第五點則是單純地在每個階段中都透過 PDCA 循環圈實施持續改善。以這種方式實施的成就意味著各程序中的經理人與員工都

接受了這項程序的責任。接著還隱含了更高層的主管必須容許他們
有權進行並發展這些變革。

下一點「參與團隊合作以增進投入與產出」，可在好幾個層次
上發揮功用。第一，每個程序都必須發展出團隊文化，以便由內部
改善。其次，因為某領域的變革可能衝擊另一領域，因此必須在程
序（經理人）間誘發團隊文化，使他們彼此能有效溝通。第三，要
達成真正的效果，就必須在程序間建立一套有效分享並發展進一步
成果的方法─這把整個計劃又拉回高階主管身上。

第七點─建立優質組織，可能是第六點第三部份（各程序間的
改善）的更進一步發展。建立優質組織的要求，能反映並孕育品質
的提升。Deming 在這方面提出由博學多識的統計學家擔當輔佐之
任，可能投射出他自己的背景。但若不止於此，則效益更大，即可
提倡由跨領域的管理科學家與專家們（如電腦控制學家、心理學
家、統計學家、會計師等）與管理團隊並肩合作達成計劃。這裡強
調了品質提升的合作本質。並非由管理科學家主導發展並強施變革
計劃，這幾乎是注定失敗的。它所建議的是：經理人與工作者應共
同為整體計劃負責，由他們掌握控制與所有權。管理科學家的角色
在於以輔助性、指引性的方式，運用其專業成為團隊中的專家。

我們對 Deming 方法的介紹到此告一段落。統計程序控制與高
品質推行法將在適當章節中再加以介紹。這一小節的結論再度重申
以下論點：儘管最初 Deming 的方法紮根於量化方法上，但之後則
以更多的質性技術作為輔助。

6.4 成與敗

雖然整體說來 Deming 具有傑出的成就，但仍然有成有敗。例
如他在日本的活躍，在某程度上正是他早期受美國管理界拒絕的後

果。這或許印證了「先知顯達於自身的國土之外」的諺語。也唯有在他於日本產業大大成功之後，Deming 才能將注意力再度轉回美國工業的問題。

依 Flood 所稱，Deming 最根本的「機械論取向」「陷於來自經理人與工作者雙方的強力抗拒中」。Deming 將這些問題與對科技的依賴、行為準則、及文化層面等問題一併考量，而大幅度地修改他的方法。這反映在由量到質的重心轉移、以及「七大罪狀」的編撰上。

從 Flood 的修編中，認為 Deming 的主要優勢有以下幾點：

- 邏輯條理井然，特別是內部顧客—提供者關係的觀念
- 管理先於技術
- 著重經理人的統御力
- 完整的統計方法
- 對不同社會文化背景的體認

此外也有一些重大弱點：

- 缺乏一套定義明確的方法
- 其研究成果並未充分根據人群關係理論來建立
- 正如 Crosby 一樣，其方法在權力架構有偏差的組織下無用武之地

回顧這些優勢，其方法有條不紊與合乎邏輯的價值是無可否認的。簡單地說，它是個有組織又條理井然的方法，而非渾沌不明的。「規劃、執行、檢討、行動」的循環圈，也在其他管理領域中以「學習循環」的方式受肯定為組織學習的利器。例如 Handy（1985）指出以下程序：

- 質疑與概念化：有效規劃的基石
- 實驗：嘗試各種念頭、測試並評估假設
- 整合：革新舊習，是未來行動的基礎

Handy 將此視爲人類學習而不斷進步的基礎，而類似的程序在組織中能發揮作用則不足爲奇，畢竟人仍是構成組織的基本單位。

　　Deming 將管理列於技術之先的作法，顯示了許多經理人在態度上的逆轉。英國有句諺語說：「差勁的工匠總是埋怨自己的工具不好」，便指出大部分經理人將失敗原因歸咎於外部而非內部因素的傾向。如果正如 Deming 所言，有 94%的問題屬於管理方面，那麼經理人接受自身責任便是引發變革的一個主要步驟。同樣地，即使最糟的工具在優秀的工匠手中也能化腐朽爲神奇，但差勁的匠人並不會因爲有了利器就變得鬼斧神工。

　　肯定統御力與激勵的重要性，正反映出人群關係理論成爲管理思潮主軸的發展程序。雖然 Deming 並未大量採用這項在他多產歲月裡日漸於此領域中站穩腳步的知識。

　　當考量到強大的量化基礎時，或許 Flood 並不夠深入，我們可以提出某些形式的衡量系統，不管是倚賴生硬有形的評估法；或是仰賴組織心裡學技術中的柔性部份等，它們都是提升品質的根本。想要「做得更好」的單純意念，總伴隨著諸如「做多少」或「何時做」之類的問題。在這些問題上曖昧不清，可能對參與者造成灰心喪志的影響，但以成就目標爲導向則具有激勵效果。一次的成功會造就另一次的成功，但首先必須知道成功是可行的才成！

　　Deming 對不同文化背景的體認是他一項重要的優勢。他並未在這方面高度依賴人群關係理論文獻這一點，指出他的包容可能出於思潮典範的影響，而非衷心所願；或許是不情不願地承認了必須讓其他想法也有揮灑餘地。然而，肯定並適應各種不同文化，的確

是致勝時不可或缺的一部份。Hofstede（1980）在這個領域中有重要研究。從品質的觀點而論，這樣的認知有必要超越 Hofstede 所強調的國家差異，而至組織本身的特定文化、甚至及於組織中的部門、職務、及科別等。它們通常有獨一無二而強大的文化背景。

　　Flood 指出 Deming 缺乏一套清晰「方法」的批判堪稱公允。正如其他大師或專家一樣，Deming 建議何事當行，但並未精確指出應如何進行。雖然一方面來說或許形成限制，但欠缺此種精確性可能也是一種解鎖與賦權。它鼓勵人們在各個脈絡中實驗與辯論，以找出在當時情境下最有效的方法；而不是使用一個在其他時空中架構完成的方法。也許最重要的問題便在於信賴 Deming 的原則。

　　第二項缺點已由優勢涵蓋了，因此我們直接看第三項。Deming 被批評對為政治性與專制性環境的干涉隻字未提。也許，援引先前的論點，沒什麼可說的。第二項原則與前三項行動計劃都呼籲經理人接受自身對品質與生產力的責任，並接納新思維。這些評論是直接針對大部分的資深主管群而發，也就是在政治性或專制性環境中手持大權之人。若他們一開始便不接受這些責任，他們就漠視了這些原則而未遵行 Deming 的方法。若他們試圖將品質方法強加在他人身上，那麼失敗自然接踵而至。Deming 的整套方法都繫於經理人的態度！

6.5　重點回顧

　　Deming 學說的基礎，可說是存在於他的統計背景與所受的物理訓練上。這些在本質上奠基於科學方法的「硬科學」，必然對他早期取向的發展挹注不少。我們必須承認它們對品質領域的研究做出了重要貢獻。

統計程序控制（SPC）的理論與實務已經過時間的驗證，對製造業與服務業兩方面的組織都具有可觀價值。它們對使用這些方法的工作者也深具意義，因提供了快速而個人化的績效回饋資訊，讓員工能體認自身的成敗，並在適當之處採取矯正行動。Deming 在柔性問題上的研究，大家認為較狹隘且發展不完全，而他在生涯期間中也並未對這個領域涉獵太多。雖然人們必須承認 Deming 從未宣稱是這方面的專家，然而藉由在這方面聚焦更多努力，便可更進一步提高其方法的價值。

「規劃、執行、檢討、行動」循環圈對經理人與工作者而言都是一項清楚的指令，明示持續改善是品質提升活動的目的。與 Crosby 方法中所提出各步驟計劃的含意形成直接對比。

Deming 在他的研究中明確論及服務業，但仍然過於強調這個領域中的量化面。舉例而言，他引證電話在維修之前故障了多久等方面。雖然這很重要，但當電話鈴響時，接聽者用哪種音調應答也具有同樣的重要性。顧客所感受到的服務品質水準可能比電話鈴響的次數，或是所用的詞語具有更大的決定性。有趣的是，在 1997 年五月的 business press 中報導，有一家著重在第一聲電話鈴響時就接聽的組織，改善服務的方式是經過八秒後才應答。顯然敏捷的回應曾經嚇跑過顧客！

通常經理人們只能評量那些容易評估的標準，而不是難以評估卻更具重要性的事物。但在這樣一個高度依賴電訊設備的世界中，這些難以量化的事物，其重要性卻與日俱增。現代數位電訊設備的可靠度與明確度不再是大問題，許多公司更全然仰賴它們而運作，如電話銀行或保險服務等。由於科技的問題少了，且數位科技讓聲音腔調對聆聽者更清晰，於是聲音腔調就變得更重要。最新的影像電話科技將對這方面的服務領域具有未知的影響力。

人們公認 Deming 很可能對品質管理做出了最大的貢獻。然而，若能以更明確的方法、對人性方面具有更清楚且發展完全的認

識，並明確指出哪些因素構成今日的服務品質等知識作為熱誠的調節器，就更能提升其理論的價值。

摘　　　　要

本章藉由五點評論架構而呈現出 W.Edwards Deming 的學說主軸。有志進一步瞭解這方面知識的讀者可閱讀第四篇的相關章節，以及參考 Deming 的著作，特別是《走出危機》（Out of the Crisis）一書。

學習要點　W. Edwards Deming

品質的定義

‧是降低產出的變異值，以持續改善的函數。

七大罪狀

‧缺乏持續性
‧著重短期利潤
‧績效評價
‧工作異動
‧只看有形數字
‧過多的醫療成本
‧過多的責任成本

五項重要信念

‧量化
‧辨識失敗原因

・條理井然的方法

・持續改善

・一致性

主要方法

・14 項轉型原則

・7 點行動計劃

問題

Deming 提出有 94％的品質問題是管理階層的責任。請評論這個說法。

第七章

Aramad V. Feigenbaum

「品質只是一種管理企業組織的方式。」

Logothetis,全面品質管理,1992

前言

Armand Feigenbaum 首創了以工業為焦點的所謂「全面品質管理取向」。在他於麻省理工學院完成博士課程之後,他加入通用電器公司,而在他成為通用系統公司的總裁前,他曾擔任過通用公司的全球生產營運與品質控制經理。其著作《全面品質管理》在他仍是博士班學生時便已完稿,其他著述則於 1950 年代初期由日本人所發掘。他也透過生意上的接觸而與 Hitachi、Toshiba 等公司多所往來。

Bendell（1989：15）宣稱 Feigenbaum 對品質提出了一項「既有條理又全面性的方法」,而 Bank（1992：xv）則認為他是首開先河之人。Jogothetis 提出對 Feigenbaum 而言,「品質只是一種企業組織的管理方式」,Gilbert 認同這一點並補充道 Feigenbaum 認為「品質提升是造就企業成功與成長的最重要作用力」。

Feigenbaum 的貢獻廣受肯定。他曾擔任國際品質研究學院的創辦主席,也是美國品質控制協會前任會長,該協會並因他對品質與生產力的國際貢獻而授予他 Edwards 獎章與 Lancaster 獎座。

7.1 思維

Feigenbaum 的思想明顯根據他早期「全面取向」的想法而來，反映出一種系統化心態。他認為所有組織中的部門接應投入品質改善，並將高品質根植於產品中，而非檢查出瑕疵品，如此才是品質提升的根本。他將品質定義為「符合顧客用途與售價的最佳狀態」，並定義品質控制為：

一套有效整合組織中各團體對品質維護及提升之努力的方法，以在最經濟的水準下生產，並考量到顧客的滿意度。

在思索 Feigenbaum 的方法時，要接受其思想中的系統化本質是毫無困難的。儘管 Deming 與 Juran 皆可用系統化取向來解釋，但 Feigenbaum 一開始便開宗明義地直指其重要性。在當今組織所處的複雜世界中，凡事都需要以系統化觀點管理—對組織中各角落與各階層互動的體認與處理，以及與供應商、顧客、及企業其他利害關係人間的互動關係。

在此也論及確立高品質的問題。這指出組織不僅是生產產品而已，它們也設計並發展產品。看來 Feigenbum 認為若從想法概念起便注重品質議題，由此往下類推，那麼許多品質問題便可從產品與生產製程中連根拔除。這些技術包括：採用彩皮電線，以使電器的電線不易裝配錯誤；或是或將螺絲釘變更為一致型態，則不致於誤裝。

在 Feigenbaum 的品質定義中，我們可以看到兩項前所未見的限制條件，「顧客用途」與「售價」。前一項或許與 Deming 的「顧客需求」或 Crosby 的「順應要求」並無不同，但它代表的是一個限制條件，而非目標理想。似乎也暗示了實用品質的界限。售價的議題是前所未提，並明顯指出在各種既定價格下，Feigenbaum 感受

到對品質期望的界限。也就是說在 10000 美金與 100000 美金的兩
輛車子間，品質、性能、可靠度的差異是可預期，且可以接受的。

　　他對品質控制的定義則強調優質製程不可或缺的本質，著重於
「協調」「團體」間維持品質、提升品質的努力。值得注意的是他
並不是說「功能」或「部門」。明顯地肯定組織中的人群關係面。

　　總結 Feigenbaum 的想法，有目共睹的是對系統化「全面」取
向的承諾；對優質設計的強調；以及全員投入。並以組織人性面的
肯定與信賴加以輔助，且在必要時採用統計方法。這也強烈對比出
Deming 取向對統計的特別強調。

7.2　假設

　　現在我們將轉往 Feigenbaum 對世界的假設，將可感受到與先
前所談大師們的不同體會。

　　第一，他開宗明義假設世界是由系統所組成的。他研究那些他
個人認為存在於組織各角落、以及更重要的，存在於組織所處環境
間的各種互動關係。他肯定供應商所做的貢獻，也承認由顧客所加
諸的限制，特別是對性能的期望與價格等方面。系統化觀點也在他
第二項假設中再度昭然若揭：人群關係是品質成就的根本問題。這
正與管理思潮的發展有所吻合─人群關係學派便崛起於他早期研
究的年代裡。

　　在這些假設中，他明確地將注意力集中在整個企業體上，從供
應商到使用者，透過各種部門，以至牽涉在內的所有相關團體。而
近年來所發展的全球企業服務全球市場，則在組織、社會及個人福
祉、以及不斷壯大的新興工業國家間，皆具有更複雜且互相依存的
關係，因此導出必須維持系統化觀點的結論。

組織或許可以當作自己正生存在一個最後不是興盛就是滅亡的經濟生態體系中。雖然並未明指出組織的調整適應性，但 Feigenbaum 對「充分顧客滿意度」的承諾，蘊含了組織內部對顧客需求與期望的不斷覺知，以及不斷滿足顧客的必要性。

香港麥當勞：充分的顧客滿意度

將企業建立於三大特徵（食物品質、便利、價格）上的香港麥當勞，已明確地針對充分的顧客滿意度的想法，發展出一套獨一無二的方法。以下的兩封信便顯示出麥當勞在這兩位個案顧客的滿意度上所獲得之肯定，遠超過僅僅在適當時間，以合理價格提供正確食物而已。第一封信顯現出他們對整體麥當勞體驗的肯定。顧客並未提及食物，但對整體服務品質與盥洗室的清潔標準印象深刻。

1996 年 1 月 19 日
致麥當勞（香港店）管理總監

親愛的先生：

我希望能讓您知道您的員工在 Sai Kung Court 分店的傑出成績與良好表現。

我住在 Sai kung，偶而會到 Sai Kung Court 店喝一杯午後咖啡。每一次拜訪，我總對店中的清潔與整齊印象深刻。您的員工輪流認真打掃，但櫃臺的員工仍有效率地接待顧客。除此之外，雖然女盥洗室並不大，但總是有紙捲並瀰漫著令人愉悅的香氣。這般卓越的衛生品質與顧客服務堪稱麥當勞商店的典範。

恭喜您雇用如此優秀的員工團隊而提供舒適的環境。我與我的家人定會再度造訪。

麥當勞迷

Christine Chen

副本：**Sai Kung Court** 店長

　　第二封信顯示麥當勞如何深入成為社區中的一份子。再一次地，食物並非主題，服務才是重點。

1996 年 **3** 月 **19** 日

致首席助理 **Law** 博士

副本：**Don Dempsey** 麥當勞餐廳（香港店）

親愛的羅小姐：

　　我寫這封信，是想為您昨天照料我的女兒 **Erin** 致上深刻的謝意。您所展現的急救援助以及樂於助人又充滿關懷的態度，大大地幫助了她。我由於嚴重的塞車，花了兩個小時才從我的辦公室到您店裡，也非常感謝您的體諒。

　　麥當勞是社區中令人激賞的一份子。當 **Erin** 尋找某個安全又友善的避難所時，她直奔熟悉的「金色拱門」而去。

　　她的腿已縫合，現正舒服地靜養。再次謝謝您的協助，並希望您喜歡那些巧克力。

Mark T. McCallum

副本：**Don Dempsey**

　　Feigenbaum 進一步假設道持續改善既令人期待也可達成。當再度引用他對品質的定義時，我們會看見衝突與矛盾的潛在可能性。例如說，根據他的定義，一旦達到顧客對績效與價格的期許後，便

算是達成品質目標了。然而，除非 TQC 程序終結，否則會再產生更進一步的改善空間。或許就如同 Gilbert 所提出的一般，這便影射著組織與顧客互動，以改變顧客對品質的期許。因而就和 Crosby 一樣，即便他的本意在於持續改善，但 Feigenbaum 的方法卻具有可能被解釋成有限、以結局爲導向、且是不連續計畫等等的危險性。

7.3 方法

雖然 Flood（1993：35）將 Feigenbaum 的思想濃縮爲一套四步驟的方法，但這些步驟（請見表 7.1）應當做是他整體方法的簡化版。不過這些步驟的確抓住了 Feigenbaum 取向中企圖打造一個「全面品質系統（Total Quality System）」的基本精髓。Bendell（1989：16）將它定義爲：

> 以有效且富整合性的技術與管理程序，記錄公司與工廠中所協議的營運工作架構，以便能用最好、最實用的方式，指導組織中人員、機器、及資訊之協調活動，確保顧客的品質滿意度與具經濟效益的品質成本。

表 7.1 品質提升四步驟：Armand V. Feigenbaum

步驟一　設立品質標準
步驟二　評估標準的達成程度
步驟三　在未達成標準時採取行動
步驟四　進行規劃以更上一層樓

　　在這定義中所固含的 Weber 式層級性意涵與危險性昭然若揭。高度依賴文件記錄與程序整合，以及對人員、機器、資訊整合協調的借重，必然可能使「叫囂甚於實作」的人士有機可乘。

　　為了打擊這項危險性，Feigenbaum 在第一句中便使用了「協議」的字眼。強調每個人皆應透過有效溝通，而對組織設計許下承諾。然而儘管提倡漸進發展計畫，但卻鮮少提到應如何達成協議，以及其中對採取專制或民主程序的可容許範圍。雖然 Feigenbaum 提倡以參與作為駕馭人們貢獻的手段，並鼓吹歸屬感，不過還是一樣：這方法用不著非採用參與手段不可。

　　更進一步的工具，則是 Feigenbaum 對所謂「品質營運成本」的衡量法。分為四大類，觀其名便知其義，且我們已在第三章中說明過：

・預防成本：包括品質規劃成本；
・評價成本：包括檢查成本；
・內部失敗成本：包括廢料與重製成本；
・外部失敗成本：包括產品保證成本與顧客抱怨；

　　我們可以再次看到 Feigenbaum 全面品質的概念如何從產品發展延伸至產品用途，也就是直到顧客手上的產品品質為止。Bendell（1989：16）指稱：由於設立全面品質系統而減少品質營運成本可歸因為兩大理由：

1. 缺乏有效的顧客導向標準，可能代表著目前的產品品質並非最佳的適用狀態。
2. 在預防成本上的花費，可以減少某些內部失敗與外部失敗成本。

　　整體方案就是：在各個關鍵階段量測品質高低，便可減低組織的總營運成本。在食品製造業中也採用類似概念，實施一套稱為「HACCP」（Hazard Analysis Critical Control Point：關鍵控制點危險性分析）的系統，以在風險點上評估並確保產品品質及安全性，其中包括溫度變化等方面。舉例而言，若必須煮沸產品，則 HACCP 系統將進行測試，確保已實際達到沸點。對系統設計的強調再度彰顯了 Feigenbaum 將高品質根植於產品之中的重要性。

　　整體而論，最好將 Feigenbaum 的方法視為持續改善的管理實務中的一部份，這是一套以經理人責任為導向，並涉及組織中有效的團隊工作等方法。這些工具將在適當章節中做更深層的探討。

7.4　成與敗

　　Feigenbaum 的方法無疑是成功的，且廣受許多組織或多或少地採行。他將高品質視為一種組織經營方式而非附屬活動的體認也是毫無疑問的，同時也是這一領域中重要思想的突破點；即便是今日，仍有許多組織視品質為附加物，而非組織效能的根本。同樣的，他「全面性」的系統化概念—即在組織上下推行高品質，由投入一直延伸到產出部分—也深具價值。

　　Flood 再度透過以下幾點對 Feigenbaum 方法的重要優缺點作扼要的說明。他認為主要的優勢在於：

・對品質控制有全面而整體的方法
・強調管理的重要性
・將社會科學的系統思想納入考量
・提倡參與

　　主要缺點則是：

・其研究雖具全面性但不夠完備
・雖體認到管理理論的寬度，但並未將其融合一體
・未論及政治性與專制性的組織背景

　　在以上評述之外，還可以補充的是這個方法的工業導向對服務業組織幾乎毫無實際價值。同樣的，就如同 Deming 一般，他也缺乏明確的方法：在該作何事的指示上綽綽有餘，但並未輔以應如何進行的指引。系統論的必要性與貢獻已是人所皆知。同樣地，管理對程序的重要性也受到重視，但 Bendell（1989：16）提出：「Feigenbaum 認為現代品質控制便是鼓勵及建立起工作者對於品質的責任與興趣。」

　　雖然以上這點可以藉由經理人對計畫的承諾而達成，但仍強調經理人「推銷」理念的必要，表示員工在接受品質概念時仍有所抗拒。即使全然接受了參與法的價值，問題仍再度浮現：這樣的參與是如何成就的？即使 Feigenbaum 在個人貢獻這方面選用「駕馭」的字眼，所暗示的恐怕並非全心承諾，而帶有強迫意味的弦外之音。

　　現在讓我們看看弱點，Feigenbaum 的研究對於工具的指認與選擇、何種管理理論或系統方法最適用於某特定組織或國家背景等等，皆隻字未提。對當今經理人而言，這個問題事關重大。許多組織是全球化的，若想在 Feigenbaum 所要求的高階主管間獲得認同，便必須考量參與者間相異的文化與期望。在香港頗有成效的方法，到東京、洛杉磯、倫敦時可能一敗塗地。

　　最後，Flood 批評 Feigenbaum 未提及政治性或專制性的組織背景並無不當。在 Feigenbaum 的學說中，他明確地假設人們會為了組織與其產出的進步而齊心協力。然而，他也體認到有必要推銷全面品質的概念，也許正暗示著未達最終目的，某程度的政治或威權

壓力對他而言是合法的。這樣說來，在某人不打算涉及的問題上批評他未曾提出解決方案，似乎有點不公平。

7.5　重點回顧

　　Feigenbaum 的學說有三項根本概念。第一便是他接受系統化模型；其次便是擁護適當的評量；第三則是以參與作為輔助發展變化、鼓勵變革、以及創造的手段。

　　Feigenbaum 在品質控制主題上的強大學術背景，再輔以他廣博的實務管理經驗，無疑是極成功地為其想法的進一步發展與應用，架設起廣大的舞台。

　　缺乏一套發展完全的明確方法以告知經理人如何推行，則是一個主要的缺陷。人們懷疑個人與經理人的風格會是攸關全面品質控制制度的成敗。高階經理人對於合作及團隊基礎的工作方式，並不容易採行或長久維持下去。

　　舉例來說，在部門結構的公司中，往往在各部門裡形成權力基礎。若這些權力夠強，便足以抵禦由其他方位而生的個人與部門權力流失。常聽說某公司是「生產至上」、「行銷至上」、「會計至上」等。便是公司由專業領域內的某特定族群所主宰。他們可能以特定專業立足點感受這個世界，如此一來，或許就低估了其他專業的貢獻。採用一種能公允衡量各專業對整體貢獻的團隊作法，在專案或矩陣管理系統中也許不太可能。類似的意見也發生在性向、性別、與種族等問題上。如美國的「WASPs」（White Anglo Saxon Protestants：盎格魯撒克遜白種人抗議團體），英國的傳統牛津劍橋傳統體制畢業生，以及馬來西亞的 bumiputras（馬來西亞原住民）等。要創建專業化組織，則必須克服專業性或其他偏見，Feigenbaum 卻絲毫未提應如何實踐。

　　Feigenbaum 方法中的量化面也受人歡迎。「在適當之處」仰賴統計數據是一項很實用的指南，以鼓勵經理人自由判斷衡量法的選擇。這與 Deming 格外強調衡量正形成一種尖銳的對照。在何者適於量測與何時適於量測上，Feigenbaum 相當有彈性。而就像 Deming 一樣，他提出：透過品質營運成本的四項分類，顧客鏈分析不僅僅有助於指出品質成本為何，更重要的是，指出它們因何而生。

　　Feigenbaum 在品質領域所做的重大貢獻眾所公認，但應以下列的認識調節對其方法的狂熱：方法與文化背景上仍有弱點，更重要的是其方法尚未超出製造業範疇。

摘　　要

　　本章介紹 Armand Feigenbaum 學說的主軸，呈現並回顧其思維、假設、方法、及成敗。有意更進一步瞭解的讀者可以參考 Feigenbaum 的著作《全面品質控制》（Total Quality Control）。

學習要點：Armand V. Feigenbaum

品質定義

• 高品質是一種經營企業組織的方式。

重要理念

• 系統化思想
• 恰當的衡量
• 參與

主要方法

• 品質提升四步驟
• 品質營運成本

問題：

　　本章指出 Feigenbaum 對「全面品質系統」的定義可能會因其「Weber 式、層級性組織的弦外之音」而產生困難。請為 Feigenbaum 辯護，反駁這項說法。

第八章

Kaoru Ishikawa

前言

　　Karou Ishikawa，卒於 1989 年，原是一位化學家，並擁有工程博士學位，也曾擔任東京大學的名譽教授。Bank（1992：74）稱他為「品管圈之父」以及日本品質革新運動的發起人。他在 1949 年經由日本科學家與工程師協會（Union of Japanese Scientists and Engineers：JUSE）而投身品質問題，並隨之成為一位世界性的品質講師與顧問。Gilbert（1992：23）提出 Ishikawa 是第一位體認到「品質提升非常重要，一定不能脫離專家掌握」的大師。Ishikawa 闡釋自身方法的著作有《品質控制指南》（1986）（Guide to Quality Control）以及《何謂全面品質控制：日式作風》（1985）。（What is Total Quality Control？The Japanese Way）等書，皆已翻譯為英文。Ishikawa 也因其學說廣受褒獎，他曾獲得 Deming 獎、Nihon Keizai Press、產業標準化獎座，及美國品質控制協會特別獎。

8.1　思維

　　Gilbert（1992：23）與 Logothetis（1992：95）都認為 Ishikawa 學說的思想基礎在於全公司追求品質的概念。Bendell（1989：18）曾引用 Ishikawa 本人的說法：

　　這些全公司追求品質的控制活動成效卓著，不但確保產品的品質，更對公司整體生意有莫大貢獻。

　　Bendell（1989）認為 Ishikawa 將品質定義為「不只是產品的品質，更是售後服務、管理、公司本身、以及全人類的品質」。

　　Flood（1993：33）將 Ishikawa 的方法解釋為是「縱向與橫向的結合。」其方法不僅考量到經理人、監工者、工作者之間不同階層的溝通與合作，更由供應商拓及到顧客。Ishikawa 的首要信念便為凡是受公司及公司營運所影響的每一個人，皆應投身於品質提升計畫之中。這與我們之前所談到 Feigenbaum 所鼓吹的「全面取向」有異曲同工之妙。

　　投入的程度也很重要。Ishikawa 要求計畫不僅全公司的（或更高層級）動員，更牽涉到主動參與的要求。其學說在參與上強調更多的員工參與及激勵，Bendell（1989：19）認為可透過以下三點加以營造：

- 一種員工持續致力於解決問題的氣氛
- 更充分的商業自覺
- 以不斷提升的目標來培養理想之工作態度

　　這些軸線強調三個關鍵字，它們都屬於質性面而非量化面：分別是氣氛、自覺、與態度。它們是對經理人之行為具有直接意義的文化要求。

　　一種「員工持續致力於解決問題的氣氛」代表經理人必須接受：

- 員工具有找出問題、解決問題的能力。
- 經理人若不是接受改革的必要並執行解決提案，否則便應解釋不看好此變革提案足以維持員工熱誠的原因。

「更充分的商業自覺」則將兩項責任加諸於經理人身上。第一，便是爲這一領域中的員工提供訓練與教育。其次則是對公司營運績效與競爭者表現等方面，提供員工正確、有意義、且及時的資訊。雖然在這方面強調的是商業自覺，但這些事在公共部門與非營利組織上應當同樣重要，正因他們並不著眼於利潤，更應著重在有限資源中提供最大限度的服務，這就是金錢的代價。

第三條主軸「改變工作態度」的焦點在於不斷提升的目標—即持續改善的文化—也再度隱含經理人責任在內。經理人必須在言談舉止中接納這種態度，以貫徹這項理念。Deming 對「勸勉」的重視與 Crosby 透過口號及三令五申推廣等宣導方法對此都很重要。

明顯地，Ishikawa 相信有效的參與就像有效的溝通一樣是雙向道，而正如 Hagima Karatsu（Matsushita 通訊管理總監）所言，人群間的「創意合作」是優質組織中的絕對要件。（由 Bendell 引述，1989：19）。

Ishikawa 學說中的第三元素強調直接、簡單的溝通。Bendell（1989：17）指出 Ishikawa 認爲「開放式的群體溝通」在其問題解決工具中尤其重要。對 Ishikawa 而言，溝通的根本便在於他方法中所強調的簡便性。例如《品質控制指南》一書便刻意以一種「非精雕細琢」的方式寫成，且 Bank（1992：75）也指出 Ishikawa 以「直觀方式」研究。Logothetis 強調 Ishikawa 專重於「資料收集與表達的簡單統計技巧。」這種對簡單性的要求涵括了質與量兩方面。

人們認爲 Ishikawa 對單純性與所謂「職場語言」的強調具有一種賦權的效果。受過適當訓練的工作者們，沒必要非使用隱晦而艱澀的術語不可。管理階層不能將自己匿身於複雜方法與詭辯言詞之後。既然對所有員工階層實施訓練，所有人便應使用一種共通的品質語言，以助於促進溝通。

在 Ishikawa 的思想中，我們可以指出三大要素。第一，鼓吹「全公司追求品質」的全盤系統論之總體觀點。其次，則是所有相關人

員的參與、及主動又具創意的合作。第三則強調雙向思考的溝通、分析與方法的單純性，以及語言共通性。

8.2 假設

現在讓我們探討一些 Ishikawa 的前提假設。

我們可以看出 Ishikawa 的第一項假設論及相關性，即「全面性」或系統論。他明確表示組織各面向與環境中的相關部分皆應考量。正如 Feigenbaum 一樣，這個論點是難以辯駁的。雖然 Ishikawa 的技巧與方法在下一小節中將以系統論介紹，但他似乎仍有某方面是高度仰賴過簡論的。

Ishikawa 的第二項假設則是採取充分參與取向。代表組織中每個人都可以（並願意）對自己許下承諾重視品質問題。這暗示著必須確立品質「信念」或品質信條，且提升品質將凌駕於組織其他成功條件之上，晉身為終極目標。儘管這個目標的優越性或許與經理人、所有權人、及股東等人的期望不謀而合，但似乎也假設員工的優先目標必然與組織目標一致。然而卻並未提及應如何實踐這樣的美景，舉例來說，Bendell（1989：19）就指出「品管圈成員並不因他們的進步得到任何獎酬」，那麼對品質的承諾果然一如宗教信仰，承諾本身就是報酬。

在這其中所隱含的更深一層假設是：品質提升活動發生在一個參與成員間不受任何政治與權力關係影響的組織環境中。儘管這是個崇高的理想，畢竟不切實際。無論東西方組織都存有內部權力問題，或潛在的高壓政治。這些問題在組織管理上或許可輕可重，但總是難免。Ishikawa 在這部份及其處理方式上保持沈默，可能反映出他本身地位的強大，或是他對其他低教育或權力較低階層所面臨的問題渾然不覺。也或許只是單純地映照出日本價值體系中強大的

群體本質。第三項假設：有效溝通，在某程度上正與第二項假設遙相呼應。參與需仰賴有效溝通方能成功。儘管在組織中發展發展品質問題的「共通語言」頗有裨益，但溝通仍可能受到文化或政治的妨礙，而限制了意見表達的機會。

　　例如說，年齡、地位、怕丟臉等因素，可能阻撓開放性的意見表達，因而未能真正地溝通，而這場拉鋸中的輸家（弱勢族群），可能徒有合理觀點但卻無人聆聽。最後，我們轉向另一個假設：技術與方法的「簡單性」是有用的。儘管承認工具的複雜度必須配合以之工作的人，但在某種程度上，Ishikawa 就因假設人們只能處理簡單的概念與方法，而過於小看組織中的人員了。

　　若考量人生的複雜度，無論東西方，我們都必須承認大部分的人對高難度的人生應付裕如。舉個例子，應付貸款、生兒育女、家庭管理（最基本的管理挑戰），計劃退休金、健康保健，和政府機關打交道，甚至開車，在在需要複雜的問題解決與組織能力。這些技能少有人傳授或教導，但它們仍然存在，且運用自如。若如 Ishikawa 假設凡事皆必須簡化，未免過於專斷自大。遺忘我們仍擁有從嬰孩時期便與生俱來的簡單技能，以及透過教育與經驗所發展出駕馭高難度事物的能力，便是蔑視工作者的潛力，而且更可能播下未來不滿的種子。

　　另外一項假設是品質問題只需運用簡單的方法與學說便可以手到擒來。許多人認為今日的產品與服務越形複雜，而組織本身與組織所處的環境亦然。各因素間的相關性不斷增加，同時可能還有更多影響因素有待考量。任何情況都可能在這兩大推動力的交互作用下益顯複雜。經驗指出簡單的問題解決法在這些情況下不足支應。必得採用其他更複雜但不一定更高不可攀的工具。儘管這些工具在 Ishikawa 的年代中日漸崛起並垂手可得，但他似乎並未斟酌過使用這些工具。某些在第四章中所提到的工具反映出與工作力有關的價值，且吻合 Ishikawa 的價值理念，或許可將其理論更往前推進

一步。

8.3　方法

　　Ishikawa 的頂層方法即為「全公司的品質控制」。以「品管圈」技術、及「品質控制 7 工具」加以輔助，以下將一一介紹。

　　「全公司的品質控制」已被廣泛認為是 Ishikawa 的方法及處理組織面向的根本思想。其中囊括了各部門與功能，並運用下列篇幅中所敘述的工具。Bendell（1989）提出這個方法產生了 15 項效應。（請見表 8.1）

表 8.1 全公司的品質控制之 15 項影響效應：Kaoru Ishikawa

資料來源：Gilbert（1992）

1. 提昇產品品質，並加以劃一化。減少缺失。
2. 提昇產品可靠度。
3. 降低成本。
4. 提升產量，生產排程合理化。
5. 減少累贅的工作程序與重製程序。
6. 建立技巧，改善技術。
7. 降低檢查與測試的花費。
8. 供應契約合理化。
9. 擴增業務市場。
10.在部門間建立起更緊密的關係。
11.減少錯誤資料與報表。
12.得以更自由民主地進行討論。

13.會議進行地更為順暢。

14.機器設備的維修與安裝更為合理。

15.改善人群關係。

　　儘管承認這些利益或許源於這一方法，但並不能說它們就是採用全公司的品質控制方法下的必然結果。也許正如 Logothetis（1992：96）所言：「唯有當經理人革新組織文化時，才能確立 kaizen（改善）自覺（隱含於 Ishikawa 的方法中）」，但這領域卻略而未提。

　　品管圈是 Ishikawa 實踐參與手段的主要方法，其中包含了 4 到 12 位同活動領域的工作者，並由一位員工或監工領導。其任務在於「點出區域問題，並提出解決方案」（Gilbert：92）。

　　Bendell 提出三點目標：

・為企業的進步與發展助一臂之力。

・尊重人群關係，並打造一個愉悅的工作環境，以提高工作滿意度。

・充分開展人力資源，引發無窮潛力。

　　Gilbert 指出要打造成功的品管圈，有許多不可或缺的「基石」要素。（請見表 8.2）前四項適用於所有成功的品質提升計畫—各階層經理人的承諾、員工訓練，及有意願的參與者。「共通的工作背景」則可能因未顧及跨功能或跨部門團隊的需求而受到限制。以解決方案為導向，則是一種手段，以避免品管圈淪為專門討論經理人或其他程序負責人應做什麼、未做什麼的吐苦水大會。

　　肯定品管圈貢獻則是個棘手的區域。若是徒費心力又無成就，應從何肯定起？為了維持努力不懈，並更加鼓舞企圖心，也許肯定已完成的工作確有其價值。然而，徒勞與重大成就間的差異則不可不分。

表 8.2　成功品管圈的「基礎」因素：J. Gilbert

資料來源：Gilbert：1992

- 高階經理人支持。
- 作業性管理階層的支援與投入。
- 成員自願參與。
- 有效訓練領導者與參與者。
- 共通的工作背景。
- 以解決方案為導向。
- 肯定品管圈的努力。
- 具有議程表，議事錄，及輪替性的主席任期。
- 堅守開會時間。
- 成員們應將聚會時間告知上司。
- 確保品管圈不具任何階層性。若有任何資深者特權作祟，你就會發現 MD（管理總監）或 CEO（執行長）的秘書認為自己太過重要而不克出席定期秘書品質公聽會。

　　基本上，議程表與議事錄是品管圈的控制機制。它們可以讓圈內成員留意上次會議後已達成與未達成的目標，追蹤解決方案的執行成效，並維繫圈內對創新的重視，不致於在舊論點上反覆不休。議程表則有雙重效果，除了控制開會的討論內容，在預定議題上，更可讓與會者在開會前有時間思考該議題。而守時則是為前兩個項目做後盾的良好紀律。

　　通知上司聚會時間的行為，一則是禮貌，一則是良好的溝通管道。他（她）可能希望能夠出席，或是為會議注入一些想法與實踐上的進展，並以其他方式加以支援。

　　要確保品管圈中不具階級性，則極為仰賴組織中的文化與政治氣氛。若在解決問題時，能實踐一種真誠而平等的組織風尚，這方面就毫無困難。然而品管圈或其他團隊型態環境下的工作經驗指出，階級不平等的問題總是層出不窮。

毫無作為的品管圈

　　1970 年代末期，一家旗下擁有數百家分店的零售通路商決定在高度競爭且供過於求的市場環境中，展開一項服務品質創新計畫以提升績效。顯然總公司對此計畫勢在必得，並挑選「品管圈」作為各分店的推廣技術。

　　總公司中的資深主管紛紛出席訓練大會，以學習品管圈的規範，這些訓練迅即延伸到各分店經理身上。一段時日之後，所有訓練皆已完備，計畫蓄勢待發。各分店員工都收到一封來自總公司的通知函，說明組織將採用品管圈提升服務品質。通知函更進一步通知將由地區經理安排各項事宜。但除了分店經理外，沒有一位地區層級主管受過任何相關訓練。

　　於是，在某個工作天結束之後，地區經理召集員工們，並通知他們第一次品管圈聚會將於下星期三下午 5 點舉行。所有員工皆預期是自願加入品管圈的，沒有加班費。在第一次會議中，將解釋品管圈中的規定與角色分派。

　　第一次會議就這麼召開了，地區經理理所當然地自任為主席，並解釋品管圈的目的。接著會議開放給所有員工提出有關提升服務品質的建議。某分店的討論著重於顧客接待區的煙灰缸數目—夠嗎？不夠？或是太多了？另一個分店則著重於營業時間的實用主題上，直到地區經理裁定這些討論「越權」，因為營業時間逾越了分店的改變範圍—同樣的限制也加諸在其他許多分店與討論主題上。大多數情況下，經理的秘書會將討論內容記錄下來並做成議事

錄。地區經理則彙整這些記錄，並將整理過的版本快遞給總公司，以作為召開過會議的證據。

儘管組織持續不懈了 12 個月左右，但組織中並未產生任何具有意義或實用的想法。組織系統與程序中，絲毫沒有足以提升外部或內部顧客服務品質的重大改變發生。儘管人們宣稱在員工間所產生的顧客服務品質自覺也許帶來些許無形利益，但事實上，這一切大張旗鼓都是白費。

在追求品管圈的創新程序中，這個組織可能犯了四項重要的錯誤。

第一，相關員工缺乏訓練。其次，品管圈架構以經理人擔任（或他們毛遂自薦）領導者，因而具有明顯的階層性。參與的企圖是由單方面強制命令或施壓，員工們並未心悅誠服認為組織中有問題尚待解決。第四點則是資深主管們本身並不瞭解自己所管理的企業架構，事實上這架構便決定了能否解決問題。任何一個大型零售組織都採取標準化的系統與程序，以確保各分店能提供精確而一致的服務。即便是在 1970 年代間，這些工作也日漸與中央電腦網路功能密不可分。這些網路的運作控制大部分的顧客接待活動，逕自決定那些服務可以或無法提供。而對這些系統所提出的變革，卻受經理人判定是「攪局」，因此封鎖了組織經營者與實際顧客接待者間認知顧客需要的溝通管道。可能局部改變的，只有個別員工對待顧客的方式而已─這是無法透過已知技術加以創造的。

若談到組織中的資深經理人如何自欺欺人，將低落的顧客服務品質歸咎於員工，而以為改進之功全靠自己權柄，這就是個典型的例子了。

Ishikawa 指出品管圈應是品質提升努力中不可或缺的一部份，而不是孤立的個別方法。它們在西方與日本都各有成敗。Bendell（1989：19）註解道：「即便在日本，通常由於經理人興趣缺缺或

過度干預的緣故，仍有許多品管圈潰不成軍。」Crosby 與 Juran 也都質疑它們在西方的應用效果，而「毫無作為的品管圈」中所描繪的經驗，或許便例舉出某些敗筆。根據報導，Crosby 認為品管圈已成為一記濫用於員工動機、生產力、及品質低落等問題的療方。而 Juran 則指出若組織中的管理階層未受適當的品質訓練，則品管圈成效將極為有限。

　　Bendell 則引述 Ishikawa 方法的量化技術為「7 項品質控制工具」（請見表 8.3）。總而言之它們是一套有關品質的圖形，以線性圖或曲線圖等方式表達出該營運單位或程序的品質狀態。Ishikawa 認為所有員工都需接受這些技術的訓練。由於它們在品質管理上扮演重要角色，我們將在第 22 章中作充分討論。

表 8.3 七大品質控制工具　:Kaoru　Ishikawa

工具一　Pareto 圖	用以指出問題的主要成因
工具二　Ishikawa 圖/魚骨圖	展現起因與影響效應的圖表
工具三　分層化	將每一套具有繼承性的的資料放在前一項資料最上方的層級圖
工具四　檢討單	提供品質提升程序的紀錄
工具五　直方圖	用以展示某數量之數值落在各種區間的頻率
工具六　點陣圖	用以決定兩因素間的相關關係為何
工具七　控制圖	統計程序控制中所使用的圖

在本章中，我們將只檢視 Ishikawa 圖，或稱魚骨圖，因為這是唯一源自 Ishiakwa 本人的技術。這個方法是當他在東京大學中解釋各因素間的關係時所發展出來的。而隨之成為其品質工具組合中的一部份，並廣受產業界採納。

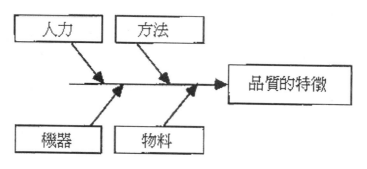

圖 8.4　Ishikawa 圖

基本上，Ishikawa 圖是一幅在問題情境下以終點或目標為導向的圖表。目標或主題安置在魚頭處，影響因素則各自分門別類。Gilbert（1992：111）提出如「人員、機器、物料、方法」等大類可作為一項實用的初始分類。各分類皆可再往下細分，魚骨可以不斷分枝展開，以探索所有相關因素。其他可行的分類還有程序、技術、知識、或資訊系統等等。這個方法對鼓勵並致使參與者表達意見也頗有成效。

這個方法並未對所產生的主題或想法施以任何自動化的優先性，也未加諸任何限制。然而真實世界中的經理人卻常強加某些限制條件，如時間、技術、資金等，這些限制條件可能影響方法的價值。顯露出來的問題若未得到相關負責人充分適切的回應，便可能造成品質提升努力中的不滿，甚至功虧一簣。這個圖也很容易就成了分攤罪責的機制，而喪失促進改善的原始美意。

　　總結 Ishikawa 的方法，可看出他將質與量兩方面結合起來，以實踐「全公司追求品質」。

8.4 成與敗

　　Ishikawa 世界性的地位，與其廣受世人接受的想法，在在指出他的方法的確成就非凡。他最為人所知的魚骨圖也不致掩蓋了對於其餘研究的價值與鑑賞。同樣地，儘管在某些組織中遭受到某程度上的失敗，但品管圈無疑是成功的。一個像品管圈這樣的組織概念，能推廣到這種程度（根據 Bendell 報導：「單在日本一地，便擁有一千萬名以上的品管圈成員。」），確是成功而實用的想法無疑。

　　Flood 歸結 Ishikawa 方法的優點有四：

・著重參與
・有各種量化面與質性面的方法
・整體系統化觀點
・QCC 對經濟體中各行各業皆適用

　　主要的缺點則有：

・魚骨圖雖秩序井然但系統化程度不足
・QCC 取決於經理人的支持
・未涉及組織的專制性背景

　　讓我們先看看這些優點。參與性、以及發展方便利害關係人使用的工具這兩點，具有無可否認的價值。它們使得組織中各階層人

士皆能以自身角度,在品質提升的程序中助上一臂之力。提倡創造力、以及提升動機對於組織與個人兩方面也都各具價值。

涵蓋質、量兩方面的方法工具混合組合,則是鼓勵人們對組織培養更寬廣的理解,而不只是著重單一工具或強調純質性/量化方法。在此全盤性視野再度受到現今論述的支持,因為系統化方法在當今組織環境中的確舉足輕重。

我們雖然承認品管圈可應用於各行各業,但有關其實際應用價值仍諸多保留。在西方罕見有組織對 QCC 改革在空談闊論之外還有所行動的。它通常成為一種讓員工感覺自己投入其中,但並未從經理人處獲得任何實質承諾的工具。也就是說這個理論在實務面上的表現,遠不如在理論面上的表現那般亮眼!

現在接著看看弱點,Flood 認為魚骨圖所提出的問題因果鏈(或說線性觀點)在應用上多所限制的說法,很容易獲得認同。也許承認問題之間常彼此糾結,且其複雜度遠超過魚骨圖所能表現的方式,會更為允當。

Flood 所指出的第二項弱點,則是經理人並不打算聆聽品管圈所提建言時所面臨到的挫折,這方面我們在先前已探討過。在這個情況下,組織或許還會面臨第三項弱點,也就是這一方法在政治性或威權性環境下的掙扎。任何人類系統皆具有某程度的政治性與威權性,這個論點早已確立,尤其目前西方更盛行一種「歸咎於某人」的風氣。在這樣的文化下,對品質提升的承諾及誠心參與是不太可能突圍而出的,因為那代表著不論結果成敗,皆真心接受責任。在一個「歸咎性」文化中,由於未將失敗看成學習的機會,而只是遭遇到懲戒與處罰,因此不易產生真正的全心參與。

8.5 重點回顧

再看一次 Ishikawa 學說的三大基本要素：對全盤論的企圖心；透過共通語言溝通與參與；以及方法的簡便性。

其中的第一項正如其他大師們的研究一般，應受到高度推崇，然而其應用卻因兩項美中不足而受到限制。第一，它並未充分考量到相互關連性（魚骨圖採線性畫法）。其次，它並未以系統化觀念打破組織疆界並肩工作。舉例而言，品管圈仍著重於單一領域或工作站，而非由各相關程序所組成。這兩項不足對這個方法在當代環境下的應用產生重大限制。

提倡參與也飽受推崇，而以相同工具、語言、技巧訓練人員的想法，也是一項鼓勵參與的好方法。然而它相當仰賴參與意願，而這卻不常見於員工身上。第三項主軸：簡單性，則受批評為忽視組織間的複雜性與相關性。

Ishikawa 的思想根基可從他早期身為化學家的訓練與發展中略見端倪。化學是一門傳統上便與過簡論、「科學方法」相關的科學，並極為仰賴問題的分析與裂解。而這些背景明顯地透過簡單分析工具的應用，以及將程序分化為可管理的小塊等方式，盤根錯節存在於其品質學說範疇中。

同樣的，正如 Feigenbaum 一般，在 Ishikawa 的學說中並未產生一套可將他各種思想主軸串成一氣的最高指導方法。因此，儘管許多工具與技巧個別上相當實用，但卻沒有一套施行「Ishikawa」計畫的明確手段。

這個因素本身可能就解釋了品管圈在諸多組織中所遭受的失敗。它們似乎各自獨立成為品質提升機制，卻並非一套能導致品質提升之完整管理程序中的一部份。若各自為政，那麼它們幾乎是注定失敗了，因為在此同時，無論經理人的態度變革、共通語言及共

通問題解決工具的發展等等，皆未與它們相偕發展而來。

　　Ishikawa 在學說中彷彿曾考慮到與人性有關的管理思潮發展，也就是所謂「人群關係學派」，這是由 Mayo、Maslow、Herzberg 等人的研究而新興於西方的學派。然而，他似乎未對其他發展給予同樣的重視，如組織控制論、柔性系統思想、及其他各色各樣的工具等。人們認為對這些方法的認識有助於增進並更加豐富他本已豐碩的貢獻。

　　最後，我們要再度肯定 Ishikawa 所擁護的多構面方法。不同於 Deming，他的學說中並非以量獨尊（雖然他也廣泛地應用這些方法），更大幅地納入質性因素，舉凡態度革新、參與、溝通等面向皆在今日的管理程序中佔有舉足輕重的地位。

　　儘管缺少一套明晰的方法，是 Ishikawa 學說的一大缺憾，但他對品質革新的貢獻，的確不容抹滅。

摘　　　　要

　　本章透過 5 點式的評論架構，勾勒出 Karou Ishikawa 主要的思想輪廓。有興趣的讀者們可參考 Ishikawa 本身的著述，以獲得更深一層的認識與瞭解。

學習要點：Kaoru Ishikawa

品質定義

・產品、服務、管理、公司本身、以及全人類的優質化

重要理念

・系統取向

- 參與
- 溝通

主要方法

- 品質控制 7 工具
- 魚骨圖
- 品管圈

問題：

　　品管圈是 Ishikawa 提升參與度的主要方法。請就你的文化背景，對品管圈做扼要評估。

第九章

Joseph M. Juran

「舉足輕重的極少，有用的很多」

Joseph M. Juran

前言

Joseph Juran 是一位歸化美國籍的公民。他在 1924 年投入第一份事業—工程師，之後輾轉任職高階經理、公務文官、教授、仲裁人、董事、管理顧問。如此堅強的專業背景成為他在品質領域第一本著作《品質控制手冊》（Quality Control Handbaak）的後盾，某些人如 Bendell（1989：8）便指出這本書使 Juran 在品管界中受到國際矚目。和 Deming 一樣，Juran 在 1950 年代也與日本人往來密切，他在當地的研究重點在於中高階主管，因為他認為「應將品質控制當成管理控制中不可或缺的一部份。」

由於他的研究，他獲頒無數獎勵，其中包括與 Deming 相同，由日本天皇授與的「二級天皇珍賞」，以肯定他對日本品質控制與美日友誼間的貢獻。

Bendell（1989）描述 Juran 深具領袖魅力，而 Bank（1992：70）則說他「或許是頂級的品管大師」，Logothetis 則稱許他「對品管專業人士的管理文獻做出了最非凡的貢獻」。Juran 至今出版了 12 本著作，共翻譯為 13 種語言。或許其中最直指核心的便是這本名為《Juran 式品質規劃》（Juran on Planning for Quality）的著作，這本書對他的全公司品質規劃等想法提供了明確的指南。

9.1 思維

Juran 的整體思想或許最適合用 Logothetis（1992：62）所引述
的這句話總結：「高品質並非意外得來，它必須經過規劃。」這反
映在他對全公司品質規劃的方法架構上，這方面在其他品管大師，
如 Ishikawa 與 Feigenbaum 等人的研究中也曾觸及。Logothetis
（1992）與 Bendell（1989：10）都認為他強調經理人對品質的責
任，Bendell 更引述他的說法：「經理人可控制的缺失約所有品質問
題的 80%以上。」他的學說重點在於「品質的規劃、組織面問題、
經理人責任；以及為進步空間設立目標與標的之必要性。」

Juran 的前兩項信念便衍生於此。第一，經理人對品質負有重
大責任。第二，除非進步程序已經過規劃，否則品質無法持續提升。

Logothetis（1992：64）則認為 Juran 的學說還有另外一面—即
避免口號與諄諄勸勉。他引述 Juran 的觀點：「行動妙方應包括 90
%的實質作為與 10%的勸勉，而不是恰好相反！」在此可看出 Juran
的第三項理念：經過規劃的進步應該明確且可衡量。Logothetis 認
為這方面是包含以下四要素的「成果公式」：

- 建立可到達的明確目標—指出所需完成之事，以及需要著手進行
  的專案等。
- 建立達成上述目標的計畫—提供由起點到終點的程序架構。
- 分派達成目標的明確責任範圍。
- 奠定已達成目標的回饋基礎—資訊反饋，並運用所學到的教訓與
  經驗。

這個方法明顯點出對量化的信賴，而非徒然對提升品質抱持著
曖昧不明又「昏聵不清」的渴望，Flood 指出 Juran 的隱憂：「品質

已經成為一種噱頭，充斥著老生常談與想當然爾的良好意圖，但就是缺乏真材實料。」

　　Juran 對品質的定義還構成了他另一項思想主軸。他將品質定義為「適合使用，切合目的。（Bank，1992：71）」Bank 指出這個定義比「符合規格」更為實用，因為一項有危險的產品可能符合所有規格，但仍然不適用。可能媲美於 Crosby 的定義：「順應要求」。或許假設安全性也在 Crosby 的要求之內並不無道理—雖然他並未明說出來。Juran 思想的最後一項重要主軸則是他的品質三部曲：品質規劃、品質控制、品質提升。（請見表 9.1）

表9.1　品質三部曲：　Joseph M.Juran	
・品質規劃	決定品管目標；進行規劃；資源規劃；以品管術語表達目標；擬定品質計劃
・品質控制	監督績效；比較目標與實際成果；採取行動減少落差
・品質提升	減少浪費；加強後勤；提升員工倫理觀；提升獲利力；滿足顧客

　　這個本質看來簡單的方法，濃縮了所有 Juran 學說中先天上對實質行動的要求。Juran 這方面的重點在三個區域：透過提升品質自覺改變經理人行為；訓練相關管理階層；將新態度散播在管理階層身上。這種由上而下的方式，再度表明 Juran 的信念：經理人對品質問題責無旁貸。

Fletcher Challenge 鋼鐵公司，中國廠

規劃與政治

1995 年，Fletcher Challenge 鋼鐵公司與中國大陸大同市政府合資興建 Fletcher Challenge 鋼鐵公司中國廠，以提振大同市鋼鐵製造業，並建立一座新的鎔鐵廠鎔鑄鋼片。來自 Fletcher Challenge 的團隊已為這項投資建立一項計畫，以提升產出品質量，並降低人員配置。巨額投資新設備之後，整體目標便是要達成與 Western Mills 可堪比擬的績效水準。Fletcher Challenge 之前已進行過最佳實務研究，並已在紐西蘭本地的鋼鐵廠成功地改善績效。

在合資公司建立之後，便緊接著聘用了一群管理團隊，其中成員包括現有的中國本地主管，紐西蘭來的專案小組，並挑選了幾位中國出身但兼具西方科技教育與知識的新員工。他們從一開始便承認將有文化差異存在，有效溝通十分必要。但多多少少，這樣的溝通都必須借重共同語言及共通的文化背景。

1997 年，在遠遠落後原先規劃的時程之後，工廠才開始接近長期自給自足所需並證明 Fletcher Challenge 所做的重大投資未曾虛擲的產出水準。最初的投資金額約有 2500 萬美元，這龐大的數目是由 Fletcher Challenge 總裁 Mike Smith 的個人信用所擔保的。Smith 是一位英國人，他說服 Fletcher Challenge 的董事會投資於此，卻無視於他紐西蘭工廠的成功並負擔不起這項投資的失敗。

預定績效改善的延宕罪不在技術規劃不佳，而是因為沒有充分認知到在中國會遭遇的政治性紛爭與排拒。本地主管在他們過去習於管理組織的方式上，遭受到技術與管理兩方面突如其來的挑戰。這樣的挑戰只要有一項就足以阻撓任何改革計畫，何況是禍不單行。當這些挑戰受到各族群間的文化、語言差異強化之後，問題幾乎是一觸即發。同樣重要的另外一點，則是這個計畫源自外人。本

地主管並未參與規劃程序，而只是將程序所產生的結果呈現給他們，又成了一個更加深抗拒接受度因素—尤其是人們認為這些績效標準隔閡於本地經驗之外而無法達成。這些因素彼此糾結，而對計畫推行產生強大的內部抗拒，並因為缺乏本地資深主管的承諾，使得員工接受度也大打折扣。

儘管技術成功，但「政治性」角力仍在繼續。最後結局尚待分曉。

歸結 Juran 的思想，可指出五點重要理念：

· 經理人對品質負有重責。
· 品質唯有透過規劃方能提升。
· 計畫與目標皆須明確且可衡量。
· 訓練是必要的，且應從高層做起。
· 規劃、控制、行動的品質三部曲程序。

9.2 假設

以下我們將探討 Juran 學說背後的假設。在 Juran 學說的假設中，第一點與 Deming 類似，指出有品質危機的存在。消費者對產品與服務的期望必然與日俱增，對疏失的容忍度則日減。我們都希望自己的手錶準時，汽車天天能發動，受到的服務皆可靠而一致。

至少有三種關於品質問題的論點。第一，可認為是品質大師藉著提升品質自覺，著重負面影響，拉抬消費者期望等方式，強迫生產者與提供者進步，因而「創造」出品質危機。第二種論調則是提供者與生產者間因低劣品質而付出成本的自覺增加，導致經理人將注意力集中於改善品質，而成為產品（及利潤）的一項美德！第三

個觀點是消費者透過提高期許、以及不願再忍受缺陷品或劣等服務等手段推動品質改革。

或許事實就存在於所有這些論點的糾纏之中，並以各因素彼此間的關連性為其驅動力。這將品質論戰拉離線性世界觀（如 Crosby 與 Ishikawa 所見），而推向一個更為全方位的研究方向。

現在看看更寬廣的主題，便可以確切地主張在較為成熟的消費者市場中，如歐洲與 1980 年代的北美，以及日益工業化的太平洋地區等，貨品與服務供應量的急速成長，必然使得焦點轉移到實際性能表現上。因此品質低劣成為組織生存的一項重大威脅。優質化不再只是令人追尋的理想，而是像利潤一般，是留住生意的基本要件。

與其說有「品質危機」代表品質降低了，不如說是由於期望增加了。就像人們常說的：「要是我們可以把人送上月球，為什麼我們不能做出一台好用的烤麵包機？」

第二項假設則是組織與品質的管理，皆是程序。這個想法魅力無窮。管理通常被視為一組個別而單獨的行動，但這種看法既狹隘又過於單純。承認管理行為是一種程序，其行動與抉擇彼此間互生影響則是更為寬廣而實際的觀點。在這方面，人們對 Juran 並無異議，特別是許多當代的管理思想也都縈繞著程序組合與程序「再造」的想法打轉。

第三項假設則是持續改善的可能性，這已在 Deming 與 Ishikawa 的章節中強調過。再簡單重申一次，持續改善在一個連續性的世界中是合理可行的看法；然而一旦變化不再連續，這個方法便喪失其價值。

第四項也是最後一項假設，則與量化有關。Juran 的方法明顯地著重於衡量方式與明確的目標。再一次地，正如其他大師般，這個方法的允當性必受質疑。品質的諸多面向，尤其在服務業中，並無法精確可靠地加以量化。重要的是，某些面向甚至超出組織提供

服務的控制範疇之外。這將我們引向兩個問題。其一是傾向於量測那些容易處理的面向，而非更重要但難以量測的部分。其二則是如何量測個別顧客的期望，他們的期望可能在每次購買服務時都不斷地改變。一般的途徑是提供標準化的服務，並教育顧客明白他們可期望的尺度為何。另一種不同但更加困難的途徑，則是調整服務以迎合個別期望。

　　Juran 明顯地偏愛使用量化方法，或許源於在他的實務工作中，以工業/製造業背景佔大多數。這可能對其想法在服務業上的應用造成一定的限制。

9.3　方法

　　儘管 Juran 以規劃、控制、改善的「品質三部曲」為其方法綱領，但他提升品質的最高指導方法卻是「品質規劃路線圖」(Bendell

---

表 9.2 品質規劃路線圖：Joseph M. Juran

步驟一　指出顧客為何。

步驟二　確定顧客需求。

步驟三　將其需求轉換為我們的語言（組織的語言）。

步驟四　發展可呼應這些需求的產品。

步驟五　極力擴大產品特色，以同時滿足我們（公司的）需求與顧客的需求。

步驟六　發展可以產出適當產品的程序。

步驟七　將程序最佳化。

步驟八　證明此程序確可在作業環境下生產產品。

步驟九　將程序付諸實行。

,1989：9）。這份「路線圖」（請見表 9.2）指出 9 個步驟的指南，其中同時考量外部與內部顧客。接下來我們將一一簡單回顧。

前兩項步驟所指的，不單是外部顧客，也包括組織中程序的接受者（內部顧客）。一般解釋爲指出程序中下一個單一步驟，但更實用的觀點或許是指出整體程序鏈及程序鏈中的所有相關性。或許產品的某一特性對緊鄰的內部顧客並不重要，但卻對更後續階段的程序具有重大影響。因此找出程序鏈中所有潛在顧客的需求，並加以考量，是十分重要的。

第三個步驟則與有效溝通息息相關。以組織人員所不瞭解或不熟悉的語言表達出來的一籮筐需求，事實上毫無幫助。較明顯的例子就是將一般用語（顧客的語言）轉換成組織中的特殊職業「術語」。較不明顯的例子則是組織內部要求的溝通。在此很重要的一點，便是將需求以對相關工作群有意義的角度表達。舉個例子，用會計語言表現的預算情形，其利潤與虧損等用語對工程師們也許全無意義，而有必要藉由諸如中間產出品、機器利用率、及浪費程度等相關術語表示。

發展能呼應顧客需求的產品，則將品質議題帶回基本面：將高品質扎根於產品之中；而非挑出缺陷品。這是其他大師們都同意的面向。一開始就打造高品質要比費力重製更好，而且便宜得多。極力擴展產品特色，使之符合組織（或部門）以及顧客需求，在理想上應視爲是對前一個步驟的發展程序所設之限制條件，並非獨立主題。同時產品應符合這兩者要求的條件，也應做爲產品設計的限制條件。

至於生產程序的發展、最佳化、測試、及付諸實現等，傳統上是較未受青睞的領域。顧問經驗指出通常商品由研發人員設計，之後便交由生產部門按照指令製作。近年來許多公司在發展程序中便將生產要求一併納入考量。易於生產已公認是設計上的限制條件了。

最後一點是將程序付諸實行。同樣地，傳統上在這方面幾無著墨，因而 Juran 的主張是毫無異議的。在這一點有所裨益，且已廣受許多公司採用的一項機制，就是創造一個包括工作人員與經理人在內的產品發展小組。若是為生產而設計的想法能受到採納，那麼這一點也就相當直觀了。

Bank（1992：70）則以所謂的 Juran 品質持續改善 10 步驟（請見表 9.3），作為這套將高品質設計於系統與程序中的基本方法之後盾。在此我們可以看到 Juran 的想法如何付諸實行。第一項步驟始於透過品質提升需求與範圍的自覺心，以在組織中建立起品質導向文化—這是質性面的方法。第二個步驟則是量化面—建立品質改善的短期目標，以達成長期目標。第三個步驟則企圖將高品質加以制度化，以使優質程序根植於管理程序中，從而成為組織裡不可或缺的一部份。

表 9.3 品質持續改善 10 步驟：Joseph M. Juran

步驟一　創造品質提升必要性的自覺與機會。

步驟二　為持續改善設立目標。

步驟三　藉由建立品質評議會、指出問題、選擇專案計畫、聘用團隊、選擇促進人員等方式來建立一個達成目標的組織。

步驟四　對每個人施以訓練。

步驟五　實施專案計畫以解決問題。

步驟六　報告進度。

步驟七　給予肯定。

步驟八　溝通結果。

步驟九　維持成功記錄。

步驟十　將年度改善納入公司例行的系統與程序中，以維持衝勁。

　　第四個步驟則帶領組織對全體員工進行訓練。這一點有助於使高品質成為員工固有思想中的一部份。。

　　第五與第六個步驟：「執行專案計畫」及「報告進度」，指出儘管目標在於持續改善，但仍須以有形而可量測的要素進行。報告程序可看成是經驗與學習的分享，並讓利害關係人有機會共享他們的成就感。也讓第七個步驟「給予肯定」得以發揮作用。第六步則與第八步相互呼應，「溝通結果要求組織上下共同分攤成敗。」

　　第九個步驟：「留存記錄」，則可再一次為組織學習助一臂之力。記錄可當成是未來足供參考的組織「備忘錄」。儘管 Juran 認為應保存成功記錄，但惹人爭議的是記錄無用策略與議題也同樣重要。這可以讓組織避免未來又重蹈覆轍。

　　第十個步驟是對品質提升所許下的企業性公開承諾。將優質化程序再度強調，深烙在員工與顧客心中。

　　Juran 對許多組織常見的抗拒變革之現象深有覺知。Logothetis（1992：75）曾報導 Juran 相信「對科技變革的抗拒肇因於社會與文化因素」。Juran 提出兩個主要方法來處理這個問題。第一，他認為所有受變革影響的人，皆應「允許他們親身參與其中」（1988），其次則是「應容許有足夠時間接受這項改變」。這些方法可提供評估與實驗的機會，推廣變革，並有助於消除抗拒。

　　鞏固這兩個程序的方法已在上文中勾勒過—即「路線圖」與「10項步驟」—Juran 也使用各色各樣的統計方法。如 Deming 一般，Juran 也曾求學於 Shewhart 門下，因而他們倆分享許多相同的方法，如控制圖等等。也許其中最廣為人知的便是他運用 Pareto 分析，從「有用的多數問題」中分離出「舉足輕重的少數問題」之方法。Pareto 分析將涵括於第 22 章中介紹。

9.4 成與敗

　　就像其他幾位大師一樣，我們必須公認 Juran 在發展與推行其想法等方面甚爲成功。他的書被翻譯爲 13 種語言，學說受到這麼多不同國家組織所接受及使用，正是對其貢獻價值的肯定。然而，他的學說也並非舉世皆準，且在服務業中的效果略遜於製造業。

　　依照 Flood 的說法，Juran 的優點如下：

- 專注於管理實務中真正的議題
- 對顧客意義提出新解：指內部與外部顧客兩方面
- 經理人的投入與承諾

　　主要弱點則有：

- 未論及激勵與領導的文獻
- 低估員工貢獻
- 方法過於傳統，且未涉及文化與政治

　　在這些評論之外，還可以另行補充的是：系統知識的主體，尤其是可更爲促進並豐富 Juran 學說的管理與組織控制論等，就像人群關係理論一樣，都廣受忽視。

　　以上所指出的第一項優點也正是大多數人都同意的，儘管計畫本身未能激勵與培養大多數的員工，但仍是主要噱頭所在。

　　第二項優點：將組織中的其他部門視爲顧客的想法再度廣受歡迎。讀者們可能會憶起在 Deming 的學說中也有此見。

　　第三項優點在於經理人的投入與承諾。這不只是因爲根據Juran的衡量有 80% 的品質問題滋生於此，也因爲權力、控制權、領導力

等都盤據於此。經理人若令員工認為他對品質有所承諾，便能在組織中衍生一股崇尚品質的風氣。希望在品質導向環境中進步並安處其中的員工們，或許會仿效其經理人的舉止與態度。若發生這種風行草偃的狀況，那麼尊崇高品質的風氣便將隨著時間經過而散播於組織上下。

　　現在讓我們轉向缺點。Flood 對 Juran 未能充分整合激勵與領導力理論的看法也為人們所接受。然而，Juran 是一位實業家，他所擅長的是品質實務，而非理論。在第二項缺點的主張中，也就是指 Juran 低估員工貢獻，這一點由於他明顯地結合了參與方式在內，而受到某程度的反駁。在前一小節中已探討過。

　　Flood 進一步提出儘管 Juran 的確已考量組織環境（即顧客），但仍頗為強調組織「機械論」。這可從一個隱而未明的假設中看出端倪：對組織有利的（指提升品質），便也對個人有利。這大概正反映出早期管理理論家如 Taylor、Weber、Fayol 等人的想法。在這個「知識工作者」、高科技設備、以及日益重視人權的現代社會中，組織之利可能是工作者之害。這在長短期觀點上都適用。一個在面臨成熟或成熟市場中經營，又未在新興市場中卡位的公司，在來自於新興工業化國家中新進而具有低成本基礎的競爭者競爭下，或許便無力再藉由成長吸收多餘產能。這導致有必要，套句政治性正確的用語：裁員。

　　組織與個別員工的利益也可能造成直接衝突。組織期望能提升品質以捍衛其顧客基礎，減少成本並確保生存。但員工們或許認為這些相同的特徵對他們的結果大不相同，舉例而言，將造成失業、薪資凍結、減少加班時間、喪失其他福利等等。通常這會造成工作的「去技能化」，並喪失了個人從中引為自豪的特殊手藝。如果品質提升計畫對公司的成功後果威脅到人們自身的安全感（短期而言），那麼員工便幾乎沒有理由要獻身品質計畫之中。即使員工終究接受不可免的長期威脅，在短期內他們仍可能極力尋求保住自己

的地位。1997 年在法國與德國的罷工事件正特別強調了這一點。比起英國，那些國家中的組織較未採行激進變革與重組。而工作者們，正如工會所呈現出來的態度一樣，無視於這些經濟體中因高成本、低生產力、及海外競爭所生的種種新興威脅，只是強烈地抗拒改變。若想要有一絲成功希望，要呼籲員工參與就非得處理這類問題不可。但 Juran 在這方面幾無建言。

9.5　重點回顧

　　Juran 學說的根本理念或可稱之為「設計與建立」。他的學說強調以規劃作為品質的根本要件，並以行動隨之輔助。這種以設立目標、達成目標為定位的導向，或許正反映出 Juran 的工程與統計背景。「品質三部曲」、「品質路線圖」、「品質改善 10 步驟」等，皆為有條有理但仍頗為機械化的方法。儘管 Juran 建立對顧客的新認知（內部與外部顧客），不過他並未明確認知組織中程序的相關性與人群互動的重要。這讓他具有系統性條理的方法無緣蛻變為系統化的全面取向。Juran 似乎仍假設改善個別部分便能提升整體組織，而那正是一個深受系統化思想族群挑戰的論點。

　　在管理上則應強調兩點。第一，Juran 視管理為程序。其次，他認為經理人對品質責無旁貸，且握有 80% 問題的控制權。談到第一個主題時，Juran 的觀點廣受好評。一個能認知到連續性管理程序中各行動與抉擇皆必須與其他行動呼應的組織，必定能在活動程序上產生重大突破。即便是今日，許多組織的管理仍分崩離析為各個獨立部門：行銷獨立於財務部門之外，財務又獨立於生產部門之外等等。這些單位企圖各自為政。類似情形也發生於在部門之中，工作任務往往各自獨立，而非互依互存。舉例而言，人事部或人力資源部中的招募單位往往視為獨立作業，與訓練、發展等單位以及

那些新進人員將前往工作的單位毫無干係。在這類組織中,若在適才適用等方面有所矛盾、爭執、與困難並不足為奇。更為全面性的整合而彼此互依的「程序」觀是不可或缺的。或許當 Juran 往這個方向前進時,走得並不夠遠。

現在讓我們轉向第二個主題—經理人責任,或許該問的問題是:為何是 80%?舉例而言,Deming 所提的數據為 94%,而 Crosby 的學說解釋則指出大部分的責任都在員工身上。引人爭議的是憑什麼經理人應負起品質的完全責任?若如 Fayol(1916)所言,經理人有責任「規劃、組織、指揮、控制、協調」,那麼他們自應負起責任。但爭論點在於:經理人受人期許對組織中的各方面皆施予控制:

- 做什麼
- 如何做
- 何時做
- 何處做
- 由誰做
- 為何而做

這似乎暗示著組織內部無一不在經理人的掌握範疇之內。彷彿生產中的隨機疏失可透過設計或程序的改變而根除,以至於不可能有誤裝零件之事。人為疏失也可藉由訓練、工作薪酬的調整、休息時間的增減,或調整其他可增進績效表現的變數等方式而銷聲匿跡。

我們所要提出的是,根本的品質責任應繫於所有與生產產品/服務相關的人員身上,也就是指組織裡各部分與各部門的每一位員工。然而,實現更高品質的權力則操縱於有權改變事物的人士手上。如果權力皆握於經理人之手,那麼他們便負有全部責任。另一

方面，若權力散佈於組織上下，則或許應透過授權、品管圈、或其他參與方法等，讓享權之人皆負其責。

Juran 對經理人責任的格外強調，使他並未充分論及員工的需求與抱負。他既未適當考量員工對品質提升所能做的貢獻，也未提出足令員工貢獻的技術與方法。

最後，必須再度提出的問題則是 Juran 學說的適用性。它似乎較適合工業或製造業。由於它並未充分涉及人群關係議題，因此對服務業組織的應用有限。

摘　　　　　　要

本章回顧了 Juran 對品質運動所做的貢獻。讀者們可參考 Juran（1988）本人的著作，以加深對其觀點的認識。

學習要點：Joseph M. Juran

品質定義

• 適合使用，切合目的

重要理念

• 經理人責任
• 規劃
• 可衡量性
• 訓練
• 程序

主要方法

• 全公司的品質控制
• 品質路線圖
• 品質提升 10 步驟

問題：

Juran 將品質定義為「適合使用，切合目的」。請扼要評論一下這個定義。

第十章

John S. Oakland

「TQM 由高層做起」

John S. Oakland,1993

前言

　　John Oakland 到目前為止，一直是 Bradford 大學中全面品質管理的教授，也是管理中心裡 TQM 歐洲中心的領導人。許多人認為他是英國的品質大師。他目前的業務—Oakland 顧問公司，具國際性基礎，並為英國的品質發展提供強大的後盾，特別是在政府的品質創新方面。

　　Oakland 早期的職業生涯著重於研發及生產管理。他擁有博士學位，是一位化學家，也是皇家化學學會的一員、皇家統計學會院士，品質管理顧問院士，品質認證企業組織院士，以及美國品質控制學會的成員。

　　Oakland 及他在 Oakland 顧問公司中的同事們，所使用的方法本質上既實用又淺顯易懂，已受到數以千計的組織採用。

10.1　思維

　　Oakland 的品質論點背後的根本思想，也許明白顯現在他對品質重要性的強調上，他說：

> 我們不可避免地看見品質如何茁壯，而成為一項最重要的競爭
> 武器，且許多組織已經明瞭 TQM（全面品質管理）才是未來
> 的管理方式。

　　從這番言論中，Oakland 以絕對品質至上作為組織成功的根本
條件。儘管人們已經同意在現今時代中，無法實踐高品質的組織在
長期之下也許會失敗，但唯品質至上的觀念仍較難令人苟同。雖然
品質的確具有策略意涵（如第 2 章所討論），同時也是一個策略議
題，但若說品質是唯一的策略議題，則教人難以接受。

　　但 TQM 是未來管理作風的想法，在另一方面而言，的確價值
連城。若 TQM 被視為是一種管理方式，而不只是額外附加物（如
同 Feigenbaum 的學說），那麼其他的管理思想、方法、及工具等必
定也涵蓋於其中。這個想法更強化了 Oakland「品質由高層做起」
的論點，而使品質變數因子固含於每個組織決策當中。他強調追求
TQM 的七個重要特徵（請見表 10.1）：

表 10.1 TQM 七項重要特徵：John S. Oakland

1. 品質就是滿足顧客要求。
2. 大多數的品質問題是跨部門的。
3. 品質控制便是監督、發現、並減少品質問題的成因。
4. 品質保證有賴於預防、管理系統、有效的稽核與複查。
5. 高品質必須經過管理，它不會無端發生。
6. 預防勝於治療。
7. 可靠度就是高品質的延伸，並讓我們能夠「取悅顧客」。

　　第一點是 Oakland 對品質的定義。這個定義非常簡單且無可置疑，主要是因為它強調品質是一項由顧客（而非供應商）所定義的特徵或屬性。Oakland 也強調品質鏈的重要性。他著重內部的供應商－顧客關係，強調第二個特徵「大多數問題是跨部門性的」，也就是說它們常發生在程序各步驟的交接面之間。

　　第三與第四個特徵則著重品質控制（QC）與品質保證（QA）。這兩項定義引開了以往對這些技術的相關批評與責備，而指向它們實行的理由：在於提升品質表現。通常 QC 與 QA 在組織中的功能變成一種利己活動，著重於分攤罪責與點出應受責備的族群，而非改善組織績效。由於這個原因，作業人員常認為它們聲名狼藉而加以蔑視－員工們的重點變成不被逮到，而非避免犯錯。

　　第五與第六項特徵則強調品質推動力的預防性本質。「品質必須經過管理，它不會無端發生」的主張，反映出 Juran「品質必須經過規劃」的建言，直指高品質並非偶然，也無法透過被動方式達成。對 Oakland 而言，品質就是達成顧客要求，也必須是組織所有決策的考慮變數，不論是作業性、行政性、策略性決策皆是如此。接著品質必須根深蒂固於管理階層的思想中，也就是需成為組織常規中的一部份。這個論點便以第六項「預防勝於治療」的特徵加以支持。Oakland 指出 1/3 的組織努力都白費在由錯誤而生的活動上，如重製、矯正、檢查等等，在服務業組織中比例或許還更高。從實務工作經驗中看來，這些比例是難以辯駁的，在某些狀況下甚至還低估了。若能自始便達到高品質，而不必透過矯正或檢查等方式，那麼組織的總成本便可一勞永逸地降低許多。但達成這個目標的限制卻常由組織中常見的部門別預算制而生，在這個制度下，各預算負責主管只力圖減少短期（即本期）成本，而無視於對組織其他部門的影響效應。

　　第七項特徵則提及品質不僅是一項短暫特徵。可靠度分為兩方面，皆與產品的本質相關。首先是使用可靠度，多與耐用品有關，

如汽車、家電、手錶等等。在這種情況下,所謂的「取悅顧客」便是除了例行性的服務維修外,能享用毫無中斷的產品服務。無論在出廠時多麼符合品質標準,一部會故障的汽車是無法討好顧客的。顧客的期許就是要能扭開鑰匙,享受一次不虞中斷的旅程。服務的可靠度則形式不同,所指的是一致性。它代表每一次提供服務都能滿足顧客的需求。在這種情形下,可靠度便是一致性,而達成服務的一致性則表示在服務程序中均能保持始終如一與可信賴感。

Oakland 認為品質是一項組織性的根本要件,取決於經理人承諾,並經由可靠與一致的組織程序而創造。

10.2 假設

現在我們將討論 Oakland 學說背後的假設。

Oakland 所做的第一項假設是:高品質乃是組織存活的唯一方式。儘管這個假設對某些處於發展完全、高度競爭、成熟市場中的組織(也就是 Oakland 主要經營的那些組織)而言是正確的,但並非放諸四海皆準。某些組織之所以成功(至少就中短期而論),原因在於他們建立了足夠的市場佔有率(也許還有顧客的信賴),而尚未產生品質方面的問題。顧客由於缺乏選擇而購買商品,而非出於選擇。例如說,大部分的個人電腦使用者都購買與微軟作業系統相容的軟體,並不一定因為那就是他們所要的,而是因為那是市面上所能供應的產品—且能在他們的微軟作業系統下運作。直到目前為止,對銀行業與其他金融服務業者而言,所謂的顧客選擇問題也尚未發生—因為其產品、服務、成本幾乎都相去不遠。一旦某個供應商與其他供應商一樣好或一樣差,那麼產品與服務就形成同質性,費心選擇變得毫無意義。在其他環境下,由於顧客的良好教養以及市場的發展程度,仍然使得產品或服務的供應商只需專注於他

們自己的需求，而非顧客的需求。其他供應商則安於政府贊助的供應狀況，因此品質並非他們關心的問題－消費者再度毫無選擇可言。這項假設雖有正確價值，但限制是不能應用在全球市場上，基於這點，Oakland 的第一項假設是令人質疑的。

第二項假設是品質必須藉由高層主管全力支持方能推動。除非在品質計畫最初便獲得這項承諾，且保持高度熱誠，否則這個創舉便將失敗。

第三項假設是：透過規劃、設計、與有效的程序，可以一勞永逸地預防疏失。這也許是事實，但需要大幅扭轉組織人員的傳統心態，並充分認知柔性議題，尤其是在服務業組織中。雖然作業程序可以設計成無錯誤運作，但實際日復一日的服務提供，則大半仰賴顧客與供應商間的人際互動。即使技術程序再穩固，總是有發生疏失的餘地。從來就沒有標準的語彙足供形容反覆無常的心情與感受，並解釋何者影響交易的結果，與是否已滿足顧客的需求－而這正是 Oakland 對高品質的衡量法則。

第四項假設：品質乃是組織性的議題。這與 Flood 的「所有部門與所有層級上皆要求品質」所差無幾，再度無可爭議。高品質必須普及於整體組織的氛圍中。這指出 Oakland 的方法是全方位性。雖然他並未在文獻中明示系統化的管理方法，但系統化與系統性的態度皆已反映在其學說中。

最後，Oakland 假設應透過溝通、團隊工作、及參與等方式而全體動員，換句話說就是重新發展組織文化，全員投入。這個論點再度支持並反映出其學說的系統化本質。

10.3 方法

　　雖然 Oakland 的確利用了許多提升品質的現成方法、工具、與技術，但他仍然提出了屬於自己的 TQM 整體作法，以及某些新洞察。其作法即為「資深主管 10 大要點」（請見表 10.2）。Oakland 將其主要特色表現在「全面品質管理模型（Total Quality Managent）」中（請見圖 10.3）。

　　與其他大師不同的是，Oakland 在達成一個 TQM 組織的整個程序中，並未過度著重質或量。他認為兩者是並重的，如果真有差異的話，則是稍微偏袒作為品質推動力的柔性面而已。

表 10.2　資深主管 10 大要點：John S. Oakland

第一點　長期承諾

第二點　改變文化，使之「第一次就做對」

第三點　訓練人們瞭解「顧客─供應商」關係

第四點　以總成本觀點採購商品與服務

第五點　認知到系統進步需經過管理

第六點　採用現代監工方式及訓練，以消除恐懼

第七點　消除障礙、管理程序，以增進溝通與團隊工作

第八點　消除隨意所設的目標、只重數值的標準、員工保有工作榮
　　　　耀的障礙、以及虛構（需以正確工具建立事實）

第九點　對內部專業人員施以持續教育及再訓練

第十點　運用秩序井然的方法施行 TQM

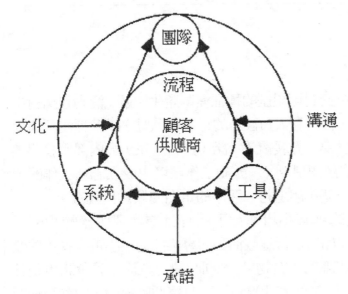

圖 10.3　全面品質管理模式：John S. Oakland

香港警察（前香港皇家警察）

　　1995 年 3 月，香港皇家警察局（一個擁有四萬名員工的組織）首長，公開宣佈他將引進一套有服務品質的作法，以因應警察機關內文化與工作態度變革的必要性。當時並沒有改變的明確驅動力，但警察機關認知到有必要在不得不然之前，先一步採取行動以因應未來挑戰。這個計畫對內部顧客與外部顧客關係同樣重視，一視同仁。

　　原先預想的變革將以「逐步法」實施，預期策略的發展與實行將耗費至少五年的時間，或許還更長。其程序在名目上分為五個階段：

・自覺
・了解

- 贊成
- 投入
- 承諾

初期工作著重於對已規劃的種種變革產生了解。活動包括對中高層主管的公演、給所有人員觀看的錄影帶欣賞、以各種內部溝通媒介所做的政策宣導，發展績效承諾（針對公眾）與內部服務協議（針對內部顧客的互相影響），鼓勵工作環境中成立志願工作改善小組，並委託第一個小組進行一連串的定期公眾意見調查。

雖然所分派的專案小組進行了所有目標合理明確的相關活動，但卻缺乏確知如何進行這些活動的專業能力。小組也將這些改變由上至下推往組織的「食物鏈」，同時缺乏資深主管承諾也是計畫成功的威脅之一。於是在 1995 年 11 月這個階段時，向管理顧問求助。

在最初的範疇研究之後，顧問群建議將計畫小組的重心由顧客介面轉往更全盤性的作法。這必然需要更細部地檢驗組織的整體目標，以及將如何達成這些目標，同時這個程序必須由組織的高層著手進行。

直到顧問出現之前，專案小組的變革活動與提案皆欠缺可信賴感。資深主管們徹夜面對他們無法反駁的論點，並迅速做成決議，誓言承諾進行一項深遠的機關性改革。這些變革的要旨在於發展一套名為「警察願景」與「共同目標與價值觀宣言」的組織願景與任務。

打從一開始，警察機關就確認變革程序的進行，將由健全組織願景、任務與價值觀所帶來的強烈方向感領軍。為了這個目的，機關首長與資深主管出席一連串由顧問們所促成的研討會，以找出機關願景與一般目的與價值觀宣言的主題與要素。

研討會的結果已經進一步受廣泛代表機關中無數部門領域的

中階經理人修訂過。其結論是一項由諮詢程序所設計的草案，以一種前無慣例而具結構性的溝通方式，強調機關主管對變革的承諾。這一方法即是以討論群組的方式進行，而非傳統的紙上作業。

警察機關中的每一份子，上至總督察起皆須出席一個由其主管所運作的討論群組，並由一群顧問與一位討論領導者加以協助。這是一種設計來使各階層指揮官有形地尋求部屬真心話的新方式。共舉辦了超過 1400 個討論群組。

諮詢結果將呈報給機關主管，而機關首長與資深主管出席更多研討會，以考量這些回饋並協議宣言的最後版本。

在這些研討會中也發展出機關正式的策略方向大綱。最後潤飾過的宣言由警察機關在 1996 年 12 月 7 日的開幕日時開始著手進行，並隨之將文件廣為散佈。這個程序從肇始到執行耗時一年。這個訊號並非活動的結束，而只是第一階段的完成。下一階段或許更為重要，也就是：引進策略，以活化先前所協議的願景、共通目標與價值觀。將透過一項名為「活化價值觀」的計畫進行，其目的在於令資深主管對宣言執行後隨之而來的文化及態度變革產生心理準備，並將此訊息透過組織下傳給值勤的警察們。

緊接著在舉行與願景及共通目標與價值觀宣言有關的策略研討會之後，顧問們在機關中各部門也促成類似的研討會，以描繪出部門的策略方向計畫。一旦所有部門都經歷過這一程序後，所有部門計畫皆將被納入機關策略方向的文件記錄中。

最後，值得一書的是，始料未及地，警察機關發掘了一套 TQM 的作法—即使沒有食譜告訴他們怎麼按部就班。有許多成功事例，也有許多錯誤示範—警察機關只考慮採用有所幫助的部分，就像機關首長曾說過的：「我們所追求的卓越便在於提供優質服務。」

這 10 點步驟始於中高層主管對持續改善的絕對承諾。Oakland 指出優質化程序必須從董事會開始。令這個階層能接納高品質對其

達成是相當基本而必須的，因為如此之下，才能對規範性決策（關於各種理想行為的決策）有所期望。不幸的是，這方面在實務上的實踐比認知困難多了。資深主管可能指稱自己已對品質許下承諾，但除非他們革新自己的行為（即指決策、所言所行、管理與獎懲的方式等），否則便不是真心承諾，且馬上就會被組織中的其他階層所察知。

第二點則更勝前項，旨在改革組織中各層級，以做到「第一次就作對」。Oakland 認為其基礎在於對顧客需求與團隊工作的知覺，並藉由參與及「EPDCA 循環」的應用而達成。這是一套比先前所述 Deming 循環更具有動態的表現方式，主要是在規劃（Planning）步驟之前，肯定評估（Evaluation）的必要性。這點仍強調文化面的改革，並隱含團隊工作、參與、與顧客需求等想法。

第三點呈現出組織的定位，透過訓練等方式，邁向顧客─供應商關係（包括外部及內部）的目標。Oakland 指出人人皆須達成這一目標。但這是一個在許多組織中遭受強力抗拒而格外困難的區塊。尤其對傳統上常遭輕視的特定程序員工格外嚴重，他們由於組織功能的設計或是專業知能的重大差異，而使其雖居顧客地位，卻受到供應商認為他們是「低階的」。在某些於特定程序雇用高度專業人士與其他專業性較低「顧客」互動的組織中，這是一項顯著的問題，如醫師與護理人員之於搬運人員；主廚與廚房助手之於服務生等。

第四點則由文化面導向的變革轉向成本。在此 Oakland 指出，採購成本並非原料成本的唯一取決因素。他在各方面皆要求持續改善，以減少經營的總成本，也就是說，較高的原始成本或許因為具有更低的整體週期成本而對組織更有價值。例如說，不鏽鋼機器在原始造價上可能比同型的生鐵機型昂貴，但其維修與運作成本卻大幅降低，而使長期總成本較低。

第五點檢視用以管理組織的系統，並要求加以主動管理以達成進步。儘管這看來像是一般常識，卻常遭忽略。

第六點論及監督與訓練的現代方法。這代表許多傳統監督與訓練法在組織中已不再具有重大價值。它們多半空洞枯燥，與特定工作毫無關係，且未能反映出對個人的績效期望。同樣地，「打屁股並記名」的軍事績效管理法並不適用於較具啓發性的環境，尤其在充分就業或將近充分就業的背景下更顯得愚蠢不智。

第七點要求組織針對程序加以管理，而非忽上忽下地管理各部門。雖然許多程序型組織已達成這一點，但仍有不可勝數的組織採用部門專業化作為組織基礎。在這些案例中仍維持著多次轉手的情形（程序中的節點），而拉長了顧客—供應商關係的範圍，並使漏洞有機可乘。在這種程序下，消費者（終端顧客）常受人遺忘。若組織為程序型，此事發生的傾向較少，且由於所有族群皆會顧及與分享團隊目標，因而溝通與團隊工作可以增進程序。

第八點可稱為縮減回合。再一次地，Oakland 反映出其他大師的想法。他希望能根除隨意設定的目標—它未曾提供達成目標所必須的設施，以及評估所需要的正規基礎，而絲毫無助於進步。他也希冀能終止單以數值（即產量）為基礎的評量標準。純產量導向的產品評量將造成永無止盡的品質問題。最低限度下，也應將品質績效納入績效評量—且他承認這也許代表較低的原始產量—但如此一來，所有產品均會完好無缺！他的第三項要求是拔除員工擁有工作榮耀的障礙物。除了不純以產量評估以外（這是障礙物之一），在其文獻中的其他部分也提議設計或重新設計工作方式，使特定員工能因完成一件有意義的工作而深感榮耀。最後，他指出信賴事實而非虛構，指出品質成本與緊急救援的程度乃是內部體質的評估指標。這裡的重要特徵在於找出具意義性且真實的評估法—即無法以人為操縱，而使之呈現某特定景象的數據。在醫生們深埋其失敗案例的同時，經理人將他們的疏失重新分類，其程度之甚，甚至到了

某工廠「以退回品維持生產效率」的地步。某些工廠則供應不同包裝的多餘品或次級品給次要市場,並重新包裝、打上完好品的標籤,以符合次要市場的需求,而無視於它們並未自購買者身上賺回原料成本。最後次要購買者所獲單位利潤比主要且極受重視的購買者還高—即工廠本身有所損失。

「專家不過是訓練有素的狗」,這句話所言甚是。因此 Oakland 在第九點中呼籲持續教育與再訓練。當今企業的原動力與經營環境的急遽變化顯示這是絕對必要的。為了將利益極大化,這樣的訓練必須回歸工作表現與期望,也就是必須與進一步的改善互相呼應。

最後在第十點中,Oakland 要求以一套經過規劃、系統化的方法進行 TQM 作業,以實現其願景。再一次無可否認地,這是得以進步的舞台。不管如何,這樣的系統取向與規劃方式不必然能排除把錢花在自然生成與無法預期的成功上。潛在的投機主義者其利益也不必然會因固守某特定計畫而有所損失。

為了輔助執行程序,Oakland 深為仰賴所謂的品質提升之標準工具,如統計方法、品管圈、程序分析與複查等等。然而他的確運用了某些達成高品質的工具來豐富其學說。

其中之一便是「品質功能部署」。這是一套條理井然的方法,縈繞著顧客所表達的要求而設計產品或服務。它牽涉到組織中的成員應將顧客的要求轉換為產品或服務的技術性規格。QFD 程序涵蓋七項活動(請見表 10.4),並力求確保產品與服務在第一次就能滿足顧客需求,並長此不變。Oakland 強調應認知設計投入應顧及那些工作似乎與設計要素不那麼明顯相關的人員之想法。第二,Oakland 在其學說中相當強調團隊工作的重要性,並旁徵博引這一領域中的既有文獻,以解釋、闡述其學說。

本章要旨僅在介紹 Oakland 的學說,至於其方法、工具、及技術等,將在本書第四篇中詳加闡述。這小節已介紹過 Oakland 的主要方法,著重於仰賴品質程序中的經理人的承諾與領導,並輔以寬

表 10.4　品質功能部署活動：John S. Oakland

- 市場研究
- 基本研究
- 發明
- 設計概念
- 測試雛型
- 最終產品/服務測試
- 售後服務及疑難排解

廣的工具與技術。

10.4　成與敗

數以千計的公司採用 Oakland 的 TQM 方法便足以說明其應用份量。道理很簡單，若對顧客毫無實質幫助的話，沒有一個計畫能達到如此恆久不變的成功。

而 TQM 歐洲中心與 Oakland 顧問公司的成立，更為 Oakland 的學說增添了品管實務上的價值。

在 Oakland 的學說中可舉出許多優劣點，優點分別有：

- 方法條理井然
- 組織的程序性觀點
- 利用品管實務上的發展
- 運用團隊工作文獻的參與法
- 強調經理人承諾與領導力的重要性

缺點則有:

- 忽視組織理論的發展,尤其是系統論文獻
- 未能提供在高壓性組織背景下的指南
- 以已開發經濟體的角度來評斷品質(著重競爭力)
- 忽視策略制訂的其他面向
- 並未解說應如何取得整體程序關鍵所繫的資深主管之承諾

　　首先我們看看優點。Oakland 井井有條的方法為品質運動提供了一個直觀而前後一貫的發揮平台。不幸的是這假設對品質的必要性已建立共識。其次,程序化觀點支援目前的發展潮流,以瞭解組織實際如何運作,及如何增進效能。第三,利用目前的品管實務發展可確保達到「最佳行動」—高品質的基本特徵。

　　Oakland 對團隊工作的強調,特別是他對有效團隊工作文獻的運用,是令人欽佩的。這顯現出他如何跳脫純然品質理論的狹隘規範,而廣納各家說法以輔助其活動。

　　最後一項優勢,即強調經理人承諾的重要性,也是有效追求優質化的根本。不幸的是(正如缺點所言)他對如何取得這類承諾所言甚少。儘管這一點先前已提起過,但實在太過重要而必須再度重申。如果經理人並非真心誠意承諾在組織上下各方面達成優質化,那麼這一切都不會發生。令人嘆惋的是 Oakland 並未建言應如何達成這項真心誠意的承諾,也未提及如何克服那些可能橫阻其中的許多部門性與專業性障礙。

　　現在讓我們轉向其他的弱點。未納入組織理論其他面向,尤其是忽略組織系統論所衍生的價值(及其相關方法)是他的一大敗筆,而大幅削弱 Oakland 的學說。

　　未涉及威權性背景在所有品管學說中相當普遍,因此作此批評或許不太公平。但是,世界上有許多組織以潛在性的權力關係濫用

而著稱，且管理學大師或管理科學家的責任之一，也包括企圖改善這一類情形。

　　也許因為 Oakland 的實務活動以歐洲為中心，因此他對高品質的評斷重點即便不是全然以歐洲為主體，至少也是出於他對已發展經濟體下西方組織所面臨問題與機會的認知。這些經濟體由產業寡頭所主宰（指各產業部門中均有少數的主要勢力）。可以說是在策略議題上的有效競爭幾已消失無蹤，而以高度協調合作取而代之，並接受某程度心照不宣的既有市場佔有率默契。例如說，在汽車產業中，推廣獨特廠牌的製造商間具有許多互動關係。於是 Volvo 利用 Renault 的引擎，福斯與福特合作生產 Galaxy 與 Sharan—本質上是同型車，但品牌不同。在全球化下，這些互動更形堅定。

　　從另一方面來說，開發中國家所經歷消費者細分的程度較低，這代表顧客們或許無法細辨他們的採購選擇，且對西方認知的品質信任度也較低。這些國家多半具有各色紛呈的產業基礎，且中小型企業比例很大，少有龐大企業主導。這兩項因素結合在一起，便產生非由品質而從通路獲取策略優勢的餘地。

10.5　重點回顧

　　整體說來，Oakland 的學說基礎從他的專業背景與實務經驗上可見一斑。他的學說立足廣泛，且足以反映出系統性的觀點，但卻未能利用系統論思想的發展。

　　Oakland 在他對熱情真誠領導力的要求中，明顯地關心經理人承諾的問題，但因未能提出一項能激起這份熱情的技術而功虧一簣。也許我們可以設想對競爭落敗的恐懼足以激起這樣的反應，但那卻是仰賴人們逃離某事物的消極負面反應—而非奔向某方的積極行動。在第一種情形下，一旦刺激物緩和下來，也就是說當眼前

的危險平息舒緩後，負面反應便將停止，而對品質的熱情也是如此。明顯地，有必要發展一種經理人以高品質為積極目標手段的風氣，而不是以之作為預防失敗的替代方案，但至今還沒有相關工具可資運用。

另一項正面特徵是：Oakland 整體方法的通用性，使其學說在服務業中可能與製造業一樣奏效。雖然他很少提及公共事業，但這方法明顯也通用，但是再一次地，其資深主管因恐懼競爭所萌發的動機並不存在。

總結而論，儘管我們承認 Oakland 的學說高度依賴那些既有的技術並因此有相隨的種種缺點，但仍須對其方法加以肯定。從另一方面來說，他也利用了近期的發展與至少是部分適切中肯的管理文獻，來輔助增進其學說。由實務上的成功便可不辯自明了。

摘　　　　要

本章透過五點式的評論架構呈現出 John Oakland 的品管學說。希望能更進一步瞭解與求知的讀者們，可參閱 Oakland 本身的著作：《全面品質管理》(Total Quality Management 1993，第二版)。

學習要點　John S. Oakland

品質定義

・高品質就是符合顧客的要求

重要理念

・品質是唯一主題

- 追求品質由高層做起
- 錯誤是可以預防的
- 品質是組織性的議題
- 提高品質人人有責

主要方法

- 資深主管 10 大要點
- EPDCA 循環
- TQM 模型
- 品質功能部署

問題

Oakland 提出「高品質是組織生存的唯一議題」。請由當今組織所面臨的挑戰等觀點，討論這項陳述。

第十一章

Shigeo Shingo

「坦率地，甚至是欣喜地承認你自身的錯誤。」

Robert Townsend,《組織前進》(Further up the Organisation),1985

前言

Shigeo Shingo 卒於 1990 年，也許是最不為西方所知的日本品管大師。雖具有機械工程師的學歷，但他在 1945 年成為一位顧問，而隨後與各產業中的多家公司共事。這些公司包括 Toyota、Mitsubishi、及 Sony 等。在他晚年的職場生涯中，他也投身於許多西方組織中。Bendell（1989：11）引述 Productivity Incorporated 的總裁 Norman Bodek 在「Shigeo Shingo 語錄」序言中所言：

若我可以頒發諾貝爾獎給對世界經濟、繁榮、與生產力具有特殊貢獻的人，我將不難選出優勝者—Shigeo Shingo 的生命學說對世上眾人的福祉貢獻卓著。

Gilbert（1992：24）認為 Shingo 是「20 世紀最偉大的工程師之一」，且他在這個領域中的確有許多傑出的貢獻。他曾著有 14 本重要著作，其中某些已譯成英語及其他歐洲語言。

11.1　思維

Shingo 早期的思維乃是信奉 20 世紀初葉由 Frederick Taylor 所創始的「科學管理」思想。Taylor（1911）的學說則根植於現今所謂「經濟人」的激勵理論之上。有關 Taylor 的學說可簡要回顧第四章。這個方法一直廣泛地為 Shingo 所採行，直到他四十歲時認識到「統計品質控制」的方法為止。之後他又採用這些方法，直到 1970 年代時，他「終於從統計品質控制方法的魔咒中掙脫」（Bendell，1989：12）。這個思想突破點的產生，在於他總算擁護起缺陷預防。這也造成他對品質論戰的重大貢獻。

基本上，Shingo 認為「在製造程序中，統計方法太晚偵查出疏失了。」（Flood，1993：28）他提出與其檢查疏誤，不如採取預防措施以根除錯誤源頭。Gilbert（1992：166）提出 Shingo 所指的是我們必須改變我們的「心態」，並「組織、然後行動」，以防止錯誤發生。

於是，時移事遷，Shingo 由於所有現存的難題而實際上拒絕了科學管理的「經濟人」理論，也在著重預防之後拒絕了控制。他開始關心起全面製程，且 Gilbert（1992：24）的說法如下：

> 他寧可因自己推廣全面製程與根除運輸、倉儲、批次延誤、及檢查等觀念背後所需的認知，而受後人紀念。

Shingo 更繼續信奉以機械化監督錯誤，他認為人為處理「無法一致且容易出錯」。不過他認為應利用人力指出根本上的源由並找出預防性的解決方案。

就像 Crosby 一樣，他也明確地支持「零缺陷」取向。但與 Crosby 有所不同的是，Crosby 的想法強調員工責任、循循善誘及口號；但

Shingo 的方法卻透過良好的工程技術、程序調查與修正等方式強調零缺陷。

依 Bendell（1989：12）所見，Shingo 與 Deming 及 Juran 的想法有共通之處，皆認為「過去的缺陷數據令人誤入歧途，在作業中產生許多缺陷的缺陷因子才是應該窮追不捨的。」

11.2　假設

現在讓我們省思一下 Shingo 用以鞏固其學說的假設。

也許由於 Shingo 的機械工程背景與訓練，因此他在整個生涯中固守組織機械論是令人不足為奇的。從他早期的工程資歷、科學管理法開始，然後他轉向統計品質控制的量化方法，以至於透過良好的工程技術預防錯誤。

組織機械論已受到許多管理理論家與實業家的挑戰。它受人批評為未能考量人性需求與渴望，也未能體認組織內或組織與其環境間的互動關係。更深層的批判則針對這個取向傾向於將組織分割，而非從組織整體著眼的化約論本質而來。一個未能斟酌以上各因素的取向，在這個複雜度與變動性日增的世界中，必然是為人詬病的。

對於統計方法的先取後捨，其實全賴於一項能發展出無缺陷製程的假設。儘管在工程背景下，也許真能達成零缺陷的目標，但在其他產業中卻不太可能相提並論。正如我們之前所看過的 Chesswood Produce Ltd 等食品生產業一樣，需仰賴在極大程度上無法機械化的自然程序。雖然也許可改善原料與收穫量，但程序仍然屈服於組織或其人員所無法控制影響的自然力之下，例如說溫度、濕度、氣流、土壤狀態、作物病蟲害等等。同樣地，在服務業中，一如先前所提，有太多因素無法控制在 Shingo 所要求的水準下。

在本書中不斷主張質性與量化方法兩方面的適當平衡點是最實用的。在此 Shungo 的假設必然受到挑戰，他忽略了組織的人性面及對統計方法的摒棄，大大地限制了其學說在製造業上的應用潛力。

11.3 方法

我們可以將 Shingo 視為是第一位涉及今日所謂「再造工程」的管理思想家與實業家（Hammer 與 Champy，1993）。他在 Mitsubishi 中將裝配時間由 4 小時減少到 2 小時的成就，以及在 Toyota 發展 SMED（單一瞬時鑄模交換系統：Single Minute Exchang of Die System）作為「及時（Just in time）」概念的一部份，自然都是重要的貢獻。

然而，他對品管領域最主要的貢獻在於疏失防護概念，Poka-Yoke 即「缺陷＝0」。這個方法在缺陷出現時便停止生產程序，定義出原因，並產生出設計用以避免再度發生錯誤的行動。或者可說是「即時」調整產品或程序，以管理持續性的製程。舉例而言，在化學或鋼鐵產業中，要停止生產程序可能既昂貴又不切實際。

Poka-Yoke 有賴於一個持續監督潛在錯誤源頭的程序。在這個程序中所使用的機器裝配有回報裝置以執行工作，因為 Shingo 認為「人免不了會失誤」（Bendell，1989：12）。人力是用來追蹤並解決錯誤源頭的。安裝這套系統，便可望隨著時間經過，而達成所有潛在疏失終被根除的局面。

正如先前所描述過的，在某程度上，食品加工業已透過所謂的「HACCP」系統（關鍵控制點風險分析）來採行這項觀念。顯而易見的，即使只有一項缺陷食物經由系統而對健康產生危害，都是不容接受的事。然而，如同一般所見，即便是這麼嚴苛的系統也無

人工智慧控制系統

　　Poka-Yoke 的想法類似於人工智慧控制系統的概念，也就是一個能在程序超出控制時將它們拉回控制之下的系統。最簡單且最常見的人工智慧控制系統就是家庭空調系統，這是一套可接收恆溫器上氣溫「回報資訊」，並開關空調以求保持固定溫度的系統。另一個類似的例子是引擎上的冷卻系統，其中的恆溫器開關令冷水流循環或中止，以使引擎保持在最適運轉溫度。

　　這些系統的「目的」在於某個特定溫度。而對「Poka-Yoke」而言，其系統目的則是零缺點。在每個例子中，其目標設定皆由系統之外決定，例如說，在空調系統的例子中由屋主決定，而在生產程序的案例中則取決於工廠主管。

　　這項概念目前廣泛應用於生產程序的工業控制系統中。比方說，烘焙業利用這類型的系統，在調整烤爐時控制烤房內的溫度，以確保產品在各烘焙程序中都能均勻受熱。

　　這些技術的運用得以減少或消除人為程序監控，並且，正如 Shingo 所言，可靠度更高。

法全然避開風險，如 1996 年在蘇格蘭爆發的「e.coli」食物中毒事件便是一例。

11.4　成與敗

　　無疑地，Shingo 的想法對許多不同的領域都具有卓越的貢獻。世界各地的許多公司或全面或片面地採行其方法，及他在各國廣泛的受到諮詢等，其成就有目共睹。但是，仍有一些顯見的限制。

儘管 Gilbert（1992：166）認為 Poka-Yoke 的概念可以同時適用於行政程序與生產程序，但此論點仍富爭議。一套生產程序也許可以全面性或大範圍地自動化，以減少人為疏失或機器錯誤的機會。但行政工作或簿記程序等，則大半有賴於資訊的溝通與翻製，而無法達到同一程度的自動化—於是便有出錯的餘地。在這類系統中，人際互動與人為介入是無可避免的，而正如 Shingo 本人所言，人難免有失手。第二項主軸則是資料解讀錯誤的可能性。語言有兩種理解層次，一是語法（符號），一是語意（涵義）。雖然語法的理解較容易可靠傳遞，甚至自動化，但卻無法保證瞭解語意。因此無法建置起一套行政系統，得以保證某團體所傳送的訊息與語意皆能以同一方式被另一團體所接受解讀。

Flood（1993：29）提出了 Shingo 方法的主要優勢基礎：

- 線上即時控制
- Poka-Yoke 強調有效的控制系統

主要的缺點則有：

- 來源檢查只對製造程序有效
- Shingo 除了指出人類容易出錯以外，對人性面並無其他建議

讓我們檢視第一點，毫無疑問。在一個高速運轉、急遽改變的世界中，線上即時資訊不只令人渴盼，更可說是不可或缺的。然而，許多中止生產程序的可行性卻令人質疑。

運用自動化回饋與控制機制，對作業中的程序控制是一個良好的起始點，並且廣受歡迎。然而，卻甚少言及應相伴而來的經理人對責任與義務之態度。可說是一旦經理人不表支持，這項方法便無法貫徹實施。但是，這類技術系統所提供的資訊，可能遭受專制的

經理人以不恰當的方式運用，也就是說，它們可能被當成打擊員工的武器，而非改善工具。儘管如此，但如 Wiener（1948）在現代的組織控制學初步階段時所聲明的，「正邪兩面皆有無限的可能」，端視經理人如何睿智地運用這些知識。

　　現在看看缺點，這套理論對服務業的適用性早受人質疑。考量到員工的態度時，可明顯看出 Shingo 的理論假設的是一個有意願又合作的員工，儘管他並未指出應如何達成並維持這種局面。20世紀中葉及末葉討論這類新興主題的文獻尚未納入考量之中。

11.5　重點回顧

　　儘管 Shingo 的思想明顯地由科學管理開始發展，透過統計品質控制而至疏失防護，但 Shingo 的觀點似乎有某些前後一貫的主題。

　　大體上，他似乎堅守於組織相關人員為「經濟人」的觀點。這個觀點的睿智之處，以及他未曾涉及挑戰這一觀點的理論與實務知識，成了他研究中的主要弱點。儘管在某些東方文化中，仍堅守著對團體價值觀的忠貞，尤以日本為最。但其他國家已偏離此道。許多西方國家已轉向追求個人的價值觀與目標，常轉換為從工作中追求自我，而非追求公司利益。在這樣的情況下，個體員工不見得願意採用 Shingo 所認為必須的方式貢獻自己。

　　第二項明確而一致的主題，則是對於良好工程技術的專注。以Shingo 的背景而言，這不足為奇，且他的確在此一領域貢獻卓著。然而，這也確實限制了他在許多原可輕易運用於組織與程序上的想法。

　　疏失防護的概念對程序修正與程序重設計極具重要性。儘管一般而言它較易應用在製造業上，但無疑地，這套概念（而非實務）

也可在服務型組織中實施。不過可能產生的危險則有額外行政工作、稽查與檢查程序等，或許無法減少成本與加快程序，反而增加成本、延宕服務。第二項與此相關的危險性，則是程序可能會變得「制式化」，因而阻遏了組織的適應與學習。不管如何，對預防錯誤的根本重視仍廣受好評。

摘　　　要

　　本章回顧 Shigeo Shingo 對品質運動的重要貢獻。讀者們可參照 Shingo（1987）本人的著作，以獲得更進一步的瞭解。

學習要點　Shigeo Shingo

品質定義

・程序中的缺點

重要理念

・透過根除有缺陷的程序而預防缺點
・人難免疏失
・組織的「機械」論點
・處理即時資訊

主要方法

・Poka-Yoke（零缺點）

問題

Shingo 透過科技、自動化系統評估品質的方法,受人批評為易被專制經理人濫用。請在保留 Shingo 之想法價值的前提下,思考如何克服這個問題。

第十二章

Genichi Taguchi

「萬物皆數。」

Pythagoras,希臘數學家

前言

Genichi Taguchi 在服役於日本海軍之前,曾受過紡織工程師的訓練。接著他任職於公共衛生福利部,以及統計數學學會。在任職期間,他習得了實驗設計技巧以及直交陣列。他是在 Nippon Telephone and Telegraph(Nippon 電訊公司)工作時,方才開始他的顧問生涯。

他早期在品質領域中的研究主要與生產製程有關,並在 1980 年代期間將重點轉向生產與製程設計。也是在這段期間中,他的想法開始為美國所接納。Logothetis(1992:17)描述 Taguchi 的貢獻在品質革新運動中是一項「神乎其技的進展」;由於在設計階段將高品質內建於產品中,因而根除了大量檢查的必要性。

Taguchi 曾獲頒 Deming 獎,以及 Deming 品質文獻獎章。他最廣為人所知的著作則是《實驗設計系統》(Systems of Experimental Design)(1987)以及他參與合著的《全方位的成果管理》(Management by Total Result)。

12.1　思維

　　Taguchi 之品質著作的兩大根本想法在實質上都是量化的。第一是信奉以統計方法來指出並根除品質問題。其次則是在最初便仰賴產品與程序的設計，將高品質深植其中。Logothetis（1992：13）認為 Taguchi 對品質採取一種消極觀點，著重於因品質低劣所產生的代價，也就是指：「打從產品裝運時便為社會增添的損失」。Taguchi 的主要重點在於顧客滿意度，以及因未能滿足顧客要求而造成的「名聲與商譽損失」之可能性。他認為這樣的疏失將造成顧客在未來轉往他處消費，而危及公司遠景與員工，以及社會。他覺得這種損失不僅發生在產品不符規格要求時，同時也發生在產品偏離其核心價值時。

　　Flood（1993：30）指出 Taguchi 的觀點「在技術面上往回又跨出了一大步」，將品質管理拉回設計階段。而可藉由以下的三階段雛型法加以達成：（請見表 12.1）：

表 12.1　Genichi Taguchi 三階段雛型法

・系統設計
・參數設計
・彈性容忍度設計

　　第一階段與系統設計的推論有關，牽涉到產品與製程兩方面。企圖發展出一套基本且具分析性的物料、程序、及產品架構。這個架構將繼續轉入第二階段：參數設計。第二階段的研究在於找出產品變異程度與程序作業水準的最佳配置，以減少生產系統對外部或內部干擾因素的敏感度。第三個階段—彈性容忍度設計，得以鑑定

出可能強烈影響產品變異性的因素。額外投資，包括其他各種替代的設備或物料，都可視為是進一步減少變異性的方式。

　　在一開始便指出並極力消除「劣質」因素的程序中，可以看到一項清楚的信念。這與 Flood 認為 Taguchi 視品質為「社會性而非組織性議題」的觀點息息相關。且他更認為 Taguchi 的方法借助了許多組織原則的力量。（見表 12.2）

表 12.2　組織原則：Genichi Taguchi

原則一：溝通
原則二：控制
原則三：效率
原則四：效力
原則五：效能
原則六：著重於找出疏失起因與根除
原則七：著重於設計控制
原則八：著重環境分析

　　明顯地，Taguchi 認為組織是一個「開放性系統」，而與其外界環境有所互動。這種強調溝通與控制的系統論調，肯定了程序間的彼此關連性，而這也是之前他受人批評為將其置之不理的一點。Logothetis（1992：340）認為這種批評並不合理，並說道：

　　Taguchi，與一般的言論相反，他的確是肯定互動性的─他曾說過：「要是假設線性模式的思考是正確的，那麼就是抽離於自然科學或真實之外，並且鑄下了根據除了理想外一無他物的數學之錯。」

　　總而言之，可看出他有幾項信念。第一就是量化方法，爲控制提供衡量準則。第二則是盡可能在一開始時便消滅造成疏失的起因。第三項是品質低劣所造成的社會成本。第四項或許反映出第三項信念，而指出組織內部、以及與組織外部環境雙方面的互相關連性之系統論觀點。

12.2　　假設

　　現在我們將要談談 Taguchi 學說背後所隱含的根本假設。

　　一項居於首位且十分關鍵的特色在於：他似乎揣想品質永遠都能透過設計方面的改進而加以控制。儘管這一點在製造業的許多面向中或許真是如此，但它的真實性在服務業中是必然受人質疑的。同樣地，若產品具有自然產物的特徵—如食品；或包含「手工藝」技術—櫥櫃製造，陶器或貴金屬製作等，這假設就可能不大適合了。

　　第二項假設則與他對人力資源的態度有關。儘管我們在下一小節可以明顯地看出，他珍視人們在設計與發展程序中所投入的創意，但卻不認爲他們在優質產品的生產程序中是攸關輕重的因素。他對員工以及管理程序所言極少，甚至毫無提起。

　　在之前曾經提起過，他的研究明顯著重於製造業，未曾言及如何管理服務業中的品質程序。

　　接下來的假設同樣相當重要。Taguchi 似乎假設組織可以等待結果—即產品概念化與生產間的延宕是可容許的。雖然這些延遲在某程度上無可避免，但當今的市場要求是如此嚴苛，以致於應當極力縮減。因此若要完整施行 Taguchi 的想法，則將這部分整合到產品發展程序中，而非額外附加，是極爲必要的。以這種方式才能將利益極大化，並將延宕縮減到最小程度。在最初的產品設計之後才採用 Taguchi 的方法必然令人無法接受。我們甚至可以說品質參數

應以如同目標市場、以及價格般的份量，成爲基本設計文件中的一部份。

　　我們可以輕易看出 Taguchi 的著作深受他在機械工程以及量化方法等背景的影響。較不明顯的是他爲眾所公認的「系統化」觀點由何而生。他對系統論的採納，儘管並未清楚地延伸至組織的管理程序上，但肯定是他超越了其他同時代大師們的一大步。

12.3　方法

　　受到 Taguchi 擁護的主要工具與技術，縈繞在所謂的「kaizen」思想上，也就是持續改善。他倒退回設計階段的作法有助於確保基本的高品質標準。除了「二次損失函數」之外，其他的統計方法都與其他思想家類似，並會在恰當的章節中加以介紹。這個小節的焦點將集中在以下各點：

· 實驗研究的建議步驟
· 雛型化
· 二次損失函數

　　這些建議步驟（請見表 12.3）都落在產品發展的「參數設計」（Logothetis，1992：306）階段中。也就是在這個階段中，Taguchi 才運用人力資源。這套科學方法令人回憶起 Deming 的「規劃、實施、檢討、行動」循環。由於他們在統計方面都具有共通的背景，因此這應該是不足爲奇。

表 12.3　產品發展八階段：Genichi Taguchi

階段一：定義問題
階段二：決定目標
階段三：開一場腦力激盪會議
階段四：設計實驗
階段五：進行實驗
階段六：分析資料
階段七：解讀結果
階段八：進行一次確認實驗

　　第一階段在於發展出一份清晰的書面文件，以精準指出有待解決的問題為何。因為實驗應目標精確，故 Taguchi 認為這個階段極富重要性。第二階段則呼應第一階段。決定要透過實驗程序以研究、利用哪些產出特徵？並打算採取哪些衡量方法？都是十分重要的。且可能有必要進行控制組實驗以驗證結果。

　　第三個階段是腦力激盪。此時，所有與產品或程序相關的經理人及作業員將受邀齊聚一堂，並確定會影響情況的可控制因素與不可控制因素。此處的目的在於定義出實驗的範圍，以及恰當的因素水準。Logothetis（1992：306）指出 Taguchi 偏愛以經濟可行性考量各因素（非關互動性）。在對策發展程序中，這是否能代表足夠的人員參與性仍充滿爭議。或許他們應該在每個階段都插一手。但是，他們對實驗設計的參與，以及他們貢獻自身知識的辯論，必然都是無價的。就一般的狀況而言，工作的實地操作者懂的會比其他人多。讓他們有機會在一個諸如腦力激盪的非正式會議中表達意見，是頗受好評的。

　　第四個階段是實驗設計。此刻可控制因素與不可控制因素（雜音），都已依照統計監控的目的分門別類。緊接著便是第五個步驟，

實地操作實驗。

　　第六個步驟旨在運用恰當的統計方法，以分析所記錄的結果衡量值。隨之而來的是第七個階段的結果解讀。目的在於找出可控制因素的最佳水準，以致力於減少變異數，並令程序盡可能接近其目標值。在這個階段中會使用預測，以考量低於最適情況下的程序績效。

　　第八個階段，也是最後一個階段，在於藉由執行更進一步的實驗，以驗證到目前為止所得的結果。若更進一步的實驗驗證結果有誤，則必須再重複一次階段三到階段八的動作。

　　這整套程序或許讓人認為與組織控制學中所使用的「黑箱」技術類似。在那套方法下，是以改變投入、並監測產出效能的方式，作為決定某單元功能的機制。這套技術可用於生產或製造設備中，以「宏觀」的角度決定最受矚目的區域，並借重 Taguchi 的方法進行細部分析。有興趣的讀者可以參考 Beer（1981）的著作，其中對這套方法有更細節的討論。

　　雛型化，這是一套 Taguchi 用以發展 Gilbert（1992：24）所謂「待協調」雛型的技巧。這方面已在 Taguchi 的思維回顧中出現過。這項技巧包含三個階段。首先是系統設計，旨在將科學原則與工程原則應用在功能性設計的發展上。內含兩個因素，分別是產品設計與程序設計。第二個步驟是參數設計。這部分致力於建立起程序與機器的設定值，以減少性能的變異程度。在這個階段中將會對可控制因素及不可控制因素做出區分（參數、或雜音）。規格要求準則是為了追求最適化，並常以金錢表達因變異而致的損失。第三個階段則是彈性容忍度設計。其意義在盡量縮減產品製造成本與週期成本的總和。

服務雛型化

Taguchi 將產品雛型化的方法也可以應用在服務業上。常可見服務型組織發展新程序或新產品，並在各銷售點全面推出前，先於擇定區域測試市場，並加以修正。這與製造業所應採取的方法十分類似─雖然他們常常沒這麼做！要將其他變革雛型化就更罕見了，尤其是在公司的營運方面。這些變革的影響通常遠比新服務的衝擊更大、更持久，卻通常由於政治性因素而暗中發展，並在隔天加諸於目瞪口呆的員工身上。

這不是組織變革的唯一方法，當然也不是最成功的。在 1990年時，一家具有許多銷售點的大型零售組織，決定有必要修正其配銷策略，以因應顧客不斷變化的需求、增進服務效能、並降低營收的相關成本。組織在上述的現象中看出其優先順序。這三大主軸彼此直接相關。即表示只要能增進前兩點中的任一點便可以提升收入，達成前兩項的結果就等於達成第三項。也可以直接藉由縮減組織中的無效率以及浪費，而直接降低成本。

大幅修正後的組織是基於「自然的」地理及商業社區來設計。每個這樣的社區中設立一所「旗艦店」，提供全系列服務，並專精於需要更高內部專業能力之較複雜、價值較高的服務。「一般」銷售點則專注於特定社區中的精確需求，以達成 99%顧客（約略是±3 個標準差）的一般要求。與 1%特殊要求顧客的關係，則由旗艦店的員工處理。

這些原則與寬廣的作法受到組織董事會的認同，並創建出一系列的「領航」社區。在首次將這些原則付諸實行的社區中將長期進行，以營造「學習」的狀態。社區中的員工將全心投入這個程序。儘管嚴格謹守原則，但整個實行程序充滿了實驗性、檢討、重點回顧、以及修正。一旦運行順利，其他六個社區便派遣代表前來參觀實驗社區。這些訪問者研習過去所發生之事，也包括錯誤在內，並

與專家協商發展出切合他們本身情境的解決方案，使七個「待協調」雛型結合在一起。

一旦在「卸除測試」並加以適當修改後，修正後的組織設計模式便滾滾前進，直至整個組織。

二次損失函數是 Taguchi 對品質提升統計面的主要貢獻。這個算式的要點在於將產品或服務的成本最小化。在算式中，會指出一個特定的品質特徵（x），並設定一個目標值（T）。與目標值之間的差異則以（x－T）表示。由於其結果不管比 T 大或小，都代表組織的財務損失，因此結果必須永遠為正，所以將餘數加以平方，（x－T）^{2}。接著再乘上一個成本係數（c），代表低於目標值（T）的代價。另一個需要加上的係數（k），代表對社會所造成的最小損失，其值永遠大於 0。

其總和便代表對社會所造成的總損失（L）：

$$L = c(x-T)^2 + k$$

這個算式或許在某方面看來，可作為是一項資源利用效能與效率的衡量法則。這個式子在運用上很重要的事情是：正確選擇基準、以及係數 c 與 k 的精確發展。如果這個算式所選用的任何數值不正確，那麼整個程序便都徒勞無功。

12.4　成與敗

一如先前所見的其他大師一般，人們公認 Taguchi 在這個領域中貢獻非凡。他的書籍、以及他的諮詢，歷歷指出其方法運用上的廣受認可。

引證 Flood（1993：32-33）所言，以下是 Taguchi 方法的優點：

- 品質是設計的要求
- 這個方法肯定了品質的系統性影響
- 對工程師而言，它是一套實用的方法
- 它指引有效的程序控制

主要缺點則有：

- 其實用性偏向於製造業
- 未對管理或組織議題提出指南
- 只將品質交在專家手上
- 毫未提及人類之為社會性動物的特徵

先看看優點，可以再度重申的是 Taguchi 在往設計程序回頭時，並不夠深入。某程度上，品質參數在產品從最初的概念化階段脫胎之時便已決定，因為某些諸如市場或價格區間等等因素，通常在此刻就已確定。

指認出缺陷品對社會的總成本，是相當有用的。然而，正如同 Flood 所言，由於對組織中人員及管理程序的漠視，因此「總成本」的定義還有待商榷。

由於這套方法是為實務作業的工程師所設計，而非針對理論統計學家，因此也許足夠實用。然而，若未恰當地瞭解各種應用情形，並佐以真確的統計基礎，那麼二次損失函數的正確性則引人質疑。

現在轉往缺點部分。根據 Flood 的評估，若衡量法則未能產生足資佐證的有意義資料，那麼這套模型並無用處。這一點或許對它在製造業之外的實用性產生限制。另外，他未提及人員與組織管理，也是眾所公認的，且被視為是整套方法中的一個重要缺憾。

　　Taguchi 未能指出組織是一個社會性系統的想法，正與他認為品質屬於社會性議題的思想形成尖銳對比。但在其著作中並未對此提出解釋。他彷彿認為組織中的員工就是各自執行所分派功能的「機器零件」。他並未將程序測量中的人性變數納入考量，或許他只是淡漠地把這點看成雜音而已！

12.5　重點回顧

　　無疑地，Taguchi 對品質運動的貢獻甚多。然而其貢獻的焦點卻較狹隘。

　　他的工程與統計背景成為他所擁護的方法之後盾，但在某程度上，也限制了其學說的價值。他絕對性地仰賴品質的量化評估方法，這一點令他的方法相當不適用於服務業，因為在服務業中，品質常由觀察者以較為主觀的角度加以定義。

　　相對於這一點來說，他對品質設計以及雛型化程序的強調，儘管也許還不夠深入，但卻是無價的。發展優質產品與製程之總成本的影響絕對不可小覷。就算無法完全消除，它們仍能造成檢查、重製、退回等程序大大減少。這其中的每一項都為許多企業組織平添了大幅度的經營成本，且通常是直接由於設計及發展工作的不盡充分而增加。

　　Taguchi 缺少對組織管理以及員工的關懷，則被視為是他方法中的第二項主要缺陷。他並未指出應如何施行這套方法，而由經驗得知，這套方法在許多組織中都遭受重大的抗拒反彈。與其作法相關的必要組織重整、企業架構變更、權力轉移、以致預算的改變等等，都可能在組織中產生可觀的抗拒力量。應如何對付這種抗拒？他並無說明。

摘　　　　　　要

對 Genichi Taguchi 的介紹與回顧到此告一段落。讀者們可以參考他的原著（Taguchi：1987），以對他的貢獻發展出個人的深刻見解。

學習要點　Genichi Taguchi

品質定義

• 打從產品裝運時便爲社會增添的損失

重要理念

• 統計方法
• 品質深植於設計之中
• 品質是一項社會性的議題

主要方法

• 雛型法
• 參數設計八步驟
• 二次損失函數

問題

Taguchi 相信品質是一項社會性議題，而非組織議題。請就這一點加以討論。

第三篇

當代思潮

概論

　　在本書的第一篇，尤其是在第四章中，顯現出品質如何成為一項重要的組織議題，並使其立足於早期管理思想的廣闊背景之下。在第二篇中，思考了諸位「品管大師」們由此而萌發的想法。第三篇的目的，則藉由將品質寄託於當代管理方法背景下，使品質管理能日新又新，跟上時代潮流。

　　管理思想從 1960 年代起便興盛發展，但傑出的品管文獻彷彿並未伸臂擁抱因這些發展而生的潛在利益。在第二篇中顯示出品管大師們主要仰賴組織「機械論」；另有某些大師向「人群關係學派」靠攏，但也未能完全利用這個領域中的實質研究內容。例如說，Ishikawa 強調參與，並提出了一項可能很實用的工具以達成這個目的，但卻毫未提起能促成或阻撓有意義的參與之人類行為面。同樣地，有關全盤性或系統化思想的組織議題，在其他解決問題的領域中逐漸大放異彩（如 Senge 的「第五項修煉」），但在品管文獻中仍廣受忽視。

　　本書的第三篇便欲探討這些全盤著眼的方法，並加以解釋，以瞭解組織。全盤性思想不再只視品質為廣泛的技術運用，且更採納文化中的柔性主題、與利害關係人的關係、組織政治學等等以協助

技術層面。雖然純正的品質主義者可能會對這一點加以爭辯，但就全盤論的觀點而言，品質提升只是增進組織效能的眾多主軸之一而已。

在管理學的領域中每年有如此數目眾多的書本與想法印行出版，因此要挑選出這一篇當中所涵括的思想主軸實屬不易。書中所選出的作者與著作都符合（或試圖達成）以下五項原則標準。它們分別是：

- 系統取向
- 當代（近期產生；或於近期流行）
- 實用（具有良好計畫及經過試煉的方法）
- 具原創性
- 直接經由品質提升，而與促進組織效能有關

這些標準，使得許多其他重要管理思想家與著作者的專題研究或後續研究被排除在外，例如說 Drucker、Peters、Kanter、Mintzberg 等等。其原意並不在損害或否定他們對管理學的卓著貢獻，而且更鼓勵讀者們去閱讀他們的著作。他們之所以未列名，只是因為他們並不符合書中所設立的原則標準。

這一篇中的章節編排將分為兩大主軸。首先，它們是（或多或少地）以日期順序編排，較早期的想法便出現在較早的章節。其次，它們大致追隨一套由「剛性」思考（如何解決問題）到「柔性」思考（定義問題本身）的連續路線。讀者們也許可以再度依照所呈現的次序研讀各章節，或是浸淫於自己最有興趣或最切合自身需要的想法之中。這一篇的目的在於幫助讀者們辨識並瞭解這些目前新興的管理思想主軸，並從這些取向中萃取其精華。

第十三章

情境理論

「Roger 先生以一種深思熟慮的態度告訴他們
，許多事都有兩面說法」。

           Joseph Addison，旁觀者（The Spectator
           ：68），引自 Martial,xii,47

前言

    情境理論最初萌芽於有關領導與激勵的研究文獻。這個基於心理學的取向之主要擁護著為 Fiedler（1967），他的研究提出最佳領導風格取決於組織中的特定情境。他指出兩種領導方式，分別是「情感激勵」及「任務激勵」，在不同的情境下，它們都同樣恰當。「情感激勵」領導法在技術性工作相對簡單，而人群關係難以管理時較為可行；而「任務激勵」領導法適用於相反的情形。在這兩種極端局面之間，則有程度上的浮動及連續性的變化尺度。整體而言，Fiedler 與其他早期著作者不同點在於，他指出領導或管理並不是只有「唯一最佳解」。

13.1 情境理論與組織設計

    在 1970 年代期間，情境理論苗發於其他根植於領導激勵的理論中，而成為組織設計與管理的顯學。理論上而言，它反映出某些

系統化思想的發展，這部分將在下一章中再做討論，但它的基礎在於觀察與實務，且在極大的程度上領先了系統化領域中的大多數研究。

情境理論認為，組織以系統來說，如同一個由功能性元素組成，追求一個共同目標的互動網絡。每一個組成要素對組織的成功（指生存、效率、效能等）都是不可或缺，以及在組織背景下，應滿足各個組成要素的需求。換句話說，必須在組成要素之間營造出一種適切的平衡—由於環境與組成要素的需求可能不斷變更，因此這是一種動態的平衡。如同系統化思想一般，但有別於古典與人群關係理論，情境理論肯定組織涵括於環境之中，並與之互動—影響外界，也受外界影響。

Burn 與 Stalker（1961）提出：「有機性」的組織架構與系統，最適合處於條件與要求持續改變之動態環境下的組織。他們指出影響架構的關鍵變數在於產品市場與製造技術。Joan Woodward（1965）與其同僚透過一項對東南艾塞斯製造業組織所做的調查，研究科技與組織設計間的關係。Woosward 發現在不同公司之間，組織特性變異甚大，它們在訪查者數目、經理人層級數目、及溝通的制式化等等都有顯著差異。進一步的研究顯示，這些差異的關鍵因素不在組織規模大小，而是如原先所料想的，在於所採用的科技、以及生產方式。這導出下列結論（Pugh 與 Hickson 1989：16-21）：「企業的目標取決於它所使用的科技」，接著可能左右組織的架構—也就是說組織設計在某程度上也是「因情境而異的」。Jackson（1990）認為有五種「策略性的情境」，它們彼此互相影響，並支配組織架構的抉擇。分別是：

· 目標
· 人員
· 科技

・管理
・規模

　　目標的子系統牽涉到組織長短期的存亡—有規範性目標、策略性目標、作業性目標等。這些目標必須滿足利害關係人的期望；必須配合組織所處環境的動態性，並接著反映在其決策結構上。當今所談的「思考全球化，行動在地化」便反映出目標設立時的恰當自主性。

　　目標應由組織內部決定，但規範性目標（指關於組織本質的決策）則必然受組織所處背景中社經環境的強力影響。所有目標皆應以動態性與演化性加以考量，以避免產生自負的危險。目標由許多面向所操控。環境的影響上面已經提過（社經環境的衝擊）。此外，還包括經理人與財務長的期許，以及員工、組織內利害關係人、組織外利害關係人等團體的期許與需求。

　　員工或「人員」子系統主要牽涉到組織內員工所衍生的需求。若希望員工在組織中安然自若，受組織吸引、並因工作感到充實，那麼就必須滿足這些需求。這些需求隨著所聘用個人背景的不同而不同是合理的。也就是指倫敦員工的需求也許迥異於紐約、墨爾本、或香港的員工。基本上，組織設計必須考量員工的需求與能力。

　　儘管 Jackson 畫出了界線，強調組織內部人員與環境外部人員的觀點相異，但不應忘記的是這道界線本身是任意定的，通常只反映出法定關係而已。反映在「大師」與其他著作中的種種見解：「供應商培養」、「價值鏈」、「內部供應商—顧客鏈」、「顧客反饋」等，都隱含著一種在系統與環境間更為緊密的關係—在這些看法下，這道界線幾乎不存在，或許就如同 Beer（1979：94-95）所說的，在更大的系統內創造資訊的「擴散」。因此儘管在供應商、員工、與顧客間或者有些許差異，但若將員工視為身處系統之內（in）並屬於其中的一部份（of）也許更為恰當，也就是說他們為系統工作，

並忠誠於系統。顧客和供應商則是身處系統之內,但並非組織的一部份,他們與系統有買賣上的往來,但並非為系統而作—他們的忠誠在別處。他們並不需要分享系統的目標,或從中得益。

科技子系統指組織在進行工作時所採用的科技技術。如前所述,Woodward 發現,組織根據其規模與生產技術而採用不同的組織型態。她更發現在某特定產業中會發展出「典型」的組織結構,而最成功的企業都採用這種結構。在某程度上,或許可以將這一點當作可預測的結果—原來今日所謂的設定標竿並不是新鮮事。雖然今日所發生的交換條件越是正式也許會使其運用上更為嚴苛,但無疑地,在同一個產業中,業界人士之間總是會有想法的交流,特別是勞工流動性高、工作保障性低的產業。同樣地,若某項特定技術適用於某特定產品群的生產,那麼生產此等產品而發跡的組織擁有許多相同特點,應該不足為奇。

管理子系統的角色在於協調,並協助其他子系統的活動。目前的想法普遍認為組織的管理階層,可以透過執行策略性決策來因應環境的發展。因此,不同於過去聽憑環境擺布的局面,今日的組織可透過管理決策,主動加以處理應付。由於組織影響環境的範圍已可確認,因此在某程度上,身為觀察者的管理子系統甚至可透過它對環境的觀察與干預而創造出環境。

Jackson(1990)指出他所謂的情境理論之決定論起源有其缺陷,並認為管理子系統是組織成功的重要決勝因素。這項評論,將爭論點由 Woodward 所持的「機械性」觀點(技術決定組織結構)帶往一個更為有機性而具有互動性的視野。

規模是組織結構的重要因素之一,是由 Pugh 與 Aston 研究群在研究中所確認的(Pugh 與 Hickson,1976;Pugh 與 Hinings,1976),這個研究針對的組織比 Woodward 所研究的更為龐大。他們的研究顯示,儘管規模越大,結構化、制式化活動的必要性便增加,但同時也更強化了決策須授權與分權的必要性。這或許可以與

Fayol 在集權與分權間要求適當平衡的說法遙相呼應。

儘管未列名於 Jackson 的關鍵因素之中，外在環境仍對組織的效能十分重要。一般認為不同的環境要求與限制令組織採取不同的型態。整體來說，似乎在社會的複雜動盪程度與組織不可少的適應彈性之間，有其相關性。為了要確保長期的成功，也就是組織的永續生存，組織必須有能力以適當的力道回應環境的變化，並且，也許透過市場行銷活動，來影響環境對己有利。

13.2 叮嚀

總而言之，情境理論認為組織處於其目標、人員、科技、管理、規模等互動關係的匯流處。這些因素與環境影響共同左右著經理人對組織形態的決策，造成特定結構，進而預先控制了組織績效。這些想法圖示於圖 13.1 中。

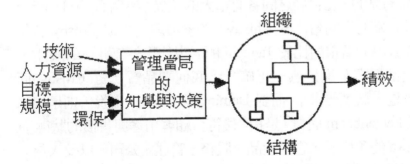

圖 13.1 情境模式

13.3 品質依情境而異嗎？

這個問題有兩方面。其一涉及將品質視為組織之產出績效的測量對象。其二則與定義品質本身有關。

在討論第一個問題時，答案或許是肯定的。任何產品或服務的品質，皆是系統本身所有組成要素與其環境互動下所產生的結果。如果組織的任何原料、或程序有誤；如果未將環境的要求或影響納入考量；或如果不夠瞭解當下環境中的顧客期望；那麼顧客們就會認為這項產品或服務不夠「優質」。因此，要達成高品質必須視系統中各部分的效能而定。這項認知使得品質提升應從全盤著眼。

由於第二個問題涉及「品質」本身的定義，因此討論起來遠為困難。在本書第二篇所介紹的大師們，人人皆依照產品或服務中可明確定義且可衡量的特徵，提出對品質的定義。而以「唯一最佳解」的形式表現出來。在某種形式之下，他們主張「這就是品質」（他們的種種定義），並且指稱「這是如此達成的」（他們各自不同的方法）。顯而易見的，在它們之間各有重大的差異：舉例而言，Deming基於統計基礎的取向對比於 Ishikawa 的參與取向；或 Crosby 著作中對內部宣導的著重對比於 Taguchi 所展現的對外部社會的關注。

他們都對嗎？還是無一正確？到底何謂品質？對 Crosby 而言，品質是「順應要求」，而對 Deming 與 Shingo 來說，則是根除錯誤，就 Feigenbaum 而言，是指「最符合顧客用途與售價的狀態」，從 Ishikawa 的角度看，它是產品、服務、管理、公司、以及人員一非常接近組織的情境理論。Juran 認為品質是規劃後的結果，而Taguchi 則著重於它為社會所增添的成本。

在此需要指出的是，在今日這種充滿動態又動盪不安的組織環境中，以這些固定又必然量化的絕對性角度，並無法充分定義出品質。或者就如同 Hume（「關於悲劇」，文評）所說的，品質就像美

學：事物之美（品質）存在於深思凝望它們的人們心目中。也許顧客們是經由體驗而非只是接受服務或產品的品質。他們每個人都有不同的期許，而他們（顧客們）也不斷個別地根據過去的經驗，與改變不休的期望等角度，重新定義品質。這代表著要追求完美優質，就如同獵捕尼斯湖水怪一樣，是注定要失敗的；因為就像水怪一般，品質也是既神秘又飄渺，而非實質與絕對。因之品質也是端視情境而異，但是視顧客而定，並非組織、產品、或服務。

這種品質觀點提出了一項組織進行品質提升計畫時的問題。如果品質並非絕對性質，那麼他們所追求的目標為何？或他們如何知道自己已然達成？這個問題的答案似乎是：品質的標的一直不斷地轉換中，而組織必須追求的是其產品或服務的「適當性」或「切合性」。受人購買的產品與服務必須能滿足不同的目的，而且在消費者心目中所創造出的期許限制範圍內。產品本身，以及產出商品的程序等等都必須毫無疏失。這些程序必須盡力縮減成本（土地、勞工、資本、與企業家精神—即生產四要素），且重要的是，組織中各方面的活動，及其管理皆必須著重於「把對的事作對」。

這樣一套行動方案的致勝關鍵，則有賴於組織內部、以及組織與其環境等兩方面的溝通。若內部溝通有缺失，那麼員工可能將對的事做錯了，或正確地執行本質錯誤的工作。至於與外界環境間的溝通則憑藉著對顧客期許的認識（由外傳遞至組織）；以及創造或修正顧客的期許（由組織由內而外傳遞）。若是這道溝通沒有效果，那麼便可能有一方（或雙方皆然）認知錯誤，進而無法達成優質要求—因為儘管技術上正確良好，某一方所期許的產品或服務，或許並不符合另一方的期望。

「那就是高品質！」

在香港的博士班品質專題研討會期間，有一位學生利用和我一同午餐的機會討論他這次的專案研究計畫。這頓午餐的目的在於討論，飲食只是必要活動的插曲而已。我們找了一家連鎖義大利速食餐廳。菜單可想而知—義大利麵、披薩、以及菠蘿麵包。其室內裝潢十分內斂。食物上菜迅速而且毫無錯誤。服務則令人稱奇—恰如其份的禮貌與友善正符合我們的期望（顯然並不太高）。我們痛快地享受餐點與討論，付帳、走到街上，轉向彼此並異口同聲地說：「那就是高品質！」我們親身經歷卻難以言喻—最好的形容就是「各方面的感覺都『對』了。」

如果在事前要我們選定一家「優質」餐廳，我們倆沒人會選擇這家餐廳所隸屬的連鎖店。但這場經歷已然改變了我們的期望。如果我們再去那兒一次，我們是否會因一模一樣的經驗而失望呢？

摘　　　　要

本章簡要地從情境變異的角度介紹其思想概念，並探討情境理論的崛起與背景，也解釋了此一理論的組織經驗實證研究。希望能增展這方面知識的讀者們可直接參考文中所引述的著作。

學習要點　情境理論

定義

· 組織效能乃是管理階層充分回應組織五大關鍵要素下的產物，這些要素分別為：科技、人員、目標、規模、與外界環境

重要理念

・組織結構不是只有「唯一最佳解」

情境與品質

・品質高低端視顧客的期望而定，而非所提供的產品或服務

問題

請評估情境理論對品質提升的貢獻。

第十四章

組織系統觀

「『相反地』，Tweedledee 繼續說道，『如果過去如此，那麼可能就是那樣；而假使確是這般，便是如此；但由於它不是，因此並非如此。這就是邏輯。』」

Lewis Carroll （Through the Looking Glass）

前言

儘管情境理論看來是系統觀，但其根基在本質上仍深植於實務而非理論範疇，且它的主要綱領是由觀察組織所導出的，也就是經驗資料。若組織系統觀思想這枝組織理論支線要不僅止於「最佳觀察實務」的話，就必須具備更健全的理論基礎。理論能發展一般通則，據此激發出嚴謹一貫的實務，而非實務的抄襲。本章將簡要地探討系統思想的理論發展，並為之後章節中所勾勒的種種取向提供一個揮灑的舞台。

14.1 系統思想

系統思想以挑釁姿態崛起，更進一步挑戰傳統與人群關係模型，而塵埃落定於有機論的組織觀點中。系統論方法在根本上便迥異於大多數現代科學所憑藉的化約論觀點。這種思想上的轉變「並非漸進生成，而是一種不連續的跳躍」（Singleton，1974：10-11）。

在此所指的不連續性是一種典範的全然改觀—徹底突破傳統的化約論取向。化約論代表將組織分析切割成零碎小塊；而系統思想則回歸組織與其個別部分，並整體性地認識其行爲與互動關係。

系統思想企圖「整體化」地處理組織，而非部分切割，並進而採用「全盤性」等表達方式。如同情境理論一般，它認爲組織是一組組成要素與關連性所構成的複雜網絡，並肯定組織與其所屬環境之間的互動關係。系統化組織思想確立於 Barnard、Selznick、von Bertalanffy 等人的早期研究，且若還不足稱爲顯學的話，至少它已經成爲管理思想家與實業家的重要取向。就實務上而言，系統思考對組織具有深遠的意涵，但這意涵卻不易被由化約論世界所教育出來的我們所領略。我們試圖在下文中對系統思想加以解釋。

如果我們把引擎從噴射機上移走，那麼不論是引擎或是噴射機都將無法起飛—飛行是這它們之間互動與互相連結之下的產物，是作用相乘的結果。這是屬於全體飛機所共有的特性，而非單一部份。這樣的特性稱之爲「綜效」—它們由各種系統組成元素的互動所產生。這表示當我們檢視一架飛機的特性與行動時，我們必須看它的全體，而不只是其零件，因爲在整體中可能具有在個別單位中所無法查知的特性。同樣地，個別部分也或許具備整體中不可見的特性。舉例而言，噴射機引擎中的渦輪以高速旋轉，但整體的引擎卻並未如此。而收音機中的聲音、或電視機的影像等也同理可證。這些事物都是系統內互動以及與外界環境互動後的可察知產物（對收音機或電視機的訊號接收），但卻無法由化約論者對它們的檢驗與分析中發現。

Ackoff 或許對系統思考提出了最明晰的解釋：

假設我們把這些（各種車款）帶到一間大車庫中，並且聘用許多傑出的汽車工程師來決定出哪一台車的化油器最好。當他們結束之後，我們把結果記錄下來，並請他們再度對引擎重施故技。我們不斷重複這種程序，直到我們檢查過所有能構成一輛汽車的零件爲

止。接著我們請工程師卸下這些零件，並且將它們重新組裝起來。我們會得到一台性能最棒的車嗎？當然不會。由於這些零件無法互相配合，我們甚至做不出一輛車子，即便它們能彼此搭配，也沒辦法合作無間。系統的績效表現偏重於零件如何互動的程度，遠超過於各零件的單獨作用。

14.2　系統思想與組織

Parson 與 Smelser 試圖「藉由子系統加以闡述若系統想永續生存時，所應滿足的四項要件」（請見表 14.1）。他們所指出的這些要件包括有：適應性（Adaptation）、達成目標（Goal attainment）、整合性（Integration）、及原型性（典範維持）(Latency)，並取 AGIL 以便記憶。

表 14.1　系統的要件：Parson 與 Smewer

要件 1　A＝適應性：系統必須建立本身與外界環境間的關係

要件 2　G＝達成目標：必須定義目標，並保持資源的機動管理，以達成這些目標。

要件 3　I＝整合性：系統必須具備一種能協調其努力的方式

要件 4　L＝原型性（典範維持）：組織生存的前三項要件必須在最少的緊繃與緊張狀態下解決，以確保組織行動者受到適當方式的激勵而行動。

Jackson（1990）對此解釋略微不同，他認為組織的四個主要子系統─目標、人員、科技、與管理，才是必要的先決條件（請見圖 14.2），這也反映出他情境理論的觀點。他認為效率與效能都可以藉

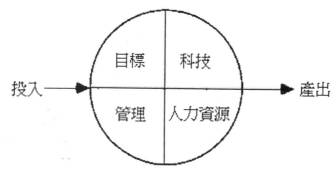

圖 14.2 視組織爲系統

由子系統間的互動而達成，以追求系統在環境中的目的。目標子系統牽涉到系統的目的，以及達成目的的手段；人員子系統則涉及人力處理、及其管理與激勵；科技子系統掌管營運（即投入─轉換─產出的程序）；管理子系統則管理並協調其他系統、平衡它們的關係，並致力與環境互動。

　　系統模型爲管理實務與理論增添不少價值，因爲它要求對環境及環境中的互動具有明確的認知。一般性的系統模型對敘述方式有重大的利用價值，可闡述系統的組成要素與互動關係。然而，儘管這樣的描述常能診察出與系統有關的錯誤與疏失，但它卻無法基於對組織理想的規劃而提出一個常規性的模型。另外，就弱點而言，系統模型可能未充分突顯個人在組織中重要和其意圖的角色，以及低估了除非所討論的背景完全接納系統思想，否則人群關係將影響產出的程度。

　　系統模型將環境納入考量，並著重於生存的一般性，而非特定的組織目標。它並未試圖去量化組織的成功，對組織應「如何」適應也所言甚少。並未探討相對自主性的可能、及對效能不彰的組織提出特定的通用對策。

　　這個觀點的重點在於和諧的內部互動，儘管衝突與威權常出現於人際間。它認爲變革出於環境的推動，並非由組織所發動。

14.3 系統思考與品質

　　由古典管理學派思想轉換至人群關係學派，代表化約論典範中的重心轉變。這樣的轉換由著重於組織的需求，而移轉為對組織內個人及團體之需求的重視。這項思維上的轉變並未強烈反映於品管文獻中，但品管大師們的確在他們的研究裡肯定全體員工對品質改革承諾的重要性，某些大師更肯定討論組織全面性的重要。就品管而言，由化約論移轉至系統思考是更為根本的，牽涉到一個新典範的接受，即個人世界觀的重新架構。思想上的衝擊影響品質管理甚鉅。

　　在以系統思想考量品質時，由於重點轉向全體性的互動績效，因而組織個別單位的績效變得較不重要。這代表組織不僅評估部門單位的績效，如生產、業務、財務、人事等等（一如化約論取向下的情況），並且更重要的是衡量這些個別部分的表現如何推動或阻礙其他單位，即它們如何互動以生產產品或服務。

　　傳統上而言，不論是產品或服務，大部分的品質改革皆著重於生產系統的技術表現。它們或是細部地檢驗機器特性（Shingo）；或研究人員及科技投入的正確性與可靠度對生產系統之影響（Deming 的疏失特殊原因），以及有時還觀察內部的供應商—顧客關係。少有品管計畫在實質上超出這些技術層面。

　　在系統論的世界中，這些檢驗都必須回歸基本面，而考量組織各單位如何與其他單位互動。舉例而言，如此一來財務目標、徵募人才與訓練計畫、投入補給等，均衝擊到產能、以及符合品質標準的能力。同樣的，業務部門及業務員對顧客做出的承諾，是左右售後服務水準的強大因素，必須同時考量顧客的期望以及提供的成本。這些銷售承諾也與組織中的生產部門互動，產生必須符合的要

求。加諸於這些層面之上的，則是組織內部的政治環境，指人們彼此互動的方式、他們的行為凝聚力或其他方面、所設定目標的相關性、以及組織中的個人競逐擢昇等等—有時會產生破壞的力量。

一則系統問題

以下的故事，取自 IT 產業中的可靠來源。

1 據傳為真；

2 是一則有必要以系統化思考問題的良好示範。

這是發生在顧客支援協助櫃臺人員與顧客之間的對話。

客服人員：「Ridge Hall 電腦服務中心，需要我為您服務嗎？」

顧客：「是啊。嗯，我的 WordPerfect 有點問題。」

客服人員：「是什麼樣的問題呢？」

顧客：「我打字時，突然這些字都跑掉了。」

客服人員：「跑掉了？」

顧客：「它們都不見了。」

客服人員：「嗯..你的螢幕現在看起來是什麼樣子？」

顧客：「什麼都沒有。」

客服人員：「什麼都沒有？」

顧客：「螢幕是空白的；它不接受我輸入的字。」

客服人員：「你還在使用 WordPerfect 嗎？還是你已經關閉它了？」

顧客：「我怎麼知道？」

客服人員：「你在螢幕上可以看到『C』的提示嗎？」

顧客：「什麼叫『sea』的提示？」

客服人員：「沒事。你可以在螢幕上移動游標嗎？」

顧客：「沒有任何游標；我告訴過你了，它不接受我輸入的字。」

客服人員：「你的螢幕有電源顯示嗎？」

顧客：「什麼是螢幕？」

客服人員：「就是有畫面在上頭，看起來像電視的東西。它有沒有亮燈告訴你它是開著的呢？」

顧客：「我不知道。」

客服人員：「嗯…那就看看螢幕後頭，找看看有沒有通到裡面的電線。看到了嗎？」

顧客：「…對，我想是的。」

客服人員：「太好了，跟著電線到插座處，然後告訴我它有沒有插在牆上。」

顧客：「…有。」

客服人員：「你在螢幕後面時，是否注意到有兩條電纜插進螢幕，不只是一條？」

顧客：「沒有。」

客服人員：「那就是了，我要你再回到那兒看看，並找到另一條電纜。」

顧客：「好..有了。」

客服人員：「跟著它，並且告訴我它是否穩固地插在你的電腦後面。」

顧客：「我到不了。」

客服人員：「喔喔…你看得到它是否插上了嗎？」

顧客：「不。」

客服人員：「即使你跪下來俯身去看也看不到嗎？」

顧客：「不是角度的問題，是因為太黑了。」

客服人員：「黑？」

顧客：「是啊，辦公室的燈全都熄了，我所有的光都來自窗外。」

客服人員：「喔…那就把辦公室的燈打開。」

顧客：「我沒辦法。」

客服人員：「為什麼？」

顧客：「因為停電啦！」

客服人員：「停……停電？啊哈！好吧！這可難倒我們了。你的電腦
送來時的箱子和說明書、裝填物還在嗎？」

顧客：「是的，我把它們放在抽屜了。」

客服人員：「很好！去拿出來，把你的系統拔掉，然後照你拿到電
腦時那樣裝箱。接著把它送回你購買的商店中。」

顧客：「真的嗎？問題很嚴重嗎？」

客服人員：「恐怕是這樣沒錯。」

顧客：「我想我弄好了。我要怎麼跟他們說？」

客服人員：「告訴他們你笨到沒資格擁有一台電腦。」

重點在於，並非我們笨到不適合在我們工作的組織中，而是傳統的化約論心態造成我們只探索立即的單一問題，而忽略了系統取向下更寬廣的議題，後者很可能對於上述的單一問題的對策有很恰當的啟發。

評量的問題（以及與績效相關的獎懲）使局面更為複雜。在第三章中已經指出，一般來說，「我們只取我們評估的」，並且對許多組織以及其中的個人而言，這些評估方式過於狹隘簡單。這樣的系統傾向於著重單一層面，而犧牲其他部分。舉個例子，如果評估制度著重於生產效率，那麼管理階層便以此為標的。而在系統的世界中，生產效率是無法獨立評估的，而必定與市場需求、系統投入供應量（土地、勞工、原料等等）、乃至組織提供財務支援的能力有關。

系統上來說，品質不單是透過加強獨立的部門就能提升─若有效的話，它們就能個別獨立。同樣的，品質無法經由某些有形的特性，如大小、形狀、顏色、或符合規格等純技術的角度來評估。以系統而言，高品質必須被認定為全體組織一個或多或少可衡量的特

性。它必須根植於系統內各程序與各互動關係之中，且必須維持於組織對環境的適應中。例如說，某公司的產品或服務向以優越的品質見稱。然而，若在製造程序中有不必要的環境危害，或是管理系統虐待組織中的勞工，它就不足稱為優質組織—除了作業績效的單一產出評估。在危害環境或虐待勞工的狀況下，其高品質是以某些可能不見容於社會的成本所造成的。

摘　　要

　　本章扼要地介紹了組織系統觀的想法，並試圖解釋系統思想，也談到系統思想對品質的意義。在接下來的章節中，將探討系統思想發展的三項不同軸線。組織控制學萌發於較剛性而以對策為導向的方法，柔性系統則反映較為手段取向的方法。關鍵系統思想則以系統化的探究程序集這兩者之大成。

學習要點　組織系統觀

重要定義

・整體研究組織及其互動關係，而不只是個別部分的拼湊

重要理念

・「系統」展現出個別的單一部份所沒有的特徵，並具有不屬於個別部分的「綜效」特性

對品質的意義

・將重點由個別部分轉往接納各部分間的互動關係，認清內部顧客

鏈創造了組織，以及必須將品質視爲一項系統的綜效特性，不僅是產出的一項技術上的衡量而已

問題

你認爲大學的「綜效特性」爲何？爲什麼？

第十五章

組織控制學

「我不是在抱怨，但真的是那樣。」
　　　　Eeyore 在「維尼熊」－劇中的口白，A. A. Milne

前言

　　組織控制學在 1940 年代間興起，而成為系統化思想革新運動中的一份子。Norbert Weiner 是當代組織控制學的創始推手，他的研究主要在於機械系統方面。其研究內容隨後由其他人在現代機器人領域中發揚光大。

　　Stafford Beer 在組織研究中領導了組織控制學將近四十年的發展，而創造出今日我們所稱的「管理」或「組織」控制學支派。這個學說從 1950 年代開始延伸，並借重 Beer 與其他人之力（其中也包括本書作者），持續不斷地發展。Beer 將組織控制學定義為「高效能組織的科學」—某個可能因高品質產生的結果。

　　本章將討論組織控制學，以及它在組織中與品質提升之間的關係。在此將組織設想為社會，由人們所構成，並如同先前章節所談的，組織是人們的行為、其互動關係、以及連結與支援這兩者之科技下的產物。

　　發展組織控制學原則的初期研究中，牽涉到各色各樣的領域，如自動化、電子計算、雷達之類，並立基於過去如 Watt 蒸汽引擎調速機等發明。蒸汽引擎調速機曾被用來例示 Jackson（1991）所謂的「管理控制論」。

　　組織控制學的建立與想法苗生於基礎研究，但「與象徵管理控制論的機械論與有機論思想頗不相干。」（Jackson，1991：103）Jackson 根據 Stafford Beer 的研究與這一領域中其他研究的兩點差異而指出這項區別。首先，在《企業之心》（The Heart of Enterprise）一書中，Beer（1979）根據控制論的第一條原則建立了一個適用於「任何組織」的模型。其次，他十分重視觀察者角色的出現對於受觀察情境造成的影響。若接納 Stafford Beer 的洞見，便可望在無須依賴受觀察組織與其他自然現象之類比的情形下，利用控制論原則—儘管類比在幫助我們整理某情境的思路時，的確是一種有效的方式。可以認清的是，受研究之組織的存在與行為，在某程度上，是觀察者之知覺的函數。

　　而控制學的角色便是想幫助經理人（定義為任何能合法地試圖命令與控制組織的人）瞭解：

- 組織如何成功（或不能成功）
- 為什麼組織如此運作
- 可以對組織採用何種對眼前目標有益的方式，以影響其結果。

　　這是因為「控制論所處理的並非事物，而是行動的方式。」（Ashby,1956）

15.1　控制學系統

　　控制論的真實面，並不因它們由其他科學分支所衍生而受限。
　　　　　　　　　　　　　　　　　　　　　　　（Ashby,1956：1）

　　這一小節所討論的，是適用控制論之系統的重要特徵。儘管正如以上引用 Ross Ashby 所言，有許多原則皆衍生自「其他科學分支」。由於將觀測者的角色納入考量，於是他們在本質上反映出哪

些受觀測之自然系統的控制論作業。控制論的原則可以從大自然界的運作中觀察到（Gell-Mann，Gleick，Lovelock，Hawking，Penrose），「且無論受統管的系統之本質爲何，皆涉及統管控制程序的共通法則。」（Jackson：1991：92），其中自然包括品質系統。

　　Beer（1959）認爲，爲了成爲一個值得應用控制論方法的目標，組織必須能表現出以下三項特徵（請見表 15.1）：

表 15.1　控制論系統的特徵：Stafford Beer

特徵一：極端複雜

特徵二：某程度的自律性

特徵三：行為隨機性

　　Beer（1959：12）標明是「格外複雜」的組織，指繁複地無法以一套精確而詳細的形式加以描述。爲了解釋這一點，從 Beer 的角度而言，汽車的配線便是「複雜但可描述」，其設計與連結可以（事實上也是）加以記錄。另一個極端複雜組織的例子，則或許是聚會中兩人的互動關係。這種交流儘管在表面上易於觀察記錄，但事實上卻無以言喻。語彙的個別解讀、聲調抑揚、眼神交會的程度、以及所使用的肢體語言等，在在都是交流的一部份。

　　自律性描述的是組織「管理」自身以邁向其目標而不受環境干擾的能力，舉例而言，就像人體或動物維持體溫一樣。儘管體溫控制的原則由大腦產生，但溫度控制系統自主運作，無須由大腦發出任何行動方針或加以管理。

　　所謂隨機性，則指組織組成要素之行動至少有部分的偶發性。回到剛才汽車配線的例子上，它不僅「複雜但可描述」，同時也是「具有宿命決定性」。它的行動將可由任一預設的系統輸入而預先得知，譬如說，啓動開關便會產生精確且可預測的後果。而兩人之

間碰面的後果則是「隨機性」。這是因為儘管可以預知討論事項，並猜測「最有可能」的後果，但會談時的種種變數，如心情、姿勢與雙方經驗等，都個別或共同地造成結果的不確定性。

15.2 控制學工具

共有三種主要的控制學工具用以應付這些極端複雜、具自律性、又富隨機性的組織（請見表 15.2）。黑箱技巧所處理的是複雜性。Schoderbek et al.（1990：94）認為複雜性是一項組織資產，若從非量化的角度來看，是四大面向互動關係下的產物—組成要素的數目、其互動關係、其特徵、及其結構化程度。

表 15.2　控制學工具

工具一　黑箱技術：處理極端複雜性
工具二　回饋：管理自律性
工具三　多樣性工程學：操縱隨機性

明顯地，這四個「決定要素」的互動關係產生了我們所見的極端複雜組織。因此就其本身而言，化約論的古典分析或是人群關係論點並無用武之地，因為這樣的方法將拆解組織，使綜效消失，使得受檢視的組織迥異於原先所指的組織。

在以最低限度介入組織內部運作之前提下，對組織研究的需求導致使用黑箱技術。這是一種增進組織作業知識的方式，且無須減少其組成要素。黑箱技術牽涉到操縱組織輸入，並記錄此動作對產出的衝擊效果，以期建立行為模式或規律。當取得對組織行為的知識或認知時，這些操縱將更具結構性。黑箱技術圖示於圖 15.3 中。

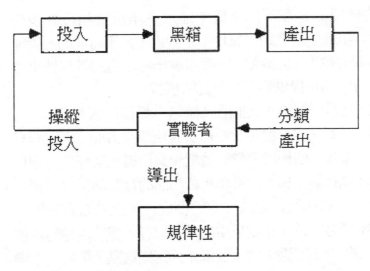

圖 15.3 黑箱技術

日常的黑箱作業

1. 駕駛人不必瞭解引擎如何運作就能開車。
2. 不必對電力學有所瞭解才能使用電腦撰書寫本書。
3. 孩子們不必認識錄影機的內部運作，就能錄下並播映他們鍾愛的節目。（許多成人都還無法搞定）。
4. 複印機與影印機。
5. 最後，父母遠在他們具有共通語言能溝通並解釋其行動前就能管教他們的孩子們。沒人會對嬰兒進行一套化約論分析，好「找出他如何運作」以便能控制他—管教就像黑盒子一樣。

我們每個人在日常生活中都對黑箱組織知之甚詳且應付裕如，而無需瞭解它們是如何運作的。事實上，黑箱技術也永遠無法顯示出轉換程序如何進行，或其效率如何。

　　組織中的經理人常在不知不覺中運用黑箱技術執行許多任務。要想將管理組織中所有的複雜性都手到擒來是不可能的。管理須藉由操控組織的輸入、記錄輸出、並推論出回應方式等作法來達成。這些回應方式則可提供爲未來行動的依據。

　　回饋是實現自律的程序，並用來描述「循環的因果程序」（Clemson，1984：22）。自律發生於組織及其環境兩方面，因而極具重要性。若未能瞭解一個極度複雜的隨機企業組織在某程度上須自律，以及將如何進行等，那麼與管理組織相關的行動結果之可預測性將會大打折扣。自律可以造成一定的穩定性，但是若有干涉產生，無論起自組織之內或來自環境中的其他組織，那麼這穩定性便會受到干擾。如果「循環因果鏈」並未充分認知這點，那麼這干涉就可能形成難以駕馭的不穩定性。最簡單的回饋形式，發生在組織中兩部分不斷彼此互相影響時，其中之一的產出結果將決定另一方的下一步行動。這種「第一級」回饋具有兩種型態。在第一種型態中是負回饋或尋求達成目標的行動，組織將會抗拒任何將它帶離目標的干擾。也就是說，組成要素之一的反應是爲了阻止另一方的改變，反之也然。第一級回饋行動的一個普通例子就是空調系統的恆溫控制，恆溫器將會開關系統以維持某特定溫度。

　　負回饋的反面便是正回饋。在這種情形下，某一方的變異將受到另一方的反應而擴大，而非消減。這些系統儘管可能變得高度不穩定，但也相當有用。絕佳的例子就是銀行中的利息帳戶。正回饋導致利息以複利增加─結果會超出控制之外。

　　第二級回饋系統則能選擇性地回應環境的諸多影響，以達成其目標。第三級系統更爲精密。它能夠自行改變目標狀態以回應回饋程序，並相對於外部環境決定內部目標，就像在第一級與第二級系統中一樣。圖 15.4 顯示出一個封閉迴路回饋系統的例子。

　　到目前爲止對回饋的描述僅止於應付簡單的情形。在組織中，回饋系統可能極爲複雜，包括爲數衆多的組成要素，以許多方式連

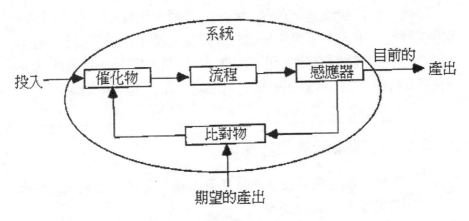

圖 15.4 一階的密閉迴路回饋系統

心理性回饋

　　假設有兩隊勢均力敵，如果其中某一隊表現較佳而略微領先，另一隊馬上受激投入更多精神而緊追在後，例如說在一個負迴圈中的兩個部門極力縮減它們之間的成績差距。然而，假設某一隊剛度過一個險惡的夜晚，而在頭十分鐘士氣大落。隨著比賽繼續進行，他們越來越絕望，而傾向於比賽得越來越糟，表現較佳的那一隊則更為放鬆，而且凡事順遂。在這種情況下，這兩隊的運作使得整個回饋迴路由負轉正，而拉大了成績差距。

（Clemson,1984：23）

結，並包含正回饋與負回饋兩方面的迴路。也可能隨時這些迴路的「總和」將以正面或負面的方式運作，而且在人群系統中（如組織），它們並不一定是實體系統。

　　Clemson 由此推論出：「系統的結構或本質與迴路屬於正向或負向無關。」

　　最後，包含回饋迴路在內的系統能夠展現出極端複雜的行為，而這些行為的重大變革可能是由內部關係的微小改變所引起。在設計有效的回饋機制上有幾個重要的原則（請見表 15.5），這些原則將在第 27 章中介紹有效能組織之實務時，做更進一步的闡述。

表 15.5　回饋系統的設計原則

原則 1.　系統中所有組成要素必須能發揮適當作用，且彼此之間必須具有充分的溝通管道。

原則 2.　在組織中，需明確歸屬行動責任（及相隨之義務）。

原則 3.　控制必須有選擇性。

原則 4.　控制必須強調必要的活動。

　　多樣性是組織複雜度的衡量法則：也就是它所能展現的可能狀態之數目；隨機性行為存在於當組織裡某些組成要素至少具有部分偶發性時。控制學一項主要的爭論便在於用以管理複雜度的機制必須吻合 Ashby 的「必要多樣性法則」，其主張為：「唯多樣性能摧毀多樣性」。這代表的是，為了有效地管理一個局面，管理階層必須統管與所欲控制之作業同等的多樣性。

　　多樣性工程學包括兩項達成這類控制的主要方法，即減少所需控制組織的多樣性（減少多樣性），或是增加管理的多樣性（擴增多樣性）。事實上，多樣性既無法絕對地減少，也無法絕對地增加，而只能透過恰當的技巧加以管理（請見表 15.6）。這一類措施必須以切合所管理之特定組織的方式進行，且應對達成目標有所貢獻。目前有許多受人廣泛運用的管理技巧，若恰當地運用，或許也可視為是多樣性工程學的工具。但這些技巧應謹慎使用，且必須充分體認其可能結果，而非如許多組織中常見的隨意使用，或政治化地運用。經理人所面臨用以減少多樣性的行動或程序，便是所謂的過濾

表 15.6　多樣性的減少與擴增技巧

多樣性管理

　　減少

結構：　授權（自治或分權），部門化或分區化
規劃：　建立目標及優先次序
作業：　編制預算、例外管理
原則/政策：行為「常規」與指示

　　擴增

結構：　團隊工作與集群
擴大：　招募/訓練專才，聘請獨立專家
資訊管理：資訊系統管理（資訊系統也可作為增幅器）

器或衰減器；用以增加管理多樣性的則稱為增幅器。

　　遞推性則是這一小節的最後一個主題。在此遞推性代表組織層級間的「組合與互動恆定性」（Beer，1981：72）。本質上，組織中的各階層都包含處於其下的所有階層，也被包含處於其上的階層之內。因而組織存在於一套已建置的系統鏈之中—如圖 15.7 所示的範例。就控制學而言，系統內的資訊流與互動之結構在各層級上都是相同的。這對瞭解各階層的結構提供不少便利，並為所研究的系統決定適切的自主性。組織中的每個階層都管理著下級的多樣性變化，同時享有掌管自身層級多樣性的某程度自由，並受到更高階層的限制。

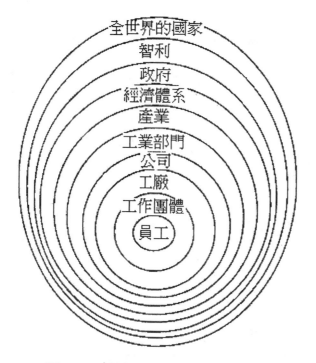

圖 15.7 系統的擴散遞推

15.3 控制論與品質

　　雖然系統取向與情境理論在管理上的進程，遠超過「古典」學派與「人群關係學派」思想的明顯限制，但它們只是分別提出一種描述組織的方法而已。它們是敘述性的模型。然而，描述某情況或問題對改善現狀、解決問題無補於事。控制學模型就像其他的模型一樣，可對組織如何運作提出描述，但透過Beer的研究，更增添了它診斷組織缺陷且提出變革處方來改善局面的能力。因而控制論透過Beer的可存活系統模型便可用於任一組織的敘述、診察、及提供處方。這個模型的應用方式將在第 27 章中完整揭露。

　　採行控制論原則對現存的組織思考與品質提升方式產生了一些挑戰。第一，控制論的組織模型有賴於恰當的資訊分配。也就是說，資訊由組織的相關最低層所掌握。資訊系統的設計應確保這一點並賦予區域性決策的機會—這可比喻爲人體的反射動作。區域性接收的資訊便可能區域性地反應，使其反應與整體組織的需求前後一貫。而各個回饋迴路中都包含著一具比測儀，意指決策能力。組織將賦予與組織凝聚力相符的自主性。因此區域營運處不至於採取違背自身角色的行動或反應，而對組織造成挑戰威脅；但也確實擁有回應直屬自身關切事項的自由。

　　這引發了第二個議題。如果資訊四處分配，那麼權力也就分散了。組織營運的一項普遍基礎在於較爲高度集中的權力（決策權）。Beer 使用「過度中央集權機能障礙」的字眼，認爲在許多組織中決策由高層掌控，而未發揮必要的實效作用，並造成與此有關的兩點問題。首先是高度的無效率與資源浪費。其次，將減少組織的適應性與彈性，而阻礙了組織回應威脅與機會的能力。在某些情況下，其結果甚至是組織的滅亡，即由於未能迅速而適當地回應威脅，可能導致「組織之死」，也就是清算、接管、破產。

　　第三個議題則直接挑戰大多數早期管理思想中牽涉到工作者能力的重要假設。Taylor（1911）爲這項想法提供了一個主要的例子，他指出「沒有一個適於生鐵處理工作的工人有能力瞭解其中所應用的科技。」這種對工作者能力的負面觀點想當然爾地指出管理階層是智慧水準遠勝工人、而且無所不知的「神聖」生物。這項觀點在 Taylor 的時代是否真確也許還值得商榷，在當代世界中的適切性更是令人高度質疑。目前明顯普遍的高教育程度，伴隨著科技推動邁向「知識產業」所創造的局面，顯然使得 Taylor 的觀點令人無法苟同。

　　這產生了一個重大的難題。組織設計時所採用的控制學原則，要求那些目前在組織中掌握權力的人必須釋權。因而許多問題的解

決對策便操縱在鮮少使用權力的人手上。這是控制論思想的一項主要批評。在高度政治化或威權性的局面下，控制論所提出的解決方案並不適用。這個方法也受人批評爲令那些心存專制意圖的人有濫用之機可乘。的確，控制論背後所隱含的概念與原則或許可以如此運用，但這樣的應用卻腐蝕了控制學家研究的原意，且在中長期之下可能將遭致失敗。總之將造成高度無效率，甚至需要高度檢查或「督察」以保全自己。

將控制論方法與其他各種品質提升方法相比，將透露出許多平行類似點。控制論要求散佈資訊，並伴以組織內決策的授權轉移，襯托出品管文獻裡以某特定製程或工作站爲主進行參與及改善的要求。而「知識工作者」的想法，更支援品管圈的理念─指工作者的確有能力爲品質績效提供重大且具建設性改善的前提假設。控制論要求將權力散佈於組織之中，並倚重握有資訊的人來做決策，而非仰仗那些組織圖上所顯示的位高權重者。這也接著反映出品質提升需要管理階層的承諾。一個認真追求優越品質的經理人會促進並鼓勵授權，肯定其必要性也樂見其成。若管理階層的行動舉止並不支持他們所公開宣揚的改善要求，那麼組織中固有的心理回饋迴路便將阻礙品質績效的提升。

品質提升本身也可視爲是一項控制論的作用。任何一項生產程序（無論產品或服務皆然）都包含著圖 15.3 所顯示的回饋系統型態。這是任何回饋系統的原型。在圖 15.8 中再一次使用了相同的模型，但這次略做修改以直指品質提升。在這個較明確的模型中，可以看出程序的投入經過修改，以反映出某些希望達成的品質提升。程序的產出經過某些方式衡量後，將結果回報至比測儀。它將會比較實際產出與預期產出的差異。預期產出本身則藉由 Kaizen 程序不斷修正。再利用結果進一步修正投入，而使實際產品逐漸接近預期產品。Kaizen 程序本身由一套更進一步的同類回饋系統所組成，

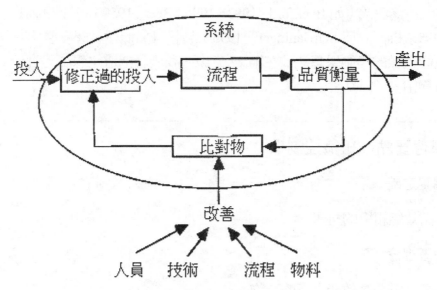

圖 15.8 密閉迴路的品質回饋系統

處理人員、科技、程序、物料等等問題。每一次這些面向上的品質
若有所提升，便必然使預期產出也因此改變。

控制學觀點認為組織是由緊密互動的回饋系統所構成。各個系
統的行動不斷受到其他系統的行動、改變、產出之影響。這種組織
概念帶給組織「生命力」—可想像成它不斷處於活躍之中—致力於
不斷自我保養與自我提升的程序，朝向更美好的未來；而並非如早
期論點所指的是一部靜態、由管理階層所推動、且處於控制之下的
機器。

摘　　　　　　要

本章對組織控制學領域以及它與品質之間的關係，做了一番扼
要的概述。

　　許多學者（如 Beckford，1993，1995；Beer，1959，1979，1981，1985；Espejo 與 Schwaninger，1993）皆投身於此並試圖發展出有效能組織的控制學想法。在第 27 章中，我們將把這些想法落實於實務中。

學習要點　組織控制學

關鍵定義

• 高效能組織的科學

重要理念

• 高品質是高效能之下的產物
• 組織是極端複雜，並展現出自律性，且富有隨機性

控制學工具

• 黑箱技術
• 回饋
• 多樣性工程學
• 遞推性

控制學與品質

• 是一個敘述性、診斷性、及處方性的模型
• 為主流品質思想提供平行論點
• 知識工作者支持品管圈方法
• 權力分散則要求經理人的承諾
• 控制學觀點支持 kaizen 程序，並使之得以實現

問題

請嘗試以控制學程序的角度描述你的班級或指導課程。

第十六章

柔性系統的思想

「不一定就是如此。」
　　　　　　　　　　　Ira Gershwin 及 Dubose Heyward, Porgy & Bess

前言

　　無論組織自動化程度如何，及其產品或服務如何受到卓越的科技工藝所保證，任何計畫方案都仍須仰賴控制與發展的人力投入。若目標在於創造優質組織，那麼人員、對此一目標的承諾便舉足輕重，無論他們是較無技術的工人，或顧問與研究機構中的高能力專家皆是如此。若他們被管理階層排除在品質提升計畫的發展與決策程序之外，那麼這目標永遠無法達成。他們也許在表面上容忍或接受這一計畫，但他們並不能產生一體感，無法認為這是他們的計畫，而加以推動前進。一項無法受到組織中各階層積極支持的品質計畫，必定失敗無疑。

16.1　柔性系統

　　組織控制學常被尚未充分瞭解其廣度與深度的人們認為是適用於「剛性問題」。泰半出現於 Peter Checkland（1981）之著作中的柔性系統思想，則提出了對人類活動系統的研究，探討那些「在真實世界中柔性的病態結構問題」。Checkland 指出，在「柔性」問

題中,「指出目標」本身就是有問題,而他的研究著重於定義出一套有助於參與者瞭解社會系統的系統方法論。

人們認為「柔性系統」的研究是以結果為導向。它關心的是系統目標的探索。它斷定在處理「如何做」的問題之前,必須先解決「做什麼」的問題。

剛性系統思想認為待解決的問題是「去選出一個能達成已知且已定義之目標的有效率方法。」(Checkland,1978)—這是一項時常針對前一章已討論過的控制學所提出的批評。柔性系統思想則假定真實情況有多重認知性,指各觀察者對真實的推想可能不盡相同。組織的存在現況與目標一般被認為是觀察者的主觀函數,而非事實的客觀陳述。與剛性方法相反的是,欲達成的目標有必要加以定義,因為只有有限的認同認定它的存在。

舉例而言,彩虹是光線透射過空氣中懸浮水珠微粒所產生的結果,但它只能由外在某特定的角度觀測;一旦靠近它,它就消逝無蹤;它不過是海市蜃樓。儘管我們不能捉住或實際操縱彩虹,我們仍能透過各種不同觀點描述它,或瞭解它如何組成,但彩虹就是不在那兒!另一個可以思考的例子是香港的九龍市。只有一個九龍,而且各方都認同它的客觀存在。然而,若由圍繞在周圍八座山峰上的地理位置衡量九龍,便會對它的客觀存在產生不同的描述。每一項描述對特定的觀測者與視野而言都是「對」的,但每一項描述都敘述了不同的真實面。

同樣地,各觀察者的認知也受到過去經驗、個人的渴望與期待之影響而有所偏差。每一位觀察者都獨一無二。這代表即使我們以不同人選由確切相同的觀點研究相同的組織,他們所強調的組織面向仍然各自不同。對不同的人來說,用同一副雙筒望遠鏡從山上遠望,所透露的風景也彼此迥異,建築家可能看到建築物;都市設計家看到道路;人類學家看到人們;而創業家則看見獲利的機會。

要接受這種十分特異的「解釋性」組織觀點，便需要一套全然不同的問題對策與組織管理方法。組織的本質與存在，及其目標，不再在既定的框架內被當成事實，它們必須透過成員的參與而取得認同。因此發展對組織或所處理問題的共識，便成了解決問題或改善程序的第一個步驟。

「柔性」這個形容詞並不是指系統本身的特徵，而是一種由系統中自稱爲問題解決者所採取的觀點之函數。它反映出他們對問題應如何解決的各種特定解釋。於是柔性系統思想家提出在解決問題的情況下，決定性因素便在於在參與者間形成共識，這種共識本身便能導致局面的改善。這是因爲共識的產生將突顯出組織中尚未符合共識的面向，因而必須加以修正使之吻合。

在第 28 章將探討兩套運用柔性系統思想的完備方法。

16.2 柔性系統的工具

在根本的層次上，柔性系統的工具或許看似控制論。也就是有效溝通可能被解釋爲透過正回饋與負回饋的迴路來運作，並比較實際成果與預期水準，進而適應或修正態度以邁向定義的目標。這些程序由此發生，但卻更廣爲運用人際間的活動與辯論。例如說，在策略性假設的浮現與測試中（Mason 與 Mitroff，1981），便有四個

表 16.1 策略性假設的浮現與測試四階段：Mason 與 Mitroff

階段一	形成團體
階段二	浮現假設
階段三	辯證爭論
階段四	綜合

階段（請見表 16.1）：

其中每一個階段都高度仰賴參與者之間進行開放有效的溝通
（說與聽）。階段一乃基於某些共通的背景而構成團體。階段二則
涉及在個別的團體中對問題發展出彼此同意的觀點。階段三以辯論
為基礎，各團體提出自身的方法並解釋隱含在其背後的假設。辯證
爭論所針對的是團體間個別爭論背後的假設，是基於邏輯辯證的爭
論。在階段四中，其意圖在於將兩種不同的觀點匯集成所有參與者
同意的一致觀感。在無法達成共識的地方，則鼓勵加進額外的資訊
並重覆操作上述程序。

我們可以看出以上的程序借重許多重要的特徵：

- 參與者對開放性辯論的認同
- 共通的語言—包括語句與語意
- 表達的自由
- 辯論技巧
- 個人表達自我的能力；免於恐懼的自由
- 在初始進行協議時便具有足夠的意見共通性，能成為可行的潛在
  結果

這些工具便是人際溝通的工具，最好透過人類心理學加以瞭解
與表達。而儘管在理論上令人敬佩，但某些以上所談的辯論特徵在
實務上卻可能難以落實。

Cathay Pacific 國泰航空

服務由心出發

國泰航空公司曾進行一項名爲「服務由心出發」（SSFTH）的計畫，以作爲航空公司內發展文化革新的方式，並著重於改進顧客服務。凡是飛航旅客都知道，服務是鑑別航空公司的主要方式，且對旅客們的選擇影響甚鉅。

國泰航空在 1995 年初期體認到：公司組織與管理風格有必要創造出能實現 SSFTH 計畫，並將之傳達給顧客的環境。於是便展開一項領導訓練計畫，其目標在於使經理人能：

- 著重於發展能支援 SSFTH 計畫的文化
- 瞭解公司對經理人的期許
- 瞭解個人與組織風格的影響與衝擊
- 瞭解個人領導力如何影響服務品質
- 體驗高績效團隊的領導
- 指出並規劃在提供更佳服務時將會面臨到的挑戰

計畫中也論及許多領導行爲：

- 分享策略與遠景
- 支持他人
- 鼓勵他人
- 授權他人
- 擔任楷模—以身作則

發展程序中的關鍵在於達成員工對決策的有效參與。例如說，在「授權他人」的課程上，便要求經理人影響他人參與規劃、發展團結合作的關係、並以尊嚴與敬重對待他人。而在「鼓勵他人」時，

計畫則提出歡慶成就、肯定貢獻、及分享成功等等。這種種都具備鼓勵的效果，並在組織內營造出社群感以及一致共享的目標。國泰航空在計畫中表現出它對組織人員之重要性的認識，並肯定其員工對公司成就的貢獻。藉由將員工們放在公司心上的方式，進而使員工也將顧客放在心上。

由於 SSFTH 計畫，公司已經歡享到可觀的成果。這些成果迅即在具有重大影響的層面上可加以衡量—也就是對飛航顧客的服務。

16.3　柔性系統與品質

傳統的品質提升方法幾乎壓倒性地著重於技術層面，對人性面相對地較未重視。它們認為品質提升必能導致進步的「剛性」方法。然而，這是只由組織所有權人與經理人的觀點來檢視品質。若高品質就代表較低成本與較高利潤，那麼在一個利潤導向的世界中，高品質確實對經理人與所有權人有益。鞏固這些方法的假設便是：「經濟人」將會在組織的期望中一一就序。

但是，如同從 1960 年代起就廣受許多學者所討論的情形一般，純以經濟激勵人性的理論，在實務上是站不住腳的。人們為許多不同的理由而工作，儘管對某些人而言，金錢是一項強烈的外在動機，但其他人可能由工作本身的內在價值獲得更多意義。而另一個觀點主張：人們工作只是因為人類是社會性的動物，基於社會與心理因素而需要同伴及工作。

如果鞏固組織之品質提升推動力的激勵動機只有經濟因素（通常如此），那麼可能的後果便包括（假設在穩定產量下）減少員工人數、改變組織中既有的工作慣例與氣候。若是經理人不能欣賞組織中其他成員的不同觀感，並由心態上調整所要達成的目標，那麼

他們在這些變革上便將遭受到程度不一的抗拒。這些抗拒起自於個人對組織及其行動的各種解讀。

　　一旦品質提升計畫遭到抗拒，這個計畫幾乎就必定無法達成所有原先宣示的目標。譴責接著又加諸「員工」身上—「因為他們沒有那麼做。」柔性系統思想家會立即指出這項挫敗應歸屬於管理階層，因為他們並未創造出足供計畫成功的環境。管理階層並未在組織內探查出不同的觀點，並加以調解。

　　這派思想也再度強調了前述章節中關於有效溝通之必要性的論點，並且重申諸位大師們所談的意見：管理階層應負起大多數的品質責任。

摘　　　要

　　本章介紹「柔性系統」的思想。由其觀點而言，組織並非客觀現實下的產物，而是由其成員加以解讀後的產品。文中介紹了在此觀點下解決組織問題的方法，且討論這個論點對品質提升的意涵。想要更進一步擴展柔性系統知識的讀者們，可參閱 Checkland（1981）、Mason 與 Mitroff（1981）、及 Checkland 與 Scholes（1991）等人的著作。

學習要點　柔性系統

關鍵定義

・對人類活動系統中的問題之研究

重要理念

- 必須透過參與而認同目標之後，研究方法才有意義

柔性系統的工具

- 參與
- 辯論
- 建立共識

柔性系統與品質

- 參與性的方法可以減少衝突，而處理品質問題不僅需要攻腦，也需攻心

問題

你在日常生活中如何運用「柔性」方法來解決問題？

第十七章

關鍵系統的思想

「凌駕在他們那些搖擺不定、歷史性
、且本質屬意識型態的限制之上。」

John C. Oliga,1988

前言

　　關鍵系統的思想興起於 1970 年代末葉及 1980 年代初期，根本
上奠基於追求三項目標：「互補性」、「社會自覺」、及「解放性」。

　　互補性承認不同情境適用於不同解決問題的方法。因而關鍵系
統思想提出應該採行最切合於某問題的方法論，但這必須在充分瞭
解並尊重此方法論的理論基礎時方能為之。

　　社會自覺則僅是一種立場的體認，瞭解到在不同組織與國家之
間具有各自相異的社會本質與文化，並且因時而異。並提出，方法
論的選擇，應由已知背景對某特定方法論的接受度來指引。若沒有
這種背景上的自覺，則任何方法都可能失敗。符合某方法論或某工
作方式所要求的條件是極為必要的。在一個十分自由的環境（如創
意型組織）下採取「剛硬僵直」的方法可能效果有限，同樣地，在
監獄或獨裁政權下採用「柔性」的方法可能也不恰當，因為這種方
法必由於該系統的權力關係而注定失敗。

　　解放性與人類福祉是關鍵系統思想的基礎，並支持人類潛能與
自由的發展，以隔絕外界加諸的限制。這面向的理論性支持出自
Habermas 的著作（引自 Flood 與 Jackson，1991），他提出構成生活

之社會文化型態的兩大根本項目為「工作」與「互動」。工作是目標導向，能改善物質專項，產生控制的「技術性興趣」。互動則是與人際間彼此瞭解之發展有關的「實踐性興趣」。更進一步且更主要的一項關切事項是，在形成社會配置方面，權力被行使的方式。在已知的組織背景下對個人或團體之權力的察覺，往往中斷討論的自由流通，並妨礙真誠辯論的可能性。

明顯地，將這三項主軸結合在一起，便可望創造出透過所有可行且理論上成立之方法解決管理問題，其中充分兼顧技術性、實務性、以及解放性等等關切。

17.1　全面系統介入

Flood 與 Jackson（1991）指出，解決管理問題與系統思想的世界分為三條主要路線：實用主義、孤立主義、及帝國主義。

其中第一項專注於實用性的解決方案—何者對經理人或顧問具有成效。其所表現出來的，是毫無恰當理論基礎且頗為空洞的對策發展程序，我們無法從中學習（因為它們只適用於某已知情境），這一類對策將造成諸如「只要有效就行」的牽強附會或濫用。也可以觀察得出，由於不具有從特殊移向一般情況的能力，於是其中並無可以傳遞給未來經理人的管理科學。

從另一方面而言，孤立主義則只提出一種方法—奠基於唯一純理性便切合於所有情況的想法—換句話說，它讓問題去配合對策，而非令對策配合問題。

「帝國主義」的危險性也受人強調。帝國主義發生於替代的方法論涵括於使用者偏愛的理論立場時。我們必須注意，正如在本書第二篇當中所見，各種不同的方法論都出於一套特定的世界觀假設。這些方法論所宣稱的結論只能在使用者肯定、尊崇、並堅守這

套假設的前提下才能達成。

更進一步地說，在第 15 章中，組織控制學的應用要求在組織中授權以達成最大利益。這樣的授權便形成了該取向部份的哲學。不可否認地，經由控制學方法所衍生對組織互動的認識，也可在「工具」或「方法」的層次上達成更高的權力集中化。在控制學的互動關係中，先天上並無關授權。然而，若以上述方式使用這項工具，便是對其根本哲學的否定—偏離原意，且對於改進組織整體效率與效能並無實效。

對這些理論著作採取行動，並將之與 Jackson 及 Keys（1984）對「系統方法論的系統」發展的著作相連結之下，Flood 與 Jackson 發展出一套解決問題的後設法（meta-method），令各種系統方法論能在它最恰當的背景下加以使用。這套方法就是所謂的「全面系統介入（Total System Intervention：TSI）」。

17.2 TSI 原則

全面系統介入（TSI）在品質提升背景下的實務將於第 26 章中討論。在本章中，我們所關心的是其原則與根本想法。TSI 有七項基礎性的原則（請見表 17.1），接著將扼要地加以省思，並反映出它們的相關性。先看第一項，今日必然存在著許多十分複雜的極大型組織，且其問題之複雜度必然超過 20 世紀初葉管理學家們的預料之外。

但那些構成世界經濟的小型組織又如何呢？世界上的企業中有可觀的部分都被劃歸爲「中小企業」（依英國 1985 年公司條例定義，其標準爲營業額低於 575 萬英鎊，員工少於 250 人）。這些多是由業主自行管理的獨立組織，且在其產業中對定價的影響力極其微小。在這種情形下，人們可能認爲少數的工具便已足夠。然而，

表 17.1　TSI 七原則：Flood 與 Jackson

1. 組織難以瞭解，無法只使用一種管理「模型」；且其問題太過複雜，而不能以「速成法」加以應付。
2. 組織的策略以及它所面臨的困境，應使用各種系統隱喻加以調查研究。
3. 這些切合於強調組織策略與組織問題的系統隱喻。可與恰當的系統方法論呼應，以指引介入方式。
4. 不同的系統隱喻及方法論可以互補使用，以處理組織中的不同面向及它們所面臨的困境。
5. 不同系統方法論間的優缺點可以辨認出來，並可連接至組織或商業的考量。
6. TSI 啟動了一套系統化的調查循環，可不斷地在三個階段中反覆操作。
7. 促進者、顧客、及其他利害關係人必須涉入 TSI 程序中的各個階段。

似乎這些組織的問題在許多面向上還比他們的大型同業更爲複雜。在經濟面上，小型企業試圖在大型組織所主導的市場中勉力求生，加上大型企業在成本與經濟資訊上都具有可觀的優勢，對小型組織來說更增挑戰性。就人員角度而言，小型組織中的熟稔度，或許可視爲人員管理與人際關係相關議題上的加分項目，員工通常是私人朋友，而不僅是薪資單上的編號而已。但就管理角度而言，又再度對小型組織不利。它們對許多經理人較不具吸引力，因爲它們無法提供與大型組織相同水準的金錢或非金錢報酬。它們不足以吸引最高水準的員工群，並往往欠缺資源以適當地教育或訓練所能吸引到的員工。

商業銀行

無關規模

在 1980 年代末期，一家大街上的大銀行回顧了它與其商業顧客間的關係經營方式─即非因純個人因素而開戶的顧客。這項回顧造成一種全新經營模式的發展：依據產業別將顧客分類，而非傳統的字母順序。可以察覺到的是，依照這種方式，銀行業者便可發展出更高度的產業別專業知識與瞭解，並接著產生更高水準的顧客服務，與較低的風險程度。

這種新的分類法本身也創造出某些難處。傳統作法上把顧客堆成一團，且將他們的問題在層級之間上上下下往返處理的方式已然不夠。如果「關係」是滿足顧客的基礎，那麼使顧客接待人員有能力處理特定顧客的主要問題與需要，便是不可或缺的。

傳統上銀行組織假設規模（特別是借款要求）、複雜度、與風險程度是呈正相關─所借金額越大，則帳戶的複雜度與風險程度便越大。但員工認為這項假設或許有缺陷，而應考慮以要求的複雜度與控管難度之分類取而代之。

相關員工們進行一項任務，將關係劃分為產業別，並同時根據他們對顧客的認識與經驗編派一個複雜度代碼（這將決定接下來管理這份關係的員工資歷）。結果顯示出許多最大額的帳戶（無論在周轉或借款要求上）都是最易於管理的─它們被員工分到「簡單」類。其要求易於理解，也較少改變，且顧客的能力也能符合銀行的需要。相反的，許多較小的帳戶卻被指認為「非常複雜」。這些小型帳戶通常具有快速變動的要求（起因於急遽的成長，或是小型組織所面臨預料之外的要求與機會），且由於員工財務能力較低，而需要銀行較高程度的支援。

　　轉往複雜度的問題，我們必須提出這不一定是組織規模的函數。複雜度可能是活躍性（互動頻率）、組成要素數目（組織內相關子系統的數目）、以及組織和其環境的改變率─這些因素在小組織中可能比大型組織更具支配性。

　　第二項原則：運用系統隱喻，是十分有用的。因爲這可使個人對所處情形產生高度的描述力，而不需大量的推敲與化約分析。由諸如「監獄」、「大腦」、「文化」等敘述詞所傳達的「意義」，因爲已有一般性的認識，通常對聆聽者較爲清晰。因此隱喻的運用提供了一套易於共享的系統化語言。就此而言，Morgan（1986）對運用隱喻有更進一步闡明的資料來源。

　　第三項原則追隨第二項而來。由某特定隱喻所產生的概念意象將呼應於某一套方法論。所指出的方法論適用於展現出「隱喻性」特徵的組織。鞏固此方法論的世界觀假設也符合組織內行動者的舉止。於是，「監獄」令人聯想到威權性的環境，利害關係人之間的互動關係相對較少─即某一族群由另一團體所支配。因應該狀況所提出的方法論便是「關鍵系統捷徑法」，我們將在第 29 章中再做介紹。

　　第四項原則探討「互補性」問題，先前已在本章的篇首中充分闡述過。

　　第五項原則具有非比尋常的重要性。它承認任何一種已知方法都有優缺點，視情況而定其優劣。這一點特別論及在前一小節中所萌生的孤立主義與帝國主義之問題。沒有一位工匠只用一項工具完成他的所有工作。他（她）會從各類可得工具中挑選出適合手頭工作的工具。管理科學家應當也是一樣。

　　第六項原則反映出當代組織的動態性本質。提出 TSI 啓動一套「系統化的調查循環」，並前後不斷反覆。這個議題在大多數的文獻中都被低估了。大部分管理思想背後的重要假設便是能夠完全解決問題。Beer（1981）則偏好認爲透過組織控制學的應用，問題便

能消解無形，而非解決。儘管這兩種立場都各有真實之處，但目前作者傾向於與其說問題已解決，不如說已能管理局面。雖然任何特定而個別的管理問題皆可能有一明確對策，但管理的整體問題卻永無止盡。系統內利益與其環境的持續變化，的確使有效管理成為一項永無休止的活動。

因而將 TSI 當成一套系統化的綜合管理模型，也許比視為一套問題對策的綜合方法論更有用。依此觀點，較易瞭解同時處理不同階段之不同問題的程序，以及可以同時採用多種隱喻來描述已知的組織情勢。

最後一項原則涉及前一小節中已提過的解放性主題。TSI 要求所有相關團體皆應徹底參與其程序。關於如何令參與在某些情境下有意義（特別是存在威權時），則仍留有辯論與思考的空間。

17.3 TSI 三階段

TSI 由三階段的工作所構成：創造力、選擇、與執行。

第一個階段，「創造力」以兩種模式發問：哪一種比喻最能允當地描述目前的狀態（「is」的模式：是如何？），以及哪一種最能恰當描述期望中的狀態（「ought」的模式：應如何？）調查中三分之一的方法用以考量哪種比喻有助於解釋所關心的難題與領域。Flood 與 Jackson 用以指出組織的聯想比喻有：「機器」、「生物」、「大腦」、「文化」、「團隊」、「聯盟」、與「監獄」等等。這份清單絕非毫無遺漏，參與者可使用任何其他的比喻；然而，重要的是，這項描述必須能呼應於一套系統方法論。鼓勵參與者設想超出 Flood 與 Jackson 所聯想的比喻，或許能刺激對局勢更具創造力的思考。在某個案例中，一家大型的香港企業集團所使用的比喻是「大象」─移動緩慢，欠缺色彩（沒有天賦）、深思熟慮但又依賴直覺而非謹

慎。這也許指出一種帶著有機體弦外之音的機械論觀點―對參與者而言，這是一種能捕捉局面本質但更爲複雜的描述。這個階段的結果，便是選擇一種具有主導性的比喻，以用來指引下一個階段中方法論的揀選。運用「伴隨」或從屬的比喻來捕捉次要的關心領域，也是合理的方式。

選擇階段則利用 Jackson 與 Keys（1984）的「系統方法論的系統」（System of system methodologies：SOSM）（請見圖 17.2），提供各方法論的選擇架構。SOSM 並提出指導方針輔助參與者下決定。SOSM 分類法將各種方法論依兩種象限分類，分別是所研究系統的複雜度，以及參與者觀點的相對多數程度。

「簡單」的系統具有少量的組成要素，低互動性、高確定性，且是高度組織化及高度規律化。相對來說較爲靜態，且封閉於環境影響之外。而「複雜」系統則具有許多組成要素，互動關係高度動態，它會展現出隨機性的行動，組織可見的程度較低，且隨著時間演進。

統一、過半數、及威權代表系統內參與者之間的關係。統一觀點代表在參與者之間具有共通的利益、價值觀、及信念，對於配合目標的終點、手段、與行動等皆有普遍認同。在過半數的情形下，參與者具有基本的共通利益，但價值觀與信念分歧。他們能對終點與手段折衷妥協，也能配合協議過的目標採取行動。在威權狀態下則毫無共通利益，價值觀與信念彼此衝突，不容妥協，且某些族群可能受到他人威迫。

TSI 的採行者必須挑選一種方法論（或多種方法論）（儘管他們的選擇或設計可能並未包含在 SOSM 中），以便能轉往下一個階段：執行。SOSM 的架構應讓使用者能夠選出一套足以反映該研究情境特徵的方法論。

	統一	過半數	威權
簡單	OR SA SE SD	SSD SAST	CSH
複雜	VSD GST ST Cont.Theory	IP SSM	?

注：

OR＝作業研究　　　　　Contingency theory＝情境理論

SA＝系統分析　　　　　SSD＝社會系統設計

SE＝系統工程　　　　　SAST＝策略性假設的浮現與測試

SD＝系統動力學　　　　IP＝互動性規劃

VSD＝系統機能診斷　　SSM＝柔性系統方法論

GST＝一般化系統理論　CSH＝關鍵系統捷徑法

ST＝社會科技系統思想　？＝尚無可用方法

圖 17.2　系統方法論的系統
資料來源：引自 Flood 與 Jackson，1991

　　執行所倚重的，在於所選擇的方法論與實際情形有緊密一貫的適用性，即符合方法論本身的理論假設，但也受到在選擇階段中所強調之次級特徵的限制。因而方法論所衍生的實際作法必須經過修正或「調適」，以確保能恰當運用。Flood 與 Jackson（1991：15-22）便提出了一個在品質提升背景下應用 TSI 的例子。

17.4　TSI 重點回顧

雖然看來複雜，但 TSI 卻十分適合用於系統方法論，使之簡化並令選擇更爲明晰易解，也促成對情勢特徵的緊密瞭解與共通語言的討論。它提供一個可用以探討組織關心之議題、以及探討何者將加以強調之「主導」議題的架構。

儘管 SOSM 在方法上或許看似近乎化約論，但這是表面上的看法。Flood 與 Jackson 在他們本身的書評中也承認這一點，並指出這個架構是一種「理想型態」的提案。在任何既定情況下，實務者必須在方法論的選擇上執行專業判斷，並承認在大部分的情況下，比起通常顧客所尋求與 SOSM 所明顯建議的「黑白二分法」之間，通常有大幅的「灰色地帶」。這個領域需要使用者精密的知識及瞭解（並可能成爲某些 TSI 程序不盡完全發揮的原因。）

從使用角度而言，TSI 對使用者平添不少價值，如果他們預作準備，能應付嚴謹運用技術時所可能帶來的不確定性與複雜性。但對於那些認爲所有組織問題都是簡單蠅頭小事之人，便不具任何價值。因爲他們在探討問題之初，就已然決定了問題所在以及如何解決的對策。

儘管 TSI 的理論基礎看來頗爲完整，但它卻有兩項主要的限制。這套方法在應用上如此複雜，以致於對某些未具備恰當背景的經理人而言，可能十分困難。其次，爲使其利益達到最大，則必須要專家促進輔導。限制中的第一項可能導致管理階層迴避這套方法，而偏好其他較簡單且直觀的方式。第二項限制則將整套模型置於權力濫用的可能性之中，如同其他受此非難的模型一般。在這樣的背景下，主導者權力強大，可能岔開模型圖謀自己的目標。

17.5 關鍵系統思想與品質

關鍵系統思想與品質運動息息相關（也與反映出這派思想的本書內容十分相關）。簡單地說，關鍵系統思想駁回了解決任何問題都只有「唯一最佳解」的想法（不論是否屬於品質問題），取而代之的是提出：在一個能夠反映出鞏固該方法論之假設的組織環境下，任何方法論皆有其潛在的利用價值，並應尊重人們的自由與福祉。

在品管的背景下，這代表著沒有任何一位品管大師是絕對正確，而其他人絕對錯誤的—他們都對了，也都錯了。同樣地，在本書這一篇中所介紹的種種思想主軸也都兼具同等的正確與謬誤，端視它欲圖運用的情境而定。

於是，在某個情境下，Deming 所擁護的計量方法也許最為恰當，但在另一個情形下，Ishikawa 所偏好的參與法也許更具利用價值。同樣地，在一個高水準的組織中，這兩項方法也許都被駁回，而支持在品質提升程序中擁護整體系統利益的系統化方法。

此刻正適合冒著冒犯某些讀者的風險提出警語。不僅是品質提升方法與思考方式在不同背景下各具不同價值，這些差異也適用於我們所選用的言詞以及我們所企圖應用的觀念。因而這些諸如選擇之自由、參與、解放性等觀念也在不同環境下各具有不同的意義與價值。基本上這些想法是西方思想的產物，主要反映出哲學家們在經濟與社會輿論都較為複雜的社會中所重視之事物。它們旨在增進某些社會地區的利益，而認為這些地區已有能力執行相當多的政治與經濟選擇，並且（即便歷史較短）已習於做出這些選擇。這些地區通常被人認為具備高度的心智成熟度。

其他在不同機會、需求、及限制下運作的社會，也許心智成熟度較低，因而儘管在成熟社會中，參與的想法或許完全適合於於程

序設計及改善程序，但在其他某些環境下，其社會成員或許全然不熟悉工作的概念，因此他們可能需要根本不同（但並非專斷的）的管理方式，可能更著重於經理人如同父母親般的角色。這種差異性不僅見於新興國家或開發中國家，也出現在西方經濟體某些長年苦於高失業率的地區中，例如說大多數西方經濟體中從事鋼鐵、採煤、造船等地區。在這些區域中，有多數的人對工作的概念全然陌生，因為工作對他們而言是不可及的事，在某些情況下甚至超過兩代以上。這種情形多少可視為員工與雇主未能採納使組織生存之管理思想與實務下的結果。關鍵系統思想能使有頭腦的經理人認清並反映其工作環境中的種種面向，進而挑選適當的品質提升方法。

17.6　透過 TSI 執行全面品質管理（TQM）

　　1993 年，Flood 著手進行一項工作，透過關鍵系統的想法探討全面品質管理，期能建立一套 TQM 理論與實務的完整平台。他的發現則濃縮在名為《超越 TQM》（Beyond TQM（1993））的書中。

　　他將品質定義為：「用最低的成本，在第一次以及每一次，都滿足顧客（協議過的）要求，無論正式或非正式的要求。」Flood由此定義衍生出十項原則（請見表 17.3）。這些原則在某程度上是本書第二篇中所探討各大師學說的精粹與綜合。

　　第一項原則提出要有協議過的要求，意味著對組織內部與外部環境的顧客之間進行高度溝通的必要性。「協議過」的要求表示溝通應著重於討論，而非強加論述—必須是雙向的探查與資訊傳達，並非發號施令。為能達成實效，必須有瞭解與自願性的共識。

　　第二項「第一次，每一次」的原則，反映出 Crosby 對零缺陷的要求。這明確指出若未能滿足顧客的要求，則毫無利益，且品質

表 17.3　TQM 十項原則　:　Robert Flood

1. 對內部或外部顧客而言，都必須有協議過的要求。
2. 必須在第一次就滿足顧客的要求，且每一次都必須如此。
3. 品質提升將減少浪費，並降低總成本。
4. 必須強調問題的預防，而非接受滅火式的應付方式。
5. 品質提升必須出自規劃後的管理行動。
6. 每一項工作都必須增加其價值。
7. 人人皆須涉入，無論階級，無論部門。
8. 必須著重測量，以幫助評估，及達成要求與目標。
9. 必須建立一種持續進步的文化（持續包括飛躍戲劇性與穩定的改善）。
10. 應強調提升創造力。

提升是一項持續的工作。第三項原則相信品質提升將減少浪費並降低總成本。請注意 Flood 所用的字眼，「將」（will），而非「可能」、「可以」、「或許」、或是「應該」。這是一項深具重要性的理念，因為許多品質提升計畫，至少在最初時所產生的問題對策，看似具有完全相反的效果，而在學習並由內建立新技術或新程序的短期內，增加了成本與浪費。通常並未全心承諾的經理人會由於這些短期的負面效果而退縮，因此無法達成任何預期效果。

　　第四項原則「著重預防」，再一次反映出主流大師們的思想，且也是品質提升的基礎。若想堅守前一項原則，那麼明顯地，品質提升的程序便應從預防錯誤開始著手，因為一旦有錯誤發生，就隨之發生矯正、重製、售後支援等額外成本。正如 Crosby 所言，「第一次就作對總是比較便宜」。這巧妙地呼應了第五項原則：「經規劃後的管理行動」。

　　在種種行動中，規劃都是成功的根本。規劃意味著意圖，這進而代表對某些事件的承諾。在處理某些組織性的營運危機（常是成本危機）時，管理階層們通常太急於試著「透過一套速成的 TQM 計畫一擊中的」。這是肯定失敗的，因為其焦點完全錯誤。主標題可能是「品質」，但副標題卻是「省錢」，並且由於後者較易理解且易於衡量，便成為活動的焦點。也許真能省下一些錢，但幾乎確定的是無法更為提高品質。對品質提升的承諾是長期性的承諾，而規劃則是致勝的關鍵。

品質執行計畫的失敗

　　1996 年末期及 1997 年初期，某家食品製造商在其整體品質提升計畫的背景下，決定調查某個現有食品工廠的低劣績效。這家工廠已經興建了數十年之久，但從未達成預期的產能與利潤水準。

　　這項調查由總公司所特派的一組團隊所進行，他們著手徹查工廠中的所有活動。其結果廣泛地顯示設備與人力運用低劣、維修不足、紀錄鬆散（生產、品質、廢棄物、與產額等）、且某些員工濫用值班系統。這些調查發現隨同一份完整且規劃詳細的績效提升計畫，上呈給地區主管。

　　主管要求「立即速成」的改善—著重於簡單的營運事務要求注意事項—以減少當年度的預算赤字。但總公司小組主張採行一套系統性的程序與根本措施大翻修，以達成持久的改善。

　　雙方並未達成共識，最後總公司小組受到阻止。其爭論由最低主管循呈報線報告雙方的主管。截至本書寫作時，此爭論仍未解決，原本的績效問題也並未受到處理。

　　在這個程序中，有幾項明顯的錯誤：

‧問題解決小組乃是強加於工廠之上，並非受邀而去。

- 將工廠成員排除在外的程序,產生了一種「他們與我們」的局面。
- 在「顧客」(工廠主管)與「供應商」(總公司小組)間並未發展出「協議過的要求」。
- 並未採取任何教育性措施,也就是說,沒有任何一方進行知識分享。
- 並非人人參與。
- 倡導者允許自己受「派別戰爭」的動搖,而未能專注於所面對的特定問題。

第六項原則:「任何工作皆必須增加其價值」,這某程度地指出以工作與任務為特徵的組織性程序或許並未增加價值,包括不必要、或受到妨礙。值得注意的一項有趣論點是在此的「每一項工作」並不只適用於生產性工作,而是指組織中的每一項工作─由董事會以下皆然。這一點再度呼應了第七項原則:人人涉入,無論階層,無論部門。這一點將品質提升的責任帶離品質保證部門或檢查部門,而將它堅定地交託於實際負責工作者的手上。

第八項原則─強調衡量─並非要求全然倚賴純計量性方法,而是承認若不具某種衡量形式,便喪失了績效評估的比較基礎。

第九項與第十項原則:要求持續改善,以及提升創造力,這兩者可以合論。前者仰賴於後者。Flood 特別在第九項原則中指出持續進步應包含「戲劇性飛躍與穩定的進步」。在這個情況下,我們可以對字眼選用提出爭議,並指出「連續性的」(continual)意味著這些「戲劇性飛躍」是較動態性的參考架構,而「連綿不斷的」(continuous)則代表循序漸進的行為。圖 17.4 試圖強調連續性改善與連綿不斷進步兩者之間的認知差異。

因此 Flood 認為高品質是組織與其顧客之間有效溝通之下所發揮的作用。這種溝通釐清了期望,並借重組織內所有人的同心協力以滿足這些期望。並必須透過有意義的衡量與具創意的方法,而達

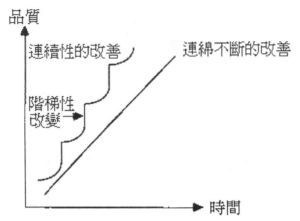

圖 17.4 連續性與連綿不斷的改善

到連續性的進步。

17.7　假設

現在我們將探討 Flood 在品質管理背景下的假設。

首先可以看出，Flood 假設在組織方面具有與顧客溝通及協商的意願。這指出他肯定顧客與供應商之間的權力平等性。在實務上，這類權力平等性少之又少，因為某一方或另一方通常認為是關係中的主導角色。一旦權力不平等，也就是說，當某一方仰賴另一方以求得永續生存或是財務利益時，便不太可能維持品質協商的平等性。舉例而言，零件或次級裝配製造商倚賴單一製造商的訂單作為主要生意來源。也就表示買方可以指揮品質標準及價格等。類似的情形也見於食品產業中，主要的超市集團對其供應商所行使的權力甚大。而銀行業近年來與其顧客的關係也呈現出相似的特徵。

其次，Flood 的方法假設在組織內具有將權力分散於成員之間的意願—因為這乃是「人人涉入，無分階級，無論部門」的明確意

涵。再一次地，由於許多員工所掌握的權力較低，且他們在許多背景下易受失業威脅，而使得經理人更可能專權獨斷，對事頤指氣使。這並無法造成（如 Flood 所要求的）全心承諾與協力合作，但的確更精確地反映出許多當代組織中的權力關係結構。這一點假設也隱含於第九項原則中─建立持續進步的文化。再度重申組織內實際權力的分享。

Flood 的第三項假設：「第一次就作對，且每一次都如此」是可以達成的。儘管在製造業背景下，這不是一項不合理的期望，但在服務業與公共部門中卻可能極度困難。任何交易的技術層面當然並不比實體貨物的技術面難上多少。但服務業與公共部門的難處永遠存在於顧客與組織的交接面上。儘管任何特定交易的技術面都是固定的，但每次交易卻都獨一無二，因為它必須端視顧客與員工成員在特定時點下的心情與期望而定。因而在任何已知交易中皆有三項變數遠超過組織的控制範圍。於是在期望與實際傳達間，偶發性的不協調是無可避免的。

Flood 最後一項有別於其他人的假設，在於他全心擁抱系統取向。這一點見諸他對外部與內部顧客的認知中，以及選擇「每一項」（every）的字眼用於滿足期望、工作加值、及各階層部門涉入等層面上。雖然他並未明確地要求，但他在這一點上也並未將顧客的參與排除在外。

整體而論，Flood 的原則倚賴著一個人們行為舉止宛若同伴的系統世界。權力分散於握有資訊能行使決策的人手上，且以通力合作取代競爭成為致勝的基本方針。這是一個迥異於許多人每天所體驗的世界。

Flood 取向的其他面向將在稍後的章節中再做檢視，特別是透過 TSI 執行 TQM 的實務將在第 26 章中加以考量。本章已簡單地勾勒了他所提出的整體程序。

17.8 成與敗

也許現在對這個方法的成敗下適當的定論尚嫌太早，因為它不同於在第二篇中回顧過的其他方法，尚未有延伸性的發展與實證研究。但試圖對這項學說作一些初步的評估仍是合理的。 其可能的優點有：

- 企圖真正地全盤化
- 有條有理、井然有序、且反覆不休
- 它採納了大多數現有方法的價值，並克服了某些先前所指出的弱點
- 它扎根於對管理與組織理論的高度判斷鑑賞之上

　　而認知到的缺點則包括下列幾項：

- TSI 的理論與實務尚未公認為主流管理理論中的一部份
- 許多實業家認為 TSI 本身太過複雜
- 在文獻上缺乏廣泛報導的個案研究
- 重要的經驗發展主要由 Flood 本人著手進行
- 與其他已介紹過的方法相同，這個方法在真正的威權背景下價值有限

　　先看看其優勢。真正的全盤論根源於 TSI 之綜合方法論、具互補性的架構，這鞏固其方法，且試著避開對其他方法之孤立主義、實用主義、帝國主義等等批評。而其有條有理、井然有序又反覆不休的程序，提供了一個反映出 Deming 或 Shewhart 學習循環的啟發性面向。對現有方法的接納表示認清它們所具備的優點，並且以一

套更為寬廣的概念架構來支持它們，而增加其潛在利用價值。最後，對管理與組織理論的鑑賞判斷，指出品質只是組織效能中的一個面向，並開放品質管理的門戶，試圖從整體知識輸入其他參考架構的想法。

在考量其弱點時，在主流理論家之中缺乏對 TSI 的接受度這一點，並不一定是方法論本身的過錯，而是人們受教育、工作之不同典範，以及世界本身複雜性的結果。不幸的是，現代的問題總難以透過簡單的技術加以應付。可主張的是，也許事實上許多問題解決方法的失敗，便肇因於它們的簡易性不足以應付企圖面對的問題。

至於個案研究與實證發展的付之闕如，則是時間的因素。當其他許多研究從 1950 年代或更早便處於發展時，Flood 的研究在 1990 年代初期才公諸於世。

最後一項弱點—在威權背景下的價值有限—這在所有回顧過的品質方法論中都十分常見（其他問題解決方法也是如此）。這是一項尚無現存方法足以應付的弱點。對許多實務的意圖而言，這可能被視為較不重要。權力關係在大多數組織中都受到某種程度的扭曲，不過許多情形下也有實際的界限。若組織變得過於高壓，人們就會求去，於是當權者的權力便受限制。在許多情形下，員工的確有其選擇。

在完全已開發國家與開發中國家皆有相當程度的實際壓迫情形存在，其員工們並無實質選擇可言。這種情形可能發生在歷經高失業率的社群或是單一強勢雇主的地區。在這些局面下，則必須期待對組織生存與高品質的追求最後能迫使掌權者接受較不具支配性的立場，並藉著體認到品質提升不可缺少員工的配合，而產生與員工通力合作的意願。

17.9　重點回顧

　　總而言之，Flood 對組織、問題解決等方面都堅守著互補取向的概念，而為品質提升的理想開展了一條全盤性的康莊大道。他不排除任何理論上可行的想法，只要求人們必須在充分瞭解其原則及背後所隱含之世界觀的情況下方能採用。

　　他的方法也涵攝了各家品管思想軸線的主要綱領，因而確實保留住參與法的運用、適當評量的價值、各類工具的使用，以及因深層瞭解而產生的一貫性。整體而言，其方法提供了對「品質問題」更進一步的認識。

　　這套方法的概括性似乎能直接切入製造業與服務業，儘管在對付組織行為中某些極為柔性的層面時，可能會如同其他主要方法一般，遭遇許多不足之處。舉例而言，針對特定的交易可以指出應使用的言詞─這通常是可以實現的。所無法指出的，是吐語發言間的誠懇度，更無法確定顧客對各種語調的回應。傳達給顧客的誠懇之重要性或許遠超過於文字的嚴謹格式規定。唯有在員工衷心相信自己的言語時，才能散發出誠懇感。目前仍無任何現有的方法能保證這樣的信念，但正如我們稍後將會看到的，的確有方法（第 28、29 章）使其得以實現。

　　在更多實業家使用 Flood 的方法，產生更進一步的報導與經驗之前，其結論必然是它看似具有促進品質提升計畫的潛力。這一點，還有待證實。

摘　　　　要

　　本章介紹關鍵系統的思想，並在品質管理的背景下介紹全面系統介入（TSI）方法的使用。有心進一步探討的讀者們可參閱 Jackson（1991）、Flood 與 Jackson（1991），以及 Flood（1993）等人的著作，以增進瞭解。

學習要點　關鍵系統的思想

關鍵系統思想之三大目標

- 互補性
- 社會自覺
- 解放性

重要理念

- 管理問題的解決途徑可區分爲：實用主義、孤立主義、帝國主義

全面系統介入（關鍵系統捷徑法（CST）的綜合方法論）之七項原則

- 複雜局面需要精細的方法
- 隱喻因能輔助思考而增添其價值
- 隱喻需呼應問題解決方法
- 各方法皆有其優缺點
- 不同的方法能以互補方式加以運用
- 解決問題必須系統化且反覆操作
- 行動人員的參與與承諾不可或缺

CST 與品質

- 駁回「唯一最佳解」的想法
- 所有大師以及方法都既對且錯
- 注意到應施加一套替代性的價值觀
- 鼓勵反省與選擇

問題

在試圖採用「TSI」方法進行品質管理時，可能遭遇到哪些困難？

第十八章

企業程序再造

「想法適用於一時—而非永恆。」

Robert Townsend,《組織升級》(Further up the Organisation)

前言

企業程序再造(BPR)在 1980 年代與 1990 年代初期之間,在美國興起,而成為一項正式的企業實務。本質上是一種實用取向,源自於對某些公司再度自我創新的觀察與評估。也許最實際的方式是將其視為一種著重於加強競爭優勢的企業策略,而非扎根於理論基礎的管理問題解決法。Michael Hammer 與 James Champy(1993)將這套以系統著稱的取向加以定型化、具體化,並利用許多現成的問題解決方法與技術。

18.1 何謂企業程序再造(BPR)?

企業程序再造(BPR)挑戰了許多鞏固組織在過去兩百年來之經營方式的假設。首先,它駁斥化約論的想法—將組織分割裂解成最簡單的工作任務—而偏好系統化的認知:彼此相關的活動為一共同目標而流動。其次,它鼓勵組織利用科技上的驚人發展,尤其是近十年內的成就。以資訊科技(IT)作為組織重新激進設計的觸媒角色也受到重視—但必須強調使用 IT 技術並非 BPR 的重點。第

三，BPR 使組織能因受高度教育的員工而受益。在 BPR 程序中，員工被視為是 McGregor「Y 理論」中有能力的個體，而非懶惰又無競爭力的「X 理論」之機器零件。

BPR 採納許多近期所崛起的管理思想，特別是關於人力資源方面。諸如賦權等想法，對 BPR 導向的公司是十分根本的。

18.2　不連貫性、混沌、與複雜

BPR 程序的中心在於一個關鍵想法—即「非連續性思想」，這是一項出自 Hammer 與 Champy 的概念，但稍早時曾在 Handy（1990）《非理性年代》（The Age of Unreason）的書中受到矚目。非連續性思想（Discontious thinking）與「不連貫性」（Discontinuty）概念必須加以解釋。

西方世界所倚重的連續性思想，泰半由科學思考衍生而來。那是一種將發展想成循序漸進，也就是不中斷、持續流動的取向。這種方式一直運作地極為順利，且在某些領域中保持龐大的價值。它反映在世界各地許多公司所成功採行的持續改善（kaizen）品質提升方法上。然而，如今所見的是，這個方法已不足以解決糾纏組織的種種問題。讀者們可以回憶一下在第三章中所引用的 Handy 觀點。

對非連續性轉變的訴求，也許可以看做是管理大師與顧問們尋求推銷「新」產品的「特殊申辯」—可能只是另一種型態的組織蛇油（譯註：郎中假藥），正在尋找適用問題的對策，畢竟它的確代表著重要專案與高額費用的機會！這雖然是極為憤世嫉俗的觀感，不過忽略了這個領域中源於「硬科學」的重大理論奧援，尤其是生物學與量子物理學。Hammer、Champy 及其他此領域中並未倚靠這些來源的學者們，並不會因此否定其研究的價值，只是反映不

同的背景與知識基礎罷了。但若說他們的研究工作藉著這些想法的明白表示與運用而大大地前進也不為過。正如 Flood 與 Jackson 所言，管理大師們的研究若沒有科學奧援，那麼他們除了經驗以外便無一物可憑靠，且除了故事以外也毫無一物可傳諸後代。

以數學驗證的組織控制學（組織上的應用已在第 15 章討論過）關切的是動態系統之控制─即指正處於改變或演進中的系統。這一類科學（以現代的解釋而言）從 1940 年代便開始演進至今。它要求組織轉變為不連續的營運方式，接納一種嶄新的管理與決策模式，並以幾乎前所未聞的方式分散權力。這些研究的早期發展牽涉到數學家、生物學家、物理學家與工程師。正如之前所示，這個想法透過 Stafford Beer 的著作，而達成它充分發展且最具實用性的型態。

近年來，這類研究在物理學家、生物學家、及其他人手上的發展，已然證實了（根據科學方法）不連貫性或許是自然現象。大災變理論（數學分支之一）被引用為「蝴蝶效應」的原始驗證，即在地球上某處一隻蝴蝶的振翅，可能導致另一處的大雷雨─在一個動態系統中相對微小的騷動與不安下所可能產生的重大結果。

複雜理論（Waltrop，1992）已顯示出動態系統的平衡狀態如何自明顯隨機且混亂的行動之中產生，以及如何研究難以形容的複雜系統，並瞭解其行為。這些系統可能再一次受到微小的擾動而干擾其穩定狀態，經過一段期間的不連續變化，而復歸於一個新的穩定點。對複雜的研究指出，行為模式浮現於第一眼看似隨機擺盪的系統中。

混沌理論（Gleick，1997）─是一項某些人主張其與複雜理論並無重大不同的學說，它顯示系統如何明顯混沌混亂地演變，然而在更仔細的檢查下，可以發現，在相空間（phase space）中對著某個代表點的運動有其秩序。通常系統的運動幾乎以一種圍繞著定點的螺旋形軌道重複著。或許從未有兩次一模一樣的軌道，但軌道的

支點（旋轉中心點）是恆定不變的。再一次地，微小的擾動會導致重大的衝擊效應。

這些發展反映出許多系統論與控制論典型的早期思想，並由於現代設備將這類系統模擬在電腦上，使我們得以首度圖像化地觀察其結果，而更增其可信度。早期的研究並沒有這項優點，需仰賴讀者的數學知識來證明。

擷取這種不連貫性與連貫性同等（若非更為）自然的觀念，儘管打擊了許多人，但最終必定是令人安心的一因為生活中便遭遇許多的不連貫性。管理階層的任務在於操縱並控制這一類不連貫性，確保引向組織的生存。不連貫性的最終替代方案便是所謂的死亡，或從組織的情況而言，即為清算與破產。不連貫性必然起自於組織系統內，但其後果卻繫於管理階層的選擇。

18.3 何者推動 BPR?

Hammer 與 Champy（1993：1）提出，不採取 BPR 的第二途徑便是「美國集團關門大吉，並退出商業世界。」這一項關於組織行為的意見已存之有年。當面臨著本土日益高漲的成本與外國競爭時，實質上已選擇工作外流而非輸出貨物，這一點已在本書的第一章中充分探討過。當初驅使品質改革之不得不然的相同條件，也應該推動了 BPR 的誕生。

因而 BPR 的關鍵驅動因素便是成熟國家經濟生存的必要性壓力。雖然 Hammer 與 Champy 研究的重點在美國，但他們的主張對英國、歐洲、與某些亞洲經濟體也同等適用。其訊息在於終止工作外流，並開始再次創新我們執行工作的方式，以便能因應其他地方的低生產成本。

在這個階段中必須承認的是，這種壓力不僅針對製造業，對服務業與公共部門也是如此。受到資訊科技能力與運用爆炸性發展的輔助，「資訊處理」型態任務的輸出正使工作外流。

公共部門與商業部門對 BPR 的抗拒與應用上的阻礙，起自同一個源頭。其焦點都傾向於短期面，且是政府財務系統與商業聘用契約下的產物。只要目前還有利潤（或還有足夠的預算），就沒必要採取任何行動。即便當權者能體認到此一必要性，他們仍常缺乏採取行動的意願與承諾，因為在他們任期中並無法感受到結果。

18.4 何謂 BPR?

Hammer 與 Champy（1993）將 BPR 定義為：

對企業程序進行根本上的重新思考與激烈的重新設計，以在關鍵的績效評量項目上（如成本、品質、服務、速度）達成戲劇性的進步。

他們批評大多數現有的組織往往在成長中伴隨、並堅守著目前較無效率也通常較無效能的過時傳統工作方式，這些方法常以許多步驟、檢查、結算等錯綜複雜的方式處理各種活動。這些方法在許多情形下，由於生產與資訊科技的發展、教育的普遍傳播、以及我們當前對員工需求與能力的體認等，而發生多餘之處。再加上我們對世界系統本質的瞭解，以及那些發展出來讓我們更能勝任組織管理的精密方法與工具等皆呈指數性成長。以下我們將檢視定義中的關鍵字（請見表 18.1）。

表 18.1　企業程序再造關鍵字：Hammer 與 Champy

1. 根本上
2. 激烈的
3. 戲劇性的
4. 程序
5. 績效

　　第一個關鍵字：「根本上」，明確地要求組織從最基本的層次檢驗自己。Hammer 與 Champy 提出問題：「為什麼我們要作我們正在做的事？」也許我們應更進一步，並自問：「我們在做什麼？」第二個問題要求參與者著重於他們對組織所認知到的目標—即重新定義組織目標，若無這層功夫，那麼再激烈的改善也可能實際上變得既平庸又瑣碎。儘管行動再有效率，若指向錯誤目標也是枉然。

　　對 Hammer 與 Champy 而言，第二個關鍵字「激烈的」，代表著「並非只做膚淺的改變，或是無意義地瞎攪和已然就緒的事物，而是丟棄舊習」。在互動式規劃的嚴謹程序中，Ackoff 提出「理想化的重新設計」的階段程序。Ackoff 問了一個相當簡單的問題，「如果今天讓你設計一個組織，它看起來會是什麼樣子？」意味著「並非」從現有的程序與步驟動手，而是在一張乾淨的白紙上從零開始設計一個組織。實際上這十分類似於零基預算，因為它強迫對組織中的各項活動作根本性的重新估量。

　　第三個關鍵字「戲劇性的」，意指 BPR 並不打算只達成一般 5 到 10%的績效邊際改善或逐步提升。對於只有這種問題規模（如果確定如此的話）的公司而言，BPR 程序可能威力太過強大了。相反的，其焦點著重於想要、且有必要達到更大幅度績效改善的公司。個人經驗顯示，透過具有實質成效的 BPR 行動，可達成 35%到 50%的進步。在某些程序中更宣稱超過 70%。每家公司皆應對自身的

程序進行研究，以確定可有何種進步程度。只是處於顛峰或接近完美，看似可以滿足 Hammer 與 Champy，卻是不夠的。如果你已居於顛峰，但另一家組織發現一種更好的方式，那麼你就面臨再造的挑戰。在眾人之前且尚能獲利的時候進行這項活動，遠比等到追隨於後試圖迎頭趕上時再做要好得多了。

「程序」是第四個關鍵字，最佳定義為穿透組織並連結其投入與產出的「價值鏈」或「成本鏈」。程序是各相關活動之一連串產生利潤或發生成本的步驟。在某些產業中，如石化業，在作業層次便是天生的程序導向。程序是組織發揮作用的方式。許多其他的組織則分解為功能性部門，而堂皇地負責部分活動或次級活動。這些相關部分通常對他們構成部分或整體程序鏈之事自覺有限，有時甚至不知道它們為組織創造的價值或成本。它們只是狹隘地專注於特定工作，而對何種特徵能符合組織目標或顧客要求全然無知或沒有興趣。當回憶起 Deming 肯定內部的「供應商—顧客」關係對品質運動的貢獻時，讀者們便能瞭解這方面與品質提升的攸關性。

第五個關鍵字「績效」，雖然未受 Hammer 與 Champy 強調，但對本書作者而言卻是十分重要的字眼。績效並不一定代表利潤—雖然這是一般的解釋。更恰當地說，它應該代表組織目標的達成，以及資源的有效利用。

因此 BPR 需倚重幾項非傳統的想法。首先，便是組織應重視程序導向而非細分的活動。其次，它需要有進行廣範圍且「戲劇性」改善的驅動力與野心。第三，便是 Hammer 與 Champy 所謂「打破規則」，挑戰組織慣例的意願。最後，則是創造性地運用資訊科技。這代表運用資訊科技實現真正的績效提升，而非將現有的工作方式設定於電子面板上。

除此之外，應再加上往往於企業生命中缺席之勇氣與決心的概念。正如 Machiavelli 在 1513 年所寫的（王子：The Prince）：

或許再無一事比創建一套事物新秩序還要更難進行、更無法確定其成功、更危於掌控的了。改革者樹敵於所有舊秩序的既得利益者，卻只擁有那些能由新秩序得利的冷淡捍衛者。這種溫吞冷淡部分來自於對其敵對者的恐懼：這些敵對者仍握有利於自己的法律；部分來自人性的疑慮：除非曾經實際體驗，否則無法衷心信任任何新事物。因此各種攻擊改革者的機會應運而生，他的敵人以同志般的熱忱攻訐，而其他人只是三心二意地為他辯護，以致於處於這些人之間的改革者如履薄冰。

在為這一小節作結之前，值得一提的是哪些事物並非 BPR 所指。對 Hammer 與 Champy 而言，它並不是指：縮減規模、調整規模、重整、自動化，或是其他任何可能（也可能不）需要或令人期盼的管理活動。無論如何，這些事都應該會發生，且當然可能起因於再造，但它們並不是 BPR 程序的目的。

如果那就是組織對再造的解讀，那麼有兩件事是可以肯定的。第一，這套程序將會失敗（就像 50%以上所謂的再造專案計畫一樣），也就是真正能讓專案發揮作用所必須的經理人之承諾與認知將付之闕如。第二，組織將倒退而使所有部分都縮小規模，因為在其營運基礎上並未發生任何根本性的改變。問題只是遞延，卻未解決或消除。

企業程序修補

1995 年，筆者應邀出席一場亞洲大型公共事業組織資深人員的專題研討會。其主題便是企業程序再造。

會中透過兩位主管針對組織內正進行的再造計畫之漫長討論，以強化對該組織的認識。這個組織本質上是由資訊所操控的，而專案則恰巧有高度的資訊科技內容。對專案的研究顯示出這家組

織已然錯失了 BPR 的重點。他們甚至尚未指出其核心企業程序，更不用提曾模擬與批判性地檢視它們。儘管這項專案在全員同意下極速前進。但從筆者的觀點而言，這個專案所處理的只是這類組織中令人驚訝的瑣碎小事，可能不值如此大費周章，因而稱之為「企業程序修補」。

自不待言，這些資訊與觀點對為資深主管所提出的簡報增色不少，且現有的專案正用以作為何者不為的舉例說明。這項專案被置於各種組織需處理問題的脈絡之中─在某些區域員工過度膨脹，其他區域又效能不足；「前線」欠缺資源；太多資深主管擔任「督促性」的工作等等。觀眾們似乎十分受用於這種頗有挑戰性、殺氣騰騰且具參與性的專題研討會，最後並以活力十足而坦率的問答時間作結。

最終，出席者中最為資深的人起身致謝，並以以下的言論簡短總結：「真是令人著迷而富刺激性的專題研討會，但就我看來，我們沒必要採取任何進一步的行動。」

18.5 BPR 程序

著手於 BPR 的程序需仰賴各種工具、方法、與認知。這其中許多都已在（或將在）文中分別闡述，如計量方法、溝通、問題解決工具、程序圖工具、及資訊科技的應用等。在這個扼要的小節中，所著重的是整體的程序，即所謂的「企業系統鑽石圖」。請見圖18.2。

對組織採行程序型方法時，首要之務在於指出何謂組織的關鍵程序（加值連接活動）。這些接下來將控制著工作數量、內容、本質，而引領我們往結構的定義邁進。源於對預期產出（程序的結果）

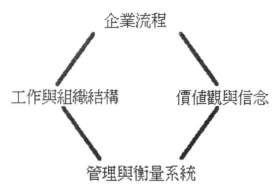

圖 18.2 企業系統鑽石圖

與員工活動的新期許,因而可能定義出績效的管理與評量系統(但
應永銘於心的,是落實這些評量特徵的意向。)最後,由於各項連
結皆已就緒,組織成員將調整其價值觀與信念。

　　我們可輕易看出鑽石方塊中各階段如何推動下一步驟。而鑽石
形也令人聯想到一套反覆運作的程序—再造活動改變了文化,往支
持進一步發展的志向前進。並也許可解讀爲對持續改善的回應。

18.6　BPR 與品質

　　至今仍持續爭論著究竟 BPR 代替或涵蓋了對高品質的追求,
或是品質涵攝 BPR 的問題。這種爭論是空洞無味的。品質提升的
追求關係到組織內外所有行動與互動關係的「適切性」。大部分的
品質提升法與工具在效果上是循序漸進的,且逐步引導組織邁向持
續改善的「kaizen」哲學。這代表組織線性而漸進的改變。BPR 則
藉由指出循序漸進改變只能改善現有事物,但若能啓動隱藏的改變
潛力,BPR 可能根本地改變現有的一切。如果某程序或程序中的某
一部份冗長多餘,在某種意義上它並未增加產品或服務的價值,那

麼改善其效率只是虛謬的利益。儘管改善效率減少浪費數量，但這一程序仍是系統成本。在程序分析上採用 BPR 技術有助於克服這個問題，它將根除這些程序，而不僅是改善。BPR 與品質提升乃相輔相成，而非彼此競逐。

就像在第二章中所勾勒的策略性程序一般，BPR 程序本身顯示出恰當的品質特徵也是十分必要。若 BPR 的程序有缺失，那麼其結果必將隨之疏漏。

摘　　　　　要

本章介紹企業程序再造的觀念，並將其置於近年來理論發展的背景之下。除了探討其與系統取向之控制論、複雜科學、與混沌理論的關連，在本章後半，則解釋 BPR 的定義與重要程序。但本章多著重於 BPR 的兩位前鋒（Hammer 與 Champy），有意增展知識的讀者們可參考 Johansson（1993）的著作，此乃凌駕於狹隘的觀點之上，以深度思考系統論思想家的著作。

學習要點　企業程序再造（Business Process Re-engineering:BPR）

BPR 的定義

- 對組織程序鏈進行激烈的重新創造

重要特徵

- 實用與實證取向，並非以理論為基礎
- 系統觀
- 利用科技的發展

中心主題

- 不連貫性
- 激烈的改變
- 控制論認知
- 複雜理論
- 混沌理論

重要驅動力

- 經濟
- 社會
- 環境

方法

- 鑽石型企業系統
- 程序分析
- 工作與組織結構回顧
- 管理與評量系統
- 價值觀與信念
- BPR 與品質相輔相成

問題

你預期在設計與執行一套企業程序再造計畫時會遭遇到哪些阻礙？

第十九章

學習型組織

> 「教育令人易於領導，卻難以驅使；易於治理，卻不能奴役。」
>
> Lord Broughham, 1778-1868

前言

在先前「關鍵系統思想」（第十七章）與「企業程序再造」（第十八章）中，都擁護應以反覆循環的程序使組織持續演進或革新。本章則介紹「學習型組織」。Peter Senge（1990），一位在此領域中最為人所知的學者，指出了五項學習原則，以及妨礙真正成功組織發展的七項學習障礙。

學習，就像其他兩種方法一樣，代表一套循環性的程序。讀者們可以回憶 Deming「規劃、執行、檢討、行動」的循環，以及 Crosby 對「重頭再做一次」的勸誨。

19.1 何謂學習型組織？

Senge 簡單地將「學習型組織」定義為如下這樣的地方：

一個人們不斷擴充自己能力，以創造他們真正渴求之結果的地方；一個培育新穎且具延伸性之思考典範，自由樹立集體之抱負的地方；且是一個人們不斷學習如何共同學習的地方。

　　這個概念也受到其他文獻的支持。Beer（1979，1981，1985）
認為一個具適應力且極為穩定的系統，是一個有能力因應設計時未
預想到之情形與局勢的組織。Ackoff（1981）與 Checkland（1981）
的研究，也都要求參與、探索、與批判性的反省─皆是學習的必要
活動。Flood、Jackson 及其他人的關鍵系統研究，也以其研究對互
補性（要求瞭解不同的理論與方法論）、社會自覺（不同文化）、及
解放性（人類自由之成長與發展）的要求而支持這個觀點。近年來
這個領域中的研究則來自 Flood 與 Romm（1996）闡述一套「三迴
路的學習」方法。Senge 也廣泛援引組織理論與企業實務文獻，以
支持他的研究。

　　請看看 Senge 的定義，其中分別有許多關鍵字詞（請見表
19.1）。第一，學習型組織明顯著重於人員面。然而在意義上卻並不
同於旨在滿足人員需求與欲求的主流人力資源文獻，而是一套以發
展人員潛能為中心的方法─而接著造成同等的滿足感。第二個關鍵
字「不斷的」，意味著對持續進行之程序的承諾，而與主導早期管
理科學的靜態思想漸行漸遠。

表 19.1　學習型組織─關鍵字與關鍵詞：Peter Senge

1. 人員
2. 不斷的
3. 創造結果
4. 新思考典範
5. 集體抱負/共同學習

學習激發學習

Berkshire Young Musicians Trust（Berkshire 青年音樂家信託基金會）是一個極為成功的音樂教育組織。該信託基金會的公眾面便是其十分成功的樂團，其樂團競逐於國際級音樂祭中，並定期環遊各國，饗宴許多國家的觀眾們。在首席教師看來，這些競賽成就與國際旅遊是一種額外紅利，而非信託基金會真正的工作。他將每一次的公演與成果視為是賦予每一個 Berkshire 群體中孩子的機會，不論能力，皆能參與音樂活動，且成就了自我的最佳水準。

他們所採行的哲學是：

每一個孩子都能透過音樂成長。

每一個孩子皆應被賦予機會。

信託會的成功藉由許多因素而達成，如充滿熱誠的員工、青年音樂家們的強大核心，以及令人振奮激昂的音樂與計畫等。為了達成這些因素，信託會以一種將每日例行決策都盡可能授權之高度發展的架構來營運。由於體認到信託會工作的成敗皆繫於其教師，他們著眼於招募最佳人才，並極力留住他們。其表現則由教育長領導的課程修習系統所監督。監督內容包括課堂觀察、問題處理、以及機會與經驗分享。

已知的員工優缺點，乃是發展訓練計畫的基礎，以便設計於利用優點克服缺點。並在適當時刻找機會利用外界演講者將新鮮的想法與經驗挹注到組織中。

組織並鼓勵教職員找出新穎且具創意的方式，以激勵學童們學習，而不僅是反芻那些當初自己是青年音樂家時所接受的課程而已。許多員工都特別為他們的團體編排音樂。他們對音樂滿懷熱誠，一心盡可能地達到最佳結果。

對有志與信託會一同研習的學童而言，唯一的篩選標準便是他

們的渴求度與對樂器所表現的興趣。在討論中,其主管透露出近年來的音樂學習效果研究顯示出,這一點如何激勵他人學習。共有三組學生接受研究。第一組學生接受音樂教導,第二組學生接受電腦訓練,第三組則未接受任何額外講授。當第二組與第三組並未在其課業上顯現出任何改變時,接受音樂教導那一組呈現出 30%的進步。這個結論(儘管是初步的)便是學習音樂能激勵其他學習。

第三點,創造結果,指出人們的能力得以令他們控制並創造出組織的未來。這反映出 Ackoff 與其他人的思想。必須承認的是,儘管限制存在於受組織運用的潛在控制中,這些限制仍受到競爭性世界中其他人行動的強化。

第四項,新穎的思考典範,強化了這項研究早期所提的論點。儘管沒必要駁斥所有的舊想法,但應在恰當之處利用新典範。最後是集體抱負/共同學習,對此 Senge 似乎反對大多數西方社會近年來的發展。其趨勢已偏離了集體共享的價值觀與期望,而朝向一個個人認為自身至高無上之更為自我的世界。或許反映在生活中,便是諸如離婚率、退休金套裝計畫、為小事興訟等日益攀升的趨勢,並盪離以宗教思想為本的社會,朝向更為世俗化的方式前進。

當大型產業組織的領導人正視學習問題時,它便真正受人矚目。Senge 引用 Arie De Geus(統領 Royal Dautch Shell:荷蘭皇家殼牌)的說法:「比你的競爭者學得更快也許是唯一可持久的競爭優勢。」美國商業大師 Tom Peters 也評論道:「凡事皆有累贅之處」,代表世界上創造產品與服務的能力超過現有的消費能力。這只表示更進一步的競爭壓力,導致價格、毛利、因而利潤接連下挫。不僅要學著「聰明地」工作以做得更好,還為了求生。

19.2 學習障礙

Senge 指出即便是「非凡的」公司也可能只表現出二流的績效（再度反映出 BPR 背後的某些思維）。他提出，我們設計與管理組織的方式，以及我們受教育去思考互動之狹隘、集中的方式，創造出「根本性的學習障礙。」（請見 19.2）

19.2 學習障礙

1. 我就是我的職位
2. 敵人就在那兒
3. 掌管大權的錯覺
4. 對事件的執著
5. 溫煮青蛙的寓言
6. 從經驗中學習的謬見
7. 管理團隊的神話迷思

第一點「我就是我的職位」，點出我們變成我們所從事之工作的典型人士。傳統的例子就是在首次會晤或宴會中，當我們自我介紹或被問及「您從事哪方面的工作？」時，我們會回答「我是…」，而以我們的工作為自我下定義。

敵人就在那兒，這一點反映出人類傾向於譴責或罪咎某處，而非承認自身錯誤。這種傾向至少從聖經時代起便被記載於文獻之中了。

針對掌管大權的錯覺加以評論，Senge 指出當我們認為自己「先機而動」時，通常我們只是做出不同的反應而已。他提出「真正的先機而動，來自於洞察我們如何造成問題。」

我們的化約論世界觀，以及科學分析的傾向，致使我們具有一種簡單的「因果」世界觀，因此執著於事件而非其程序與互動關係。這一點已受到系統方法論的挑戰。Senge 則在這一領域中指出，我們對事件本身的著重，致使我們無法在漸進程序中看清許多實際發生之事的模式。

溫煮青蛙的寓言在第三章中已詳述過。肯定非連貫性改變的必要性，以及或許有必要在非線性（混亂！複雜！）的世界中，學著不安於持續一貫。

就簡單與個體的層次而言，若我們反省自身的行動與其結果，那麼我們就在學習。不幸的是，當這些結果無法以此方式得知時，我們就不能總是從經驗中學習，尤其在組織中。它們可能延伸於組織界線之間，並對我們無力處理或從中學習的未來產生衝擊。Beer 的可存活系統模型（Viable System Model）便以其對資訊管理的重視為起點，以處理這一點。VSM 要求在發展部門中具有一套組織的內部模型，並要求揚棄傳統的部門管理方式。

認為管理團隊通常並不亞於溫和地平息一場戰爭，Senge（繼 Beer 與其他人之後）談及管理團隊的「神話迷思」。他指出表面風采對組織中的人員而言往往勝過實質。這代表著通常所謂管理團隊根本不是一個團隊，尤其在處於壓力下時。各成員皆在惡仗中爭相捍衛自己的信賴度與地位。因此我們以 Argyis（Senge 於 1990 年引用）所謂「技巧性的無能」（skilled incompetence）的說法—「團隊中充滿了令人難以置信地擅長抑壓自己學習的人們。」

所有的讀者們日後皆將在組織中熟悉這些問題。但 Senge 要求我們從自己身上覺察—這是一項更為困難的功課。

19.3 五項修煉

Senge 提出，為了克服我們在組織與學習上所遭遇的難題，我們必須採行五項修煉（請見表 19.3），也就是成為五項信念的信徒。讀者們此刻已經熟悉系統思想的想法。Senge 的研究高度援引 Jay Forrester 所發展之系統動態學的理論與實務。Flood 與 Jackson 則對此方法提出了一套完整的評論。在此適足以說明其著作對非線性動態系統的研究，

表 19.3 五項修煉

1. 系統思考
2. 個人的精熟
3. 心智模式
4. 共享願景
5. 團隊學習

個人的精熟指個人成長與個人學習的修煉。它要求個人開闊心胸，詢求探查能引領他們創造自我未來的方法。若在此考量關鍵系統對「社會自覺」的重視，便可指出個人的精熟所能達成的程度，乃是個人能力、文化、教育背景下的產物。

形成心智模式乃是因為我們明顯地無法以有限細節瞭解所有待知之事—在我們心中所負載的只有真實景象的模型而已。這必然是由真實景象的豐富性中抽象萃取而出，且正如 Beer（1985）所言「既非真也非假，但多少有用。」問題出在當此模型具有重大缺陷（通常情形便是如此），或是忘了這些只是模型，而將其認為真實的時候。在這種情形下，對這些模型的信心也同樣謬誤。Senge 指

出，學習能釋放並重建我們的心智模式是十分關鍵的。

　　共享願景要求組織中的所有利害關係人對組織及組織將達成之目標，皆具有相同（或一致）的觀感。Senge 提出當具有共享的願景時，人人便都渴求同一事物。要達成這個願景，則不能像十誡一樣「由山上往下傳」的常見情況，而必須由地基建起。這一點就需要受 Checkland（SSM：1981）、Ackoff（IP：1981）、Beer（1994）、及 Ulrich（CSH：1983）等人所擁護的參與法了。

　　團隊學習並不容易發生，乃是受到許多重要特徵的推動。Senge 指出團隊成員首先必須已瞭解領悟其他前述的四項修練。第一項重要特徵就是一致協力（共享的願景），除非團隊對同一個結果下承諾，否則他們什麼也完成不了。其次，則是需要對複雜議題具有洞察力與思考力。第三是協調行動的必要性：在此 Senge 引證金牌運動隊伍與爵士合奏樂團皆以「運作默契」行事。最後，則承認有必要將團隊效能擴散溢及其他相連結的附屬團隊。其中最後一點反映出系統論文獻中的遞推觀念。

　　將這所有洞見整合為一項至今尚未指明的要求。也就是有效溝通的必要性，且橫跨組織縱橫兩方面。有效溝通需要一種在平日對談中所欠缺、敏銳細緻的方法。指有效地聆聽與有效地發言。有時需要討論，有時則是對談。並不代表發生衝突或是如常見情形般採取一種根深蒂固的立場，也並非信仰某種教條或意識型態。上述這些方式的「溝通」通常將造成更多的嫌隙與曖昧，或是令人不滿的折衷案，而與其他修練牴觸。

19.4 何謂組織學習？

　　除非透過成員間的互動關係，否則組織是不存在的（但從法律的實體意義而言例外）。組織是一種裝配組合以達成某共通目標的

社會結構機制，且非得透過成員才能學習。組織的群體記憶最好透過其文化來描述，也就是指成員間共通的思考與舉止方式。組織學習並非企業記憶的額外資料（雖然的確有能力創造這類記憶），而是關係到透過其成員個人與群體的調適所產生的組織行為之改變。在圖 19.4 中所呈現的，便是作者對調適程序如何發生所做的控制論解讀。

以下將做解釋。公司成員透過他們與環境的互動而逐漸質疑行事的方式（質疑），即透過他們的真實世界經驗與組織本身的模型相互比較（他們對組織與環境所持的模型）。他們構思對已定義之問題的可能解決方法（概念化），並設計實驗以測試其假說（實驗）。回饋實驗結果，

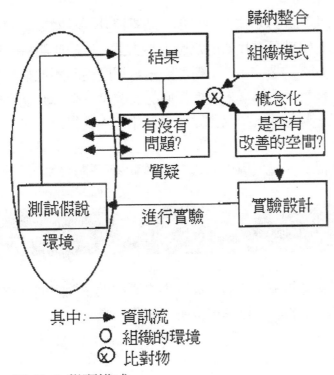

圖 19.4 學習模式

依照他們的新經驗修正組織模型（整合歸納），並著手根據修正後的模型管理組織。一旦未發生這些步驟的最後一項：整合歸納，那麼便不會產生學習。

機警的讀者們也許已注意到在此可直接與其他學習方法比較，如 Deming 循環（規劃、執行、檢討、行動）；Ishikawa 的品管圈（強調解決問題）；以及 Taguchi 的雛型化方法論。質疑、概念化、實驗、整合歸納則援引自 Handy 的說法（1985）。

19.5　品質與學習

這個扼要的小節如今看來幾近多餘。品質提升的整體基礎便倚重於學習的想法，也就是尋找新的活動進行方式，以便使組織的產出更緊密地配合顧客的要求。若不斷重蹈覆轍那麼便明顯地毫無發生學習行為，同樣地，也絲毫未獲得任何品質改良。Kaizen 就是要求每個製程一直不斷進步，學習則隱含於其中。因此得以主張：任何一個成功提升品質的組織也正在學習，且任何一個追求學習的組織也正在提升其品質。這兩點的意義在組織背景下是互為表裡的。

摘　　要

本章對「學習型組織」的概念與其根本原則做了簡短的介紹。讀者們可參閱 Senge 的著作以進一步研習相關知識。

學習要點　學習型組織

重要定義

- 學習型組織是一個進行反覆循環演進之程序的組織

七項學習障礙

- 我就是我的職位
- 敵人就在那兒
- 掌管大權的錯覺
- 對事件的執著
- 溫煮青蛙的寓言
- 從經驗中學習的謬見
- 管理團隊的神話迷思

五項修煉

- 系統思考
- 個人的精熟
- 心智模型
- 共享願景
- 團隊學習

組織學習

- 組織學習代表個人與群體行為的調適
- 學習意味著提升品質；提升品質意味著學習

問題

請比對品管大師們與本章所勾勒的學習模型。

第四篇

方法、工具、及技巧

概論

本書在前三篇中已為品質思考發展出一個大規模的舞台。這一舞台衍生自管理理論與品管大師們的衍伸性實務。

第四篇則將藉由審視品質提升方法而建構於此理論舞台之上。所探討的方法範圍從一般性技巧，如用於許多管理問題對策活動中的程序分析；直至特別著重強調品質的技巧，如 ISO 9000、統計程序控制、及品管圈等。其中也同等包括化約論技巧與系統論方法，它們在不同的背景下各擅勝場。而這一篇則以執行品質提升計畫的後語作結。

本書中的這一篇可採用兩種方式閱覽。如同其他篇章一般，這一篇可為品質提升工具的挑選作一番簡單扼要的介紹，這些工具皆與先前所解釋過的各種理論有所呼應或自其推論所衍生。對著重實務的讀者而言，這一篇章正可提供一個包羅萬象的工具箱，而得以用既具實務情報且具完整理論的方式著手提升品質。

第二十章

程序分析

「無論終點爲何，對此而言表示前面的事物已然
一項接一項地完成了。」

Aristotle,物理學 II ,8

前言

本章所介紹的技巧，與程序的指認與圖示有關。程序圖示化是
任何品質提升創舉的根本起始點，因爲若欲使其他量化或質性工具
發生意義，則瞭解整體程序（或程序群）便事關重大。程序的定義
與圖示化有助於辨識程序，並定位出特定的品管問題，並續以程序
分析及評析檢查來改進。

20.1 定義程序

在製造業環境下定義程序是一項直觀性的活動─其程序大半
可藉由製造程序定義妥當。在服務業中往往就難多了，因爲其程序
往往並未如各組成因素呼應於個別部門領域般可歷歷指認。舉例而
言，在銀行中，處理顧客支票的程序可能會牽涉到授權付款人員、
出納、電腦輸入作業員、及建檔人員等人的簽名。這些個別人員可
能在銀行中分屬不同部門（科、課等），且這項程序也許需接受許
多變數與次要例行公事（子工作）的限制，端視情況而定。出於這

個理由，就程序研究與設計來說，分解程序是傳統上最常用的方法。對一個認真追求優質的組織而言，超越這種分解法以產生更有條理的方式是舉足輕重的。程序定義在這一點上便攸關重大。

程序圖藉由循序記錄各作業程序與活動，而提供了一份價值非凡的相關活動整體圖表。這些作業程序與活動的記載並不論何人執行或何地發生。為了圖示化的目的，也將部門間的疆界忽略不計。

程序圖示化可在許多環巢層次上遞推實施。在第一個層次上，「整體程序」由開始至完成勾勒記錄程序，極力簡化細節並指出何處有例外與子工作的出現。第二個層次「程序作業」中，則將各階段中的特定活動細節化；在第三個層次「程序細節」時，便研究可能降至個人手部操作層次（分析之工作研究層次）的程序細節。就許多目的而言，整體或作業層次已經夠用。圖 20.1 顯示出這三個層次如何呼應連結。

程序圖藉由辨識特定作業並將其與任何檢查、稽核或延遲連結而發展。這些程序可能以縱流或橫流方式定義—端視何者較方便—為了分類方便及節省力氣，可採用 ASME 符號指示各階段。ASME 符號及附註圖示於圖 20.2 中。

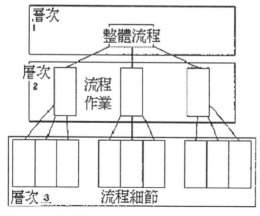

圖 20.1　環巢流程層次圖

圖 20.2 ASME 符號

　　為了便於追蹤與參考，實務上常為活動順序編號。程序圖以各種細節層次提供了一份作業記錄，且提供了稍後程序分析與評論檢查的基礎。也可作為決定評量何者，以及在哪一點之上加以評量的根據。這類圖表覆用於營建配置的比例計畫或地形圖上，指示移動路徑時可能十分實用，並有助於根絕延遲，及指出品質問題何在？為何發生？如將感溫性高的原料儲存於未防護的區域中。在圖 20.3 中便是將一份完整的「整體程序」圖用於營建計畫中的例子。

　　這份圖表呈現出採購單的接收、編製、與緊急處理。訂單由編製請貨單的倉儲人員接收，建立一份檔案，並將檔案傳往打字員（有三項作業）。打字員輸入訂單，再傳往檢查員，檢查員比對輸入的訂單與請貨單（假設全部正確），則將訂單交給經手人員。經手人

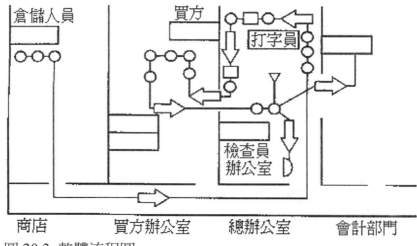

圖 20.3 整體流程圖

員將請貨單交由相關買方簽名，一旦簽名後便再傳回。接著經手人員將訂單交給供應商，並傳送一份複本到會計部門，另一份複本則留存於買方的檔案中。這些程序對讀者而言無疑看來繁瑣累贅，但卻是 1990 年代初期某英國工廠的真實範例，且就作者本身的經驗而言，儘管它明顯地沒有效率，但與其他情形相比，並不特別糟糕。

調理薄卷

1992 年，在某家商業烘焙廠中進行了一項生產力與品質的研究，這家烘焙廠是某家大型公開上市公司的子公司，供應蛋糕與其他產品給各家連鎖超市。在研究的第一階段中，創造出一份結束時的程序圖表，這份圖表用以作為瞭解程序的指南，並作為品質與生產力評估的基礎。其程序請見圖 20.4 所示。

這份圖表初看似乎顯示出一套簡單而有效率的程序，但重要的是請記住，這份程序圖是在「整體程序」的層次上編製的。其他更為詳細的圖表則在較低層次編製，例如下一層次中的「裝飾」作業

便次分為 5 到 7 個次程序，端視所製造的產品而定。每一個次程序中又包含直接與產品有關的子工作。

這家公司以往從未編製過這類圖表。這份圖表被用以作為評估「品質問題」的基準—員工估計退回率為 10%。討論透露出達成這個比率是以進入「切割」與完成「包裝」程序間之蛋糕差異量為基礎。對程序間的退回率則未評量。而「檢查 1」的檢查程序甚至未受管理階層或監工人員視為檢查程序。對這些程序作業的簡單觀察便足以指出程序內的主要品質問題。當記錄實際退回率的數目時，也就是重複循環於程序各階段的蛋糕比例，特別在「裝飾」就發現有 35%—此數字在一週評估期內的產品之間並沒有大幅度變動。後續將進行更進一步的研究以確認這個數目的正確性。

這份程序圖在三個面向上證實其重要性。第一，它提供經理人一份生產線實際運作的明確圖表，而與他們所相信之運作方式大異其趣—因此幫助他們修正自己的心智模型。其次，它使原先經理人模糊懷疑的問題得以量化。第三，藉由審視程序中各不同階段的退回率，而得以將焦點集中引向關鍵的問題區域—「裝飾」程序。

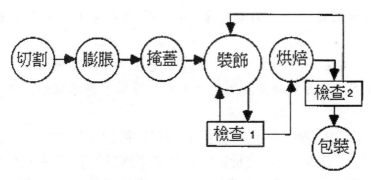

圖 20.4 完成流程

20.2　程序分析與評論檢查

　　一旦定義了程序，便可加以分析。在品管背景下特別關心的是：找出在程序之中何處的確（或可能）發生錯誤與疏失。這可使焦點維持在程序中最需要改善或重新發展的方面。也可以提示最適用於採行統計程序控制技巧的關鍵衡量點。

　　最初，分析程序的目的在於減少不必要或不相干的活動，並指出引發其他程序或子工作的「扳機（啟動器）」。評論檢查則應透露出各活動的理由，並能編輯出一份系統性且具優先順序的未來改進表。

　　由評論檢查程序中所增添的利益，會受到分析者心智態度的影響。最後的結果則取決於紀錄程序的技巧。其中必須注意以下幾點：

・必須盡可能真實地記錄活動。
・應揚棄先入為主的成見與想法。
・程序中所有面向皆應加以挑戰與查證。
・須避免倉促判斷。
・須將小細節記錄於分析的適當層次中—它們可能比主要項目更重要。
・在記錄完成之前，應將預感或「光明面想法」暫時擱置一旁。
・除非現有方法的品質問題起因已然暴露，否則不應考慮新方法。

　　就工作研究而言，常見將各種活動歸類於以下三類中：「預備」、「執行」、「捨棄」。但這種推敲也許並不適於品管背景，因為其主要關心議題並非產量（儘管許多優質製程的產量往往高於劣質製程）。

　　類似地，關於程序中生產性與非生產性部分究竟何者應先檢查也有爭議─前者傾向於快速提升產量。但在品管背景下，其重點在於指出錯誤與疏失發生於何處，且應採取系統性的方法─由初始點開始。這是由於前段程序的錯誤可能導致後段的失敗，因此排除這些前因十分重要。在程序關鍵點上衡量績效與疏失也可能宜於作為一種指認疏失何在及比例如何的手段。由此衍生的資訊或能有助於編列工作的優先性。

　　至於在檢查已找出的程序方面，則可透過兩階段的系列性問題加以進行，其典型如表 20.5 所示。在當今的組織中，對那些用以支援程序的機器或科技詢問「手段」的類似問題也很實用。也就是：使用何種機器？能否切合工作？可靠嗎？其產出是否配合或超越任務要求？諸如此類等等。

表 20.5　評論檢查程序

	主要問題	次要問題
目的：	做什麼？ 為何要做此事？	其他還可以做什麼？ 應當做什麼？
位置：	在何處做？ 為何在那裡做？	還有其他何處可以做？ 應該在何處做？
順序：	何時作？ 為何那時作？	還可能在何時做？ 應在何時做？
人員：	由誰做？ 為何由他們做？	還有誰可以做？ 應由誰做？
手段：	怎麼做？ 為何要那樣做？	還可以怎麼做？ 應該怎麼做？

綜合在一起，這些問題能讓分析者精確地決定出現有程序為何，並加以質疑且指出其缺陷。往優質前進之途便起自提出替代方案，與強調疏失。藉由妥切的計量方法恰當地輔助，這個「現狀（is）-應然如何（ought）」的方法當更有效。

20.3　發展方法

發展方法所涵蓋的範圍，包括可用以指出現有程序之替代方案的技巧，以及克服品質問題的方式。它仰賴對情勢的創意思考，尤其需要開放又好探索的心胸。試圖從全新的角度來看程序的側面法會很有用。成功的決心與接受度一開始時所有想法皆能受到同等的重視（即便它們看似偏離問題）一樣重要。創意思考可以受到各種技巧的輔助。讀者們也許可以參考 Edward De Bono 的著作，以獲得進一步的啟示。

腦力激盪是一種讓個人組成群體，來產生問題對策的方法，一般介於 4 到 12 位成員（就跟品管圈一樣！）。其程序相當簡單，由團隊領導人勾勒出問題，並回答所有成員們所提出的問題。其後將團隊所產生的想法不加評論地記錄在拍紙簿、白板，時而是「隨意貼」便條紙上。經過大約半小時後（或當想法枯竭時），再由團隊評論這些想法。 在這些提案中最具價值者，則接受更進一步的評估，以及在適當之處加以實驗與發展。

其中舉足輕重的是腦力激盪會議的領導者在解決問題上須經驗老到，且能夠在團隊成員之間創造並維繫熱誠。

類比法也很有用。類比是事物間某些特徵的一致性與共通性，但除這些特徵外皆不相同。使用類比性便是將另一方面的知識與經驗應用在問題上。解題者會考量本質不同但在所研究的問題上具有

相似特徵的項目。這個方法鼓勵從各種不同專業領域及訓練作想法的交流拌和。有三種型態的類比法格外有效。

・功能的：還有什麼所做的與此程序相同？
・單純的：這個程序看來像什麼？
・大自然的：這一點在大自然中如何做到？

　　最後一項方法特別有幫助，因為自然系統傾向於自我組織（請見第十四章）、具有效能（若不是始終保持明顯的短期效率），且具演進性。運用自然類比法的一個顯著例證便是人造纖維的發明。Robert Hooke 在 1664 年指出人類可以摹效蠶兒吐絲的程序，使得 Louis Schwabe 在 1842 年創造出一部藉著強迫流體通過微細小洞而造出人造單纖維的機器。這個技巧直至今日仍用以製造螺縈（人造絲）。

　　形態學分析是一套創造可能性表單的系統方法，表單上列舉已知解決某問題之相關變數的邏輯連結。它使得各段可能的解決方法得以互相配合，並得以選擇一個「最可信賴」的方法。以這個方法解決顧客運送問題的範例如下：

・方法：郵遞、信差、宅配系統。
・速度：JIT（及時系統）、同日送達、隔夜送達、非危急物件。
・包裝：防撞、密閉、運送臺、非重要物件。

　　可能變數的邏輯連結便有 3x4x4—即對運送問題有 48 種可能的解決方案（雖然每一項變數的連結皆可能達成，但其中某些如郵遞又當日送達則是「非法」方案，也就是正常情況下無效）。一旦定義出可能的解決方法之範圍，便可使用品質或其他準則來指出何者能符合期望與要求。

　　列出並結合屬性是另一種突顯程序改善潛力的方式。這項技術需創造出一份程序為了滿足要求所必須擁有的特徵清單。接著再對程序提出能達成這些特徵的變革。

　　啟發式分析符合 kaizen 品管思想的背景。啟發式方法是改變程序、應用、並回顧結果。接著以其結果作為測試進一步改變的平台，並以此類推反覆循環。這一點與 Deming 所提出的「PDCA 循環」及第十九章中所勾勒的組織學習想法類似。啟發性改進應永不停止，但為了達到實效，則須採用系統性的方法，而非隨意行之。啟發性方法的主要弊病在於其循序漸進的本質。啟發性方法在程序中或許始終無法產生如採用其他方法時所引發的激烈、非連續性（階梯式的）改變。

　　收斂與發散也是相當實用的方法。收斂法在於分析者試圖分離程序中的主要項目與偶發事件。這一方法下，其目的是強調最重要的主題，請回憶 Juran「舉足輕重的少數，有用的多數」之言。發散法則與此相反，發生於分析者嘗試延伸問題，考慮非以已定義之程序為中心的其他資訊。

　　在本章起始時，最初定義「整體程序」的工作也許可視為一種收斂法，但第二層與第三層分析（程序作業與程序細節）則顯示出發散法。更進一步的發散作法可延伸包含其他相關連程序以擴大「整體程序」圖。

摘　　要

　　本章介紹程序圖示化與評論檢查作為品質提升的根本技巧，為後續章節中所探索的其他技術提供發揮舞台。讀者們可透過組織方法、作業研究、與企業程序再造等相關書籍進一步研習程序分析技術。

學習要點　程序分析

關鍵定義

· 程序的圖示化、分析、評論檢查

重要理念

· 能品鑑整體程序而非只著眼於部門是十分重要的

檢查技巧

· 程序圖示化、程序分析、評論檢查、發展方法

發展技術

· 腦力激盪
· 類比
· 形態學分析
· 屬
· 收斂與發散

問題

　　請利用本章所概述勾勒的技巧,對學校的某項程序進行圖示化、評論檢查、並重新設計。(例如圖書館的書籍管理程序。)

第二十一章

品質管理系統：ISO 9000

「將系統的附帶現象誤解爲系統本身。」
Stafford Beer,組織系統診斷（Diagnosing
the System for Organisations,1985）

前言

本章談及具有實效的品質管理系統（Quality Management Systems：QMS）：新近建立的全球標準規章—ISO 9000 系列。若不堅守於一套品質管理系統，組織就不可能瞭解並記錄自身表現之優劣。本文特別報導 ISO 9000 系列，乃是因為它是目前這類系統中最廣為人知並為人所用的系統。其他尚有許多並未順應這套標準規章的品質管理系統存在。

本章將不提供品質管理系統發展與施行的全方位指南。這項任務已超出本書的預期範圍，而較適宜留給其他幾本專題探討的著作。（如 Hoyle，1998；Gilbert，1994；Waller，1993；McGoldrick，1994）

本章所追求的，是讓讀者們對對品質管理系統之本質、目的、利用價值、限制等達成廣泛的瞭解。

21.1 何謂 ISO 9000？

ISO 9000 是一套發展已久之品質管理系統系列中的其中一支，起自國防產業中的品質標準。如 NATO（北大西洋公約組織）在 1940 年代末期開始發展品質規章，以使軍事合作力量之間具有某程度的協調性。這些規章在 1951 年到 1973 年之間被彙編修訂於 DefStans（Defence Standards：國防規章）05-08，05-21，05-24，05-28 之中。在文明世界中的主導系統包括 BS5750（英國標準），EN29000（歐洲標準），以及在某幾個國家中所發展出的獨特地區系統。

品質管理系統（QMS）以一份組織管理產品/服務品質之方法的正式紀錄為主幹，使組織得以向本身、其顧客、更重要的是向獨立授信集團表明：它已建立了一套管理其產品或服務品質的有效系統。一旦符合授信標準便允許組織宣告其產品或服務的品質認證，並宣傳這項事實。這一點被許多組織視為是一項重要因素，且在某些區域中，特別是公共部門及東南亞的營造業等，具有一種只與品質可靠的組織交易的傾向。品質管理系統也輔助組織將其營運作業正規化，並達成產品的一致性。

ISO 9000 系列本身（請見表 21.1）由兩套文件所構成。ISO 9000、9001、9002、及 9003 涉及品質保證規章，以作為評量的基礎，尤其多用於發展中的績效合約上。ISO 9004 則針對品質管理本身。

正如先前所言，本章充分描述這些規章。不管如何，明顯的，它們的涵蓋範圍包羅萬象，從產品/服務的發展直至售後服務。ISO 9000 系列有明顯偏向製造部門的現象，畢竟起始之處與持續發揮最大效用之處一直是在製造業身上。儘管在 20 世紀結束之際，有一項協調這所有規章並移除偏差的計畫，但某些人相信 ISO 14000 系列可能在這段期間將大規模地取代 ISO 9000。

表 21.1　ISO 9000 系列

ISO 9000-0　觀念與應用
ISO 9000-1　品質管理與稽核規章：指導守則
ISO 9000-2　ISO 9001/9002/9003 應用指南
ISO 9000-3　ISO 9001 之軟體發展、支援、與維護
ISO 9000-4　可靠度計畫管理指導守則
ISO 9001　　品質系統：設計、發展、產生、建置、及服務
ISO 9002　　品質系統：品質認證之產生與建置
ISO 9003　　品質系統：品質認證，最終檢查與測試
ISO 9004-1　品質管理與品質系統之組成要素指導守則
ISO 9004-2　品質管理與品質系統組成要素之服務指導守則
ISO 9004-3　處理物料：指導守則
ISO 9004-4　品質提升：指導守則
ISO 9004-5　品質計畫：指導守則
ISO 9004-6　專案管理之品質認證：指導守則
ISO 9004-7　型態管理：指導守則

21.2　QMS（品質管理系統）如何架構？

　　品質管理系統（QMS）的架構仰賴 ISO 9000 系列的運用，以固守於那些確保能令系統符合授信標準的指引與教導。如同品質提升的其他面向一般，一套有效的品質管理系統之發展也倚重一套系統性的方法來完成。

　　Kanji 與 Asher（1996）提出了一份十三個步驟的行動計畫（請見表 21.2）。其中的步驟一，對品質管理方法許下承諾，已經在其他幾個場合中遭遇過了。這份承諾乃是追求優質之任何一方面的根

表 21.2　品質管理系統 13 步驟：Kanji 與 Asher

步驟 1. 取得管理階層對品質管理方法的瞭解與承諾。

步驟 2. 定義出 QMS（品質管理系統）中所包含的活動範疇。

步驟 3. 定義處於 QMS 範圍中的組織結構與責任。

步驟 4. 查核違反規章要求的現有系統與程序。

步驟 5. 發展計畫，以書面載明必要程序。

步驟 6. 訓練適任人員，並載明其程序。

步驟 7. 勾畫、編輯程序，並增添對它們的認同感。

步驟 8. 編纂一份品管手冊草案。

步驟 9. 試驗性地執行系統。

步驟 10.訓練內部稽核師，以進行系統及其作業的查核工作。

步驟 11.按照查核結果與其他資訊，修正系統作業方式。

步驟 12.向授信企業組織申請登記（有時又稱為第三方認可）。

步驟 13.透過內部查核維護這套系統，並抓緊改進的機會。

本。不幸的是，經理人們發現將自己投身於一套品質管理系統要比投身於品質提升來得容易多了。但若你具備後者，那麼就意味著對品質管理系統的承諾；不過若你只承諾品質管理系統，那麼你將只擁有一套系統，而這套系統不僅無法有助於推動品質，更令經理人能精確地認定何人該為這些失敗負責（除了經理人以外的人）。它將成為一項懲戒系統的儀具，而非成功提升品質的指南。一套有效的品質管理系統只有在全心支援品質計畫的環境下才得以創造成形。

　　第二步，定義包含在品質管理系統中的活動範圍，看來似乎有點兒短視。如果一個組織想要有效地推動優質化，那麼每一方面便都落在品質管理系統之中。自然有必要評斷 QMS 中所包含活動的

優先性—也許生產活動優先於人員與福利社—但最終目標應該是一套全面性系統。這系統甚至可能延伸而與恰當的供應商產生連結。

第三步，定義組織結構與責任，雖然有其必要，但也承載著阻礙組織必要變革的危險性。儘管適切的現用組織結構與明確定義其責任舉足輕重，但瞭解到正確的組織結構是（或也許是）一項快速更迭的組成要素則更為重要。因組織環境的流動性與動態性要求它如此。因而情況必然是組織結構與責任定義了 QMS 的組成—別無他途。

第四、五、六、七項步驟，查核現有系統與程序暨發展新程序，則是實現 QMS 的根本。然而，將第六項擺到第四項的位置上也許更勝一籌，並延展訓練部分，以訓練作業人員稽核並複查自身程序，且發展適當文件。沒有人比當事人更瞭解自己的工作了。第八個步驟：品質提升手冊草案，則是前四個步驟下的產物。

第九項步驟反映出 Taguchi「雛型」。提案系統必須實際測試，並與實證資料相互驗證修正。這自然而然地呼應第十項步驟。內部稽核人員的訓練攸關重大，且應再度仰賴實際進行組織作業人員們的經驗及知識。以此方式用員工，並以產生有效查核（能有助於進步的指引與輔助）之正確目的訓練他們，比起採用壓迫性的監視取締，還更可能造成高產能的結果。這項步驟產生了第十一項步驟所要求的修正，這是查核程序後的結果。

第十二個步驟，QMS 的授信，應幾近於自然發生。在整體品質提升計畫的環境下，授信程序應是一項副產品。如果組織的確真正優質，且正視 QMS 發展程序的話，申請與登記皆應能輕鬆到手。

最後一項步驟反映出持續進步的要求，不只是組織的核心活動中如此，也應擴及一切。

必須永誌不忘的是，QMS 的目的並不在於特定規章的授證，而是提升組織產品或服務產出的品質。我們已觀察到通過 QMS 系統授信組織的數目，遠超過於真正生產優質產品或服務的組織。發展並執行一套 QMS 系統，卻對品質改善毫無建樹是完全可能的。

習慣上，一套品質管理系統需要三份核心資訊。第一項是一份組織品質政策聲明。這一點可能構成了品質提升手冊的第一部份。其次是完成政策所需採行的程序。第三項則是規定各活動應如何執行的任務指示。由於程序導向結構的趨勢日增，與其以傳統的部門基礎為主，不如認真考慮循著程序線記錄程序是很實用的。

為了支援這三份資訊，組織也需要一套記錄系統，以提供堅守品質提升程序的證據。這套記錄系統應盡可能地簡單直觀，也應經得起貪污與詐欺的考驗。若資料不正確，那麼它便毫無用武之地了。正確性則隨著複雜性、資料數量、與收集難度而遞減。只要可能，資料應以自動化記錄。

打擊系統

對今日的服務型組織，尤其是那些經營公眾開放建築的組織而言，為公眾接待區域設置品質管理系統是很常見的，尤其是盥洗室，旨在確保這些設備都受到例行地（通常是每個小時一次）檢查、服務、與清潔。為了促進監督這些服務是否確實執行，便在盥洗室內放置時刻卡，好讓清潔人員每次造訪時簽名。

請試想一下，對服務一座 20 層大樓的一位清潔人員或清潔小隊，希冀每個小時內都能確認並清潔每層樓的盥洗室。這種程度的服務或許不僅沒有必要，在人員配置較低的情況下，更根本是不可能的。不過時刻卡仍然每小時都有人簽上名。那麼，這套品質管理系統真的發揮作用了嗎？

身為一位定期工作於這一類建築物的人，我對這些事很感興

趣。常能發現（尤其在經理人不上班的週末）在星期五晚上 9 點時，
週末的時刻卡便已填到星期一早上 7 點了。而在星期六下午，肥皂
用完了；星期天早上（最晚是如此）沒有紙巾了；其餘請留待自己
想像。這套品質管理系統並沒有發揮作用—儘管紀錄顯示它有。

這類詭計充斥於全世界—絕不只是發生英國、歐洲、亞洲、美
國的問題。它無所不在，並存於高雅與敗落的大樓中，並存於優質
與劣質的組織中。這些組織可能擁有經過授證的品質系統—它們所
欠缺的只是高品質—因為某處、某人，並不關心此事。

21.3 ISO 14000

ISO 14000 環境管理系統規章始於 1996 年，以呼應對環境危害
日益高漲的自覺，及一套適用任何組織採行之通用規章的必要性。
這份規章提供了一套環境管理系統所需具備要素與支援技術的指
南。規章中也規定了組織所應完成之事，但並未指出如何做。

ISO 14001 與 ISO 14004 對這個系列提供細目要求與一般通用
指導原則，並允許它滿足各組織的商業需求，從一般通用原則直至
自我評估與登記授信。由於公司可宣告程序績效提升、降低成本、
減少污染、遵行法律，進而加深公眾印象，因此實現這項規章號稱
能導致真正的商業利益。

ISO 14000 與 ISO 9000 多所相似，並可利用現有的系統與程
序。它從 ISO 9000 滿足顧客需求的原則衍生而出，以捕捉法令管
制與義務性的環境要求。儘管 ISO 14000 建立於自願性的基礎上，
但有徵候顯示某些國家可能會將此一規章置於其環境法規中。

21.4　　重點回顧

　　ISO 9000 系列已廣受全球接受為品質管理系統的規章，內容包羅萬象且多年來有大幅度的發展。然而，正如 ISO 14000 系列所認知到的，ISO 9000 的範疇只限於品質規章，儘管十分重要，但已不足應付今日的組織需要。

　　一套有效的品質管理系統在任何品質提升計畫中都是攸關成敗的一部份；若是欠缺，便喪失了適當評量監督品質表現的基礎。但是，絕不容以品質管理系統本身為目的終點（雖然實情常常如此）。品質管理系統只是通報組織在系統設立的標準上之表現優劣，僅此而已。除非不斷採取行動改善標準與表現，否則這些評量活動皆空洞無益。

　　理想上，品質管理系統的文件記錄與程序應由實際進行工作的員工發展。監督系統則應正確，經得起考驗，且能產生正確的有意義資料。

　　總而言之，一套設計良好的品質管理系統，在貫徹品質提升計畫的環境下，應對組織助益甚大。本章中所勾勒應留心的疏失，則將使活動功敗垂成。

摘　　　　　　要

　　本章對品質管理系統與 ISO 9000 系列的核心要素作了一番簡要的回顧，也介紹 ISO 14000 系列。品質管理系統被視為是整體品質提升創舉中較為簡單的一部份，也許正解釋了其普及性。同時也強調品質管理系統的限制。有興趣的讀者們可參閱 ISO 9000 與 ISO 14000 的詳細文獻，以進一步增長這方面的知識。

學習要點　品質管理系統

重要定義

- ISO 9000 系列是一套國際公認的品質管理系統規章
- ISO 14000 系列則是一套國際公認的環境管理系統規章

品質管理系統

- 一份組織管理其產品或服務品質之方法的正式紀錄
- 需要一套有系統、有次序的方法，導致第三方對組織系統（而非品質）加以認證

目的

- 提供一套衡量與監督品質表現的基礎

問題

　　請指出一套 ISO 9000 規章之品質管理系統的優缺點。並思考這套系統可以如何用以提升品質表現。

第二十二章

計量方法

「何謂真相？」Pontius Pilate 問道。

「絕非統計數據。」眾人之中有個聲音這麼說。

Darrell Huff,《如何以統計數據說謊》

（How to Lie with Statistics,1973）

前言

　　本章將介紹在品質提升程序中所使用的主要精選計量方法。在察看控制圖與計量品質控制（Statistical Quality Control:SQC）之前，我們先從計量程序控制（Statisical Process Control:SPC）開始。如 Pareto 分析及魚骨圖等重要技術也將加以探討；並強調品管大師們對某些技術的運用。

22.1　計量程序控制

　　計量程序控制在第二篇中曾扼要地介紹過，尤其是第六章（W. Edward Deming）。其運用仰賴三項重點：

- 事先定義的程序
- 建立的評量系統
- 所有團體皆須瞭解並認同產品或服務之品質特徵的作業（實務）

定義

程序圖示化的方法已在第二十章中概述過。

需要評量系統,是為了以特定的品質提升重點來監督已知程序的績效表現,也就是缺陷部份或其他產出(如服務等)相對於總產出的比例。缺陷品的評量法則接著又有賴於品質特徵的作業定義。一套評量系統的架構組成包括決定何者應受評量;何處應發展紀錄與通報系統;以及為了效率起見,何處應對結果採取行動等等。一旦程序圖架構完成,關於評量系統的決策便應較為直觀,並得以建構深受 Deming、Juran、Taguchi 及其他人所鍾愛的控制圖。

評量的平台,是對標準的達成情形之例行計算與紀錄,以隨著時間建立一套系統行為的模式。評量行為必須在切合於程序的時間區段中進行,如每小時、每天、每週等等,並應捕捉恰當的樣本,例如一位作業員、一個團隊、一個班或部門等。其曲線結果則可成為矯正行動與績效提升的基礎。

績效評量的曲線結果使得控制區間的計算能以程序的實際表現作為基礎。當變異數落在這些極限內時,則視為程序仍處於控制之下,為穩定狀態。當變異數落於極限之外,就需要立即矯正以恢復穩定。

一旦將特殊原因根除,那麼落於控制區間內的隨機變異數便由「一般原因」所致;也就是指儘管程序處於控制之下,但變異數的來源卻位於程序本身之中。要減少或根除這些起因,就必須對程序本身採取行動。這點屬於經理人的責任,因為唯有他們有權做這個層次的變革。為了維持系統居於穩定狀態並不斷減少變異數,就必得付出一貫而不斷的努力。

應該注意的是,控制區間與程序本身的穩定度有關,並取決於程序的績效表現。它們並非決定於產品或服務的規格。作業的定義是對產品或服務的規格要求,其中包含變異數的可容忍極限與評量的標準等。這些項目必須以能令供應商與顧客瞭解的術語表達,且

必須在實務上具備實用性。

規格十分重要，因為不論程序是否處於控制之下或控制之外，它們都提供了程序所應定位前進的目標。擁有一項明顯處於計量控制之下（即處於穩定狀態的程序），但卻生產出完全不符合規格的程序，是毫無用處的。因此重要的是該程序不僅處於計量控制之下，還要有本領創造出符合規格的產品或服務才行。通常規格的界線區間較為狹隘，至少在一開始時會較程序的控制區間嚴格。

22.2　建構控制圖

控制圖用於記錄某特定事件的各種發生狀況。可能用以衡量某連續性變數，如溫度、濕度、厚度、重量等；或是某種屬性，也就是對某些要求的順應性—指出順應/不順應，或可接受/不可接受等等。計量分析常用來決定程序在目前狀態下的上下控制極限。控制圖之縱軸記錄特定事件發生狀況的數目，如產生的製造疏失或缺陷品。橫軸則通常以期間為基礎。對特定程序必須使用恰當的期間，即此期間必須與製造時間週期有關。若生產單位數以分鐘計算，則以週為單位記錄產生的缺陷品數量是毫無幫助的！

圖 22.1 顯示一幅樣本控制圖。控制圖的建構或許也可以置於衡量個別或團體員工之瑕疵品的地方。這可能有助於指出在一套共通程序下發生問題之處，例如十個小隊都以同樣的程序工作；並可以凸顯在何處投資訓練或採行其他問題解決技術能帶來助益。

一份「變異」控制圖的上下控制極限是利用常態分配的特性計算得出。對於常態分配而言，大約有 99.8% 的值落於 6 個標準差的幅間之內，也就是指基準值±3 個標準差的區間；並有 68%（約 2/3）落於 1 個標準差之內。以此為基礎，某事件落於控制區間外的可能

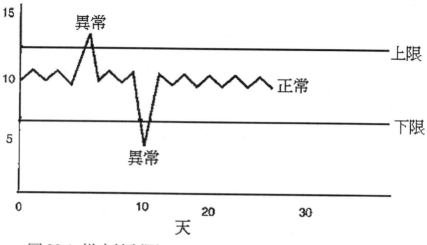

圖 22.1 樣本控制圖

性粗估約是千分之三。因此落在極限外的事件被視為是肇端於「特殊原因」,而非「一般原因」。

控制區間的上下限(±3 標準差)被當作是採取行動的「扳機」—任何一項落於極限外的發生狀況都必然引發對程序的干涉。也可將限制設為平均值±2 標準差,以作為系統中出現偏差的警告點。

除了用以提供基本資訊外,控制圖或許尚可應用於趨勢分析及預測。這些作法得以對似乎將要失去控制的程序作前瞻控制,並容許產生某程度的可預測性。

「屬性」型圖表的控制區間之計算則不同。根據所使用的樣本規模及有待評估的品質特徵而有四種版本的屬性圖(請見表 22.2)可供選擇。其上下限仍設定為平均值±3 標準差。

p 圖表用於無法採集固定樣本量的缺陷品時,舉例而言,如批次規模或流動數量變異不定時。np 圖表則應付同樣的問題,但適用於可採集固定樣本量的情形。u 圖表用以在無法採集固定樣本量時監督成分疏失,c 圖表則適用於固定樣本量。

表 22.2　屬性控制圖

· p 圖表：變動批次規模，變動樣本量規模
· np 圖表：變動批次規模，固定樣本量規模
· u 圖表：成分疏失，變動樣本量規模
· c 圖表：成分疏失，固定樣本量規模

　　儘管這一小節已介紹了控制圖，並指出其作業基礎，但並不打算讓讀者們搖身一變成為 SPC 的專家。只想提供一種介紹性的洞察觀點。讀者們若試圖要以實質方法採行這些技術時，建議您利用適任統計學家的協助。尤其在選擇適當工具與計算上（如樣本量、結果驗證、及信賴區間等）格外重要。根據不正確或受誤導的資料而改變程序是毫無用處的。

22.3　解讀程序圖

　　除了告訴使用者程序是否處於計量控制之外，控制圖也可提供線索，而有助於確定並拔除變異數的特殊原因。
　　只遭遇到一般失敗因素（固含於程序中）的程序會顯示出以下的特性：

· 所有曲線結果皆落於控制區間內
· 曲線將均勻散布在平均值的兩邊
· 顯示出隨機模式
· 大部分的點皆靠近平均值，也就是少於 1 個標準差

普遍來說，一項「在控制內」的程序爲了達成可持久的進步，需要修改或重新設計。至於「超出控制」的程序，則有許多待調查的線索。

一項一直或規律性產生低於下限結果的程序，需要進行兩項行動。第一項行動是驗證界限—計算都正確嗎？其次是調查改變的推動力，並實施能強化預期結果的變革。

第二，任何一個落於控制區間外的點都應受到調查，因爲它們可能有某項特殊原因，系統中出現的這一點有助於指出並根除這一類原因。

第三，曲線結果持續集中於平均值的某一邊，或產生傾向某方向的趨勢，皆應加以調查。再一次地，可能有個明顯的特殊原因在那兒。第四，應調查任何一項非隨機性、循環性、或重複的模式。這可能牽連到某個特定員工或工作小組、部門、原料供應商、或也許吻合某些事件（星期一早晨！星期五下午等等！）同樣地，非預期或預期中的結果皆應調查，以便根除或重複。

22.4　計量品質控制

到目前爲止，本章對評量系統的重點在於找出程序在何時處於控制下。一般認爲可靠的程序有助於推升產品或服務的品質。在這一小節中便將考量其他計量品質控制（SQC）的工具。重要的是請記住：這一小節中，工具的妥當運用並不只有賴於遵循正確的方法而已，還需在特定情形下正確選擇工具才行。將逐一介紹的工具精選於表 22.3 中。

Vilfredo Pareto（1848-1922）是一位經濟學家。他的研究主要在於財富的分佈。他藉由分析國家中人口的總收入分配而發現：人口中的少數人握有大部分的收入。他早期在義大利的研究透露出人

表 22.3　計量品質控制工具

- Pareto 圖表
- 因果圖（也稱爲魚骨圖或 Ishikawa 圖）
- 分層化
- 檢查表
- 直方圖
- 點陣圖

口數中大約 20%的人接收了 80%的收入，他將餘生奉獻於證明這道定律的普遍適用性。這項技術便是今日眾所周知的 Pareto 分析。

自 Pareto 的時代起，其他經濟學家與科學家們已發現儘管不一定總是發生 80/20 的比例，但這一曲線的一般形狀仍持續不變。在品質控制的背景下，Pareto 分析的應用能指出若改進哪一個區域便可事半功倍。這也輔助 Juran 所言「舉足輕重的少數與有用的多數」。

Ishikawa 圖，或「魚骨圖」，也是所謂的「因果圖」，用以揭露出對實現某目標有貢獻的各個因素，並促進更進一步的調查研究。它能創造出一份受檢視局面的完整概觀。

基本上，其「結果」被安置於最右邊的方框中，並以漫長的程序線導向該方框。重大原因類別則記錄在主線兩側與其連結的方框中。這項作法可獨立考量各個主要原因。「次級原因」則群集在這些副線周圍。請見圖 22.4 的範例。

其中主要原因可能包括機器、原料、員工、資金等，也可能屬於技術或科技導向，例如成分或製程的疏失。若有某項特定的重要因素主宰了這份圖表，則值得將它獨立出來，並透過另一張圖表加以個別調查。

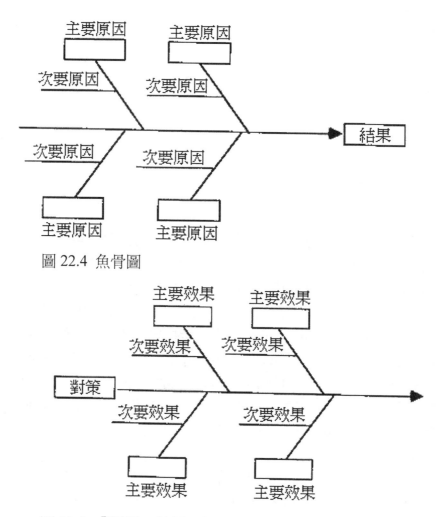

圖 22.4 魚骨圖

圖 22.5 「對策－效果」圖

　　Ishikawa 圖在探索目前所知不多的主題很有用，且是一項鼓勵人員參與的有力機制。也可以反過來使用作「對策－效果」圖，以探討提案行動下的衝擊結果。請見圖 22.5 的範例。

　　分層化是一種產生所謂「層形圖」、「分層累積圖」或「帶狀曲線圖」的技術。每一項帶狀資訊都置於前一項之上。總和是累計性的，以使整體的各項組成要素能繪製於別項之上。這些提供了十分實用的視覺表現，指出在程序中哪些要素產生最多成本、或最多錯誤，進而做出與應受矚目之處有關的決策。圖 22.6 便是一個不證自明的範例。

　　這類圖表能立刻顯示出程序或問題中各種構成部分的相對重要性，且比起 Pareto 圖要更易於建立又便於瞭解。這一點使它們更適合用於大尺度的簡報、或是相關員工教育程度較低之處。

　　檢查表或檢查清單也能以各種方式加以應用。在品管背景下，常見的使用方式便是用以調查顧客─供應商間的關係（這項技術對內外部顧客皆可適用）。它對於程序定義的改善、及創造一套公正不偏之程序績效與顧客滿意度評估方式，能協助調查顧客的要求與優先順序。任何一種特定的應用方式皆可以使用更詳細或更特定的問項，且也許能由選定的統計應用方法加以支援。

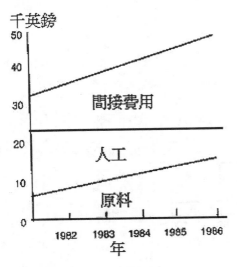

圖 22.6 分層累積圖

　　直方圖（或稱長條圖）是一連串資料的視覺表現，並可在兩種以上的特性間彼此比較。它們最常用於展現次數分配，對彙總資料極有助益，及評鑑中央傾向與散佈情形。

　　建立直方圖只需兩條軸線。基準線（X軸）根據資料的重要分隔而區分，縱軸（Y軸）則顯示次數。在每一個分隔點上繪製一條直線（或直欄）。習慣上分割長度（X軸）應相等，意味著直條上唯有高度變化不同。然而，在某些情況下也可用群組寬度不等同於長條寬度的方式取代，而可能與所呼應的次數成比例。此時長條高度則與以下比率呈正比：群組的次數／群組的總長度。

　　非均勻的X軸群組長度只用於標示小樣本量的情形。直方圖的形狀可能顯得反覆不定。在圖22.7中是一幅直方圖樣本。點陣圖則用於決定兩項變數間是否存有關係。點陣圖並無法對這些關係提出正式的量數，也無法確證這些明顯的關係究竟是否因巧合而構成。一般會以其他統計方法與點陣圖同時並用，以測試這些關係的顯著性。這些方法可能包括線性迴歸分析、複迴歸、與相關係數等等。

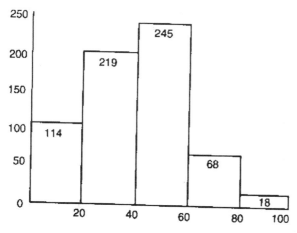

圖 22.7 直方圖範例

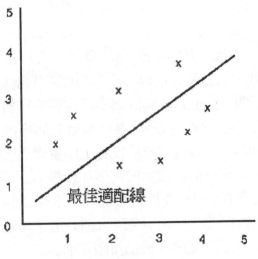

圖 22.8 點陣圖範例

　　一般而言，點陣圖將自變數繪製於橫軸，應變數繪製於縱軸。其基本目的便是要辨清在這些點之間是否存有任何公式典型。若真有，便可繪製出一條「最佳適配線」，使其兩側具有相同數目的點。圖 22.8 便是一幅點陣圖的範例。

22.5　重點回顧

　　計量方法提供了績效與績效改進之正式衡量與評估的主要技術。然而，它們也提供了一片遼闊天地足以愚弄你我。它們必須在妥當、聰穎、並能充分瞭解其正確性及意涵的情況下使用。

　　數據常用以支援決策─且支援原本就是它們恰當的角色。它們不應成為決策時使用的唯一考量因素。其中有許多理由。第一，它們可能不盡正確。即使在機器點算、產量衡量、工作週期等處也常會產生誤導性的數字。一旦在點數程序中牽涉人為因素，那麼某程

看穿數字的背後

有一家大零售組織為它旗下的各家分店發展了一套員工生產力系統。這套系統利用產出活動量來推導各分店的員工建議人數。在各分店中的程序皆已標準化，但系統容許為不同建築的實體特色（如多樓層工作）、及偶爾需要變更程序之某些特定分店規模作個別調整。儘管有這些個別差異的遷就、及為反映工作量變異所做的員工數調整，該組織發現某些分店持續處於高度加班壓力之下。這些分店經理們身受資深主管的壓力，要控制其分店成本、及跟上「優良」分店的生產力。在一段時間之後，卻發現大部分這一類個案並沒有顯著改善，對壓力的抱怨與高度加班仍持續如前。

最後，對問題分店進行一項短期的調查，著重於生產力的改善。其中指出三點問題來源：

· 資源管理不當
· 員工經驗不足、未經訓練
· 高度的商業發展活動

第一點是可想而知；畢竟，這套系統的目的之一在於輔助經理人將資源利用達到極致。第二點則呈現出主要的問題所在。系統本身假設員工之間具有「平均」水準的能力與經驗，但其實，在如此一個高度成長的組織中，真正的「平均水準」由於高度的員工流動率與不斷招募新人而遠低許多。最後，系統只記錄「成功的」商業發展活動，即能產生可評量之產出的活動。任何不成功的商業發展活動一概被排除在外。其衝擊是那些努力發展新生意的分店們都因系統的不當而遭受傷害。

度的疏失錯誤幾乎是無可避免—試著數算田野中的羊或池子裡的魚看看—其點數的困難度與清點生產線上的製成品、或清點分店零

售點中的服務項目所差無幾。類似地，儘管實際數目再怎麼正確，若忽略了某些關鍵的程序事件（如第二十章烘焙廠範例中的「程序間」再循環），這些量測，以及由此衍生的數據，都將錯誤。

第二，統計數據只代表機率，並非真實—請記住在標準差計算中所使用的「平均」數—尤其是在批次規模或樣本量規模變動時。這些計算推演的答案多多少少是正確的—但永不可能精準無誤。第三，因為這些計算在某程度上是「錯的」，全然依賴它們必定會產生一定程度的不符現狀，而往往導致埋怨與莫須有的作法。

第四，瞭解這些數字如何導出要比數字本身更重要。一昧盲從數據將造成將重點放在改善數字上，而非著重於改善程序。常可見頹敗或掙扎求生的公司將焦點擺在減少成本上，強制執行整體性的裁減，譬如 10%的員工或 10%的薪資成本等。儘管就短期而言，這也許應付了立即性現金流量的個別問題，但長遠而言，它對公司的未來往往毫無幫助。未以改變工作量為配套來支持的全盤性員工裁減，只會增加留職員工的壓力（導致更高的病假），重要員工的離職、及增加留職員工加班時間（實際上反而更增加成本）。這一類組織的問題往往牽涉到定價、競爭力、市場行為、運送問題或其他許多經理人未能找出的因素。

牽涉到金錢的因素也同樣牽涉到品質。短期中對品質強硬推動是一項組織常見的特色。然而，除非針對生產程序做出變革，否則只是掃蕩一般性失敗因素而已。只要壓力舒緩下來，系統又將一如舊態。更進一步的現象是所謂的「束腹」管理。此時，在程序的某一階段中透過 SQC 技術指出一項品質問題。接著管理壓力加壓於這一點上，產生績效改善，品質問題就減少了。稍後才瞭解到問題並未消失，只是移轉而已，或許透過減少問題區域的投入端而往前回溯，或者透過放寬產出端（通常是變更品質標準）往下蔓延。

良好、正確的數據對績效評估事關重大，但並無法取代完善而資訊充分的管理。良好（指正確、推演完整、且可靠）的數據可對

經理人訴說更多組織程序中發生之事。但這也就是其用途的極限了。數據無法述說為何所通報之事會發生─這卻是更重要的。數據什麼也不是，只是經理人選擇記錄之特性與事件的陳述方式。要求改良數據─就像很多經理人做的那樣─將確保他們就只能得到那樣的結果。組織的程序、產品或服務都毫無改變，但數據的確看來漂亮多了！經理人們必須看透報告數字，並思考組織的深層面。這些有待思量的層面可能包括監督的品質與數量、機器設備的正確性與可靠度，員工的感受與態度、及顧客的期望等（畢竟，許多抱怨皆源自行銷活動所創造的顧客期望與組織所生產的產品/服務不符。）

摘　　　　要

　　本章介紹了品質管理中主要的計量工具。本章並不打算創造出統計專家，而是對其原則提出一番概觀性的探討，提醒讀者們可透過統計學書籍獲得更深層的瞭解。

學習要點　計量方法

計量程序控制（SPC）需要：

・一套事先定義的程序、評量系統、及作業性定義
・SPC 可監視系統的產出，控制圖便是 SPC 的產出結果
・這些結果便是採取下一步行動的基礎

計量品質控制（SQC）技術包括：

・Pareto　圖
・魚骨圖

- 分層化
- 檢查表
- 直方圖
- 點陣圖

評論

- 它們是衡量績效的主要方法，可以告訴我們事物之其然（what），但並非其所以然（why），需要以完善又資訊充分的管理輔佐之。

問題

請利用第二十章所發展的程序圖，指出在哪些關鍵點上所收集的數據資料將可產生實用的結果。試挑選恰當的技術記錄這些值，並請說明你的選擇。

設定標竿

「學著大公無私，並極力推廣所知與公認最好的。」

Matthew Arnold 評論

前言

　　一個能滿足現有顧客已知要求的組織，並不足以在今日競爭激烈的環境中確保其長期成功。若有其他組織提供更佳（就顧客角度而言）的產品或服務，那麼隨著時間的流逝，可能顧客便將投向更高品質供應商的懷抱。

　　同樣地，在著手進行一項品質提升計畫時，只去定義現有內部績效與評量相關之改善方式是不夠的。因此，從顧客要求與最佳競爭商品的角度，定義其高品質與改善方式的確事關重大。所以品質提升的根本，在於知曉自己的產品或服務在同一個市場中比起其他產品究竟勝敗如何。這也就是設定標竿協助建立的根本。目前廣受許多組織所使用的特定標竿即為 ISO 9000 系列，它提供了品質管理系統的標準規章，並在某些人眼中可創造出競爭優勢。

　　設定標竿受到世界上大小組織的採用，這能協助他們比對自身績效與所能衡量到的最佳績效，進而有利於業務的發展與成長。

23.1 何謂設定標竿？

基本上設定標竿是一種打算讓市場中的每一位參賽者皆能提升自我績效，而發生於個別（往往彼此競爭）組織間比較績效特徵的程序，

設定標竿的首要目的在於更明確瞭解競爭者或顧客的要求。一般認為這樣的瞭解（尤其在顧客方面），有助於減少抱怨，並提高顧客滿意度。程序改善可協助減少重製、矯正、浪費或其他品質問題相關成本，而設定標竿也可令革新（無論程序或產品）更快速地散佈於該產業或產業中適當之處—譬如說，不論何種產業，在供應與配送後勤方面都有許多類似的問題。

設定標竿牽涉到許多簡單的步驟。首先，要從顧客的觀點建立起究竟是什麼因素導致供應商的產品或服務有別。舉例而言，為什麼某項產品被視為差強人意，另一種卻有出色不凡的評價。第二步則是根據所知的最佳實務行為設立標準。換句話說就是將此等最佳行動視為組織績效的「標竿」。接著第三步驟確定標竿組織透過哪些手段達成這些標準—從設標竿者的角度而言，這一點看來總是充滿挑戰性。最後一項步驟是利用人員的能力達成，（可能的話）甚至超越這些標準。

在這個階段重要的是：瞭解到真正舉足輕重的部分並不在於產業本身，而在產品、服務、或活動的核心特徵。儘管對準某家航空公司立下標竿或許相當理想，但由於競爭、政治、法律等緣故而可能十分困難（例如這一類行動可能被視為違反競爭或可能導致企業聯合定價）。就另一方面來看，比較航空公司與報業或麵包店之市場行銷或後勤部門，是完全合理的，因為其產品都共同擁有一項重要特性—沒人會買隔夜的麵包或報紙，而一旦班機離開，也沒人會再登機！類似地，在銀行的顧客與詢問服務台、及航空公司或百貨

公司的櫃臺間，也可推演出實用的比較性。即使特定問題也許大相
逕庭，但核心程序卻彼此類似。

　　設定標竿程序透過一套嚴謹的架構可獲得上述的利益。它對於
組織的重要領域協助建立一套紀律嚴明、要求進步的績效評估制度
，也避免重蹈前人犯過的錯誤與疏失，因而預防了犯進一步的錯誤
。

　　透過設定標竿，可以有效地處理兩項績效改善的主要限制。第
一是常能影響組織績效的知識所受的限制。大多數人對某程序或產
品的知識與經驗在特定環境下被收集在一起。除非他們有進階訓練
的機會（也許透過商業學校或某些合作形式），否則大部分就閉絕
於能改進程序的發展之外了。於是這就變成事物存在與進行的方式
—因為他們對不同或更好的方法全然不知。在第九章中有關
Fletcher Challenge 中國廠的故事就強化了這一點。

　　第二，透過設定標竿，則可克服所謂的 NIH 症候群—「此地行
不通」症候群（Not Invented Here）。NIH 是一種許多組織與員工對
提升績效之改革提議的典型反應。通常伴隨著以下意見：「那對XXX
也許很有用，但在我們這兒沒效啦！」，並且經常輔以「因為我們
與眾不同」、「我們的狀況不一樣」、「我們的顧客不希望這麼做」等
等類似藉口。事實是：NIH 是一種打算阻撓改革計畫的防衛性策略
。若透過標竿計畫將可能受改革影響的員工捲入其設計中，那麼他
們便較不會抗拒這項革新，並較可能發展出「在這兒也有效」的心
態。

　　整體而言，設定標竿首要之務在資深管理階層的承諾，特別是
對於探究調查的支持。第二，它需要在程序中訓練並指引員工，以
確保能獲致最大效益。最後，則需要分配部分相關重要員工的時間
來加以執行。

23.2 如何進行設定標竿？

　　無論所牽涉的公司規模大小，以及儘管大公司比起小公司或許會耽溺於巨量的資料收集中，或是必須對周遭反競爭或獨佔行為等議題更有自覺，但總共都只有五項步驟（請見表 23.1）。

表 23.1　設定標竿 5 步驟

1. 指出標竿特徵
2. 指出標竿對象
3. 設計資料收集方法
4. 篩選分析工具
5. 執行變革

　　步驟一：評價、並指認將設定之標竿的特徵，這一點可透過 Pareto 分析達成。儘管的確可將所有程序中可資衡量的各特性皆加以設定標竿，但這麼做對公司的回饋報酬卻可能變異甚大。請記住 Juran「舉足輕重的少數、與有用的多數」的建議，試著一開始先確定公司需要在企業領域中的哪一方面突出，並緊記在品管背景下，這些皆應就顧客需求的角度表達。雖然或許可提升極具重要性的獲利績效，但對顧客無益的程序改善並不一定能直接提升競爭地位。品質標竿可能包括可靠度、持久性、一致性、正確性、在製品重製率、服務時間、售後回應等等層面。影響獲利的因素—以及能透過減價導致更有效競爭的因素—則包括重製、資本、存貨水準的降低；每員工平均銷貨額（、詢問銷售轉換率、空間利用等因素間的關係；以及日增的管理資訊系統之利用效能。

這些爲專案選定的準則，應以爲顧客提供最大利益爲基礎，而非令特定專業團體著迷的事物。基於後者觀點之下的作法往往導致重大挫敗。舉例而言，許多組織自 1980 年代中葉就大量投資於日新月異的電腦系統，打從 1980 年代早期的 286 晶片科技，直至 1990 年代後期 266MHz 的快速處理器。儘管處理速度無疑十足進步（就科技而言，機器比以往快多了），但使用者並未得到真正的商業效益（許多人的打字速度還是一如既往！）處理器速度並不具優先重要性，只要它總是比人爲操作快就夠了。從顧客的角度來說，他（她）一般對機器的速度沒太大興趣，重點在程序產出的正確性—這可是許多組織無甚明顯成就而仍怪罪「電腦」疏失的區域。真的無須多做重複：犯錯的是人，不是機器！

有待設定標竿的特徵首先應該是真誠關心顧客者，第二，應對組織具有物質上的重要性。其他的標竿區域則包括組織明瞭自己正遭遇的問題，可能跟顧客或競爭者有關。涵蓋議題可能包括員工訓練與發展、招募與營業額、原料及其他投入成本等等。

第二步則決定以哪一種組織作爲標竿對象。就分區營運之極大型組織的情況而言，從內部設定標竿開始也許十分合理，譬如說比較兩家工廠的配送後勤程序。若這一點無法達成，就有必要向組織外尋求設定標竿對象。可能居於境內，也可能處於海外。起始點就是再度詢問顧客們：誰是這個商業領域裡他們心中所屬的第一名；畢竟你要滿足的人就是你的顧客。這也有助於指出顧客認爲重要的績效特徵。

其他來源還包括刊物、貿易與產業協會、產業顧問、或學術界等。放眼海外，各種貿易委員會、領事館、國家部門應該都能提供實用的線索。舉例而言，在香港可求助於生產力評議會（Productivity Council），而在英國則有許多組織專門著重於設定標竿實務與合作。

　　在挑選標竿對象時，有四點重要問題需要注意。第一，這家公司與你的公司有淵源嗎？例如說，已經具備了顧客一供應商關係嗎？第二，其經驗是否直接與我們的需求相關？第三，它們真如其聲望所示一般優秀嗎？常見公司維持其產品或服務之優良聲望長久不墜，正如有些公司可能已大幅度提升其績效卻仍背負著既有的壞名聲。舉例來說，1970 年 Fiat 公司獲得了一項汽車鏽蝕甚快又很嚴重的名聲。這個情況並沒有維持多久，且儘管道路證據顯示出這點評價並不公允，但這項評價卻始終縈繞其產品。最後，正如先前所述的，與標竿對象交換資訊是否無妨？除了注意反競爭行為的法律問題外，組織也必須認知到在某些國家之間與基於某些目的之技術移轉受到限制。有必要藉由適當的法律諮詢，並理所當然地應用常識支援這些一般性的考量。

　　資料收集方法論的設計，則凌越於確保嚴謹運用計量方法並得出有意義結果，乃至如何實際取得資訊等真實議題之上。其中最首要又垂手可得的來源便存在於公共範疇中，例如公司年報、刊物文章、貿易協會雜誌與叢書、學術研究（已進行且已發行）、以及專精於促進設定標竿的團體與顧問業等。儘管通常直接競爭者只會透過第三者（如貿易協會等）交換資料，但某些組織或許有直接接觸的餘地一特別是能在其他方面提供同等互惠協助時。舉例來說，你或許會用員工輪替與發展計畫的資訊交換有關後勤配送的資料。只要雙方認為是公平交易就行（就解決問題的角度而言），資料量可能並不構成阻礙。在這個階段中真正事關重大的是：促進設定標竿所需的資料在一開始時就要指認正確一沒有比必須回頭向合作伙伴索求更多資訊更糟的了，也沒有什麼比基於不完整與不正確的資料來設計改進活動還要更無補於事。且應利用統計學家與其他適任專家的協助支援資料收集程序，比方說顧問（無論內部或外部）就深具程序圖示化與分析的專業能力。

第四個步驟則反映出與第二十章中闡述之程序檢討有所相似的階段。其主要差異在於：與其說尋求一般性的改善，不如說設定標竿的探究在於尋求程序間的特殊差異，而此差異能顯示重大的績效差距。對這種績效差距的認知便是進步的基礎，並能認知到對某種情勢下某公司行得通的作法，對另一種情勢下的另一家公司不一定有效。

最後一步，第五項步驟就是執行變革。就技術而言這是相當直觀的，必須根據所指出的改進範圍設立新的績效標準。綜觀所有受到影響的程序、且在妥善的支持下，程序的最低層經理人需對執行變革擔負起直接的責任。如有必要，也必須提供額外資源以支持這些變革。舉例而言，或者有必要加班工作以創造出一個能吸收受特定變革影響而中斷之工作的窗口。這可能發生於一個因重新設計倉儲佈置而需在短期內創造可觀空間的快遞單位中。最後，則必須進行一套績效監督計畫以掌控進展情形。

設定標竿，就像提升品質一樣，永無止盡。它是延續不斷的程序，且雖然第一次行動的邊際效益可能最大，但此程序仍應一直延續下去，以確保組織始終能在個別的領域中有最佳的實務作法。

23.3　重點回顧

本質上，設定標竿是一種組織虛懷若谷的行為表現。所要求的並不是讓參與者洋洋自滿於自身的優秀，而是要求他們尊重以下的想法：也許在產業中有其他人在執行某項程序上比他們更有效率，也就是說，更便宜、快速、且更能滿足顧客的期望。因此他們必須起身向那些更高竿的執行人員學習。

從技術上來說，就如同之前所顯示的，設定標竿並不是一套困難的程序，這五項步驟都頗為直觀，且整體來說，首先便形同於迎

頭趕上領先者，其次則是努力嘗試改善績效。但就像其他作者們會告訴你的一樣，寫一本原創性著作要比寫一份評論難得多了。

至於設定標竿的風險則在於組織的抱負只是「像其他人一樣好」，並依此設定其視野。這代表組織僅是模仿別人的實務，卻並未調整這些實務融入其組織運作的獨特情境。仰賴著這樣的模型（模型只是真實的一種表徵），組織將永遠無法達到與所模仿組織並駕齊驅的績效水準。因為除了塑型者認為重要的特徵以外，模型並未透露出任何與組織或其情勢相關的事物。

第二個問題在於照本宣科理所當然無法增加競爭優勢。這種作法只是更進一步地打平戰場，減少市場上的多樣性、並因而減少消費者有效的選擇。若是產品或服務之間毫無相當差異存在，那麼購買者便將藉由其他準則來做決策，如方便性、易得性、或品味（流行）等，而後者極端多變無常。

為求生而做的設定標竿

Derwentside 地區議會

Derwentside 地區議會的科技服務部在 1994 年 6 月取得了 BS5750 標準（日後的 ISO 9001）認證。這個成功的結果，乃是從 1990 年 9 月提出初步可行性研究報告起，經歷了一連串漫長艱辛的程序才達到的。對策略的承諾隨著時間漲潮退潮，端視衝突工作的優先性而定。不管如何，這個程序終究在主要目標之前圓滿完結，並在預算範圍內達成。

應用品質管理技術的主要動機，源於未來專業服務在強制性競爭規定下，必須與民營組織一較短長的展望。這項壯舉的致勝關鍵因素便是透過資深主管的承諾與推動，以改變組織「風氣」。基於以下的認知，而採行了這項策略：溫和評估程序的服務品質面向，

最易於透過第三者認可的品質管理系統引證而展現。

　　除了有能力與民營組織競爭之外，同時也實現了另外兩點利益。第一，提升了這一部門在議會中的印象。其次，這套 QMS（品質管理系統）為支援其他必要改革提供了有益的媒介。在現有系統不足或不存在之處衍生了極大的利益─尤其當初在這些領域中遭受的反彈最大。

　　這套系統已經順利運作三年之久了，且如今受外界顧問評價為「成熟系統」。該部門相信它也賦予他們追求政府提議之「最佳價值」的優勢。

　　根據外界的規章對服務進行設定標竿的改革，的確明顯地為 Derwentside 地區議會貢獻良多。

　　設定標竿對於快速提振組織績效，可能是極有價值的技術。然而，若真心想改善組織的競爭地位，而不只是在遊戲中亦步亦趨，那麼就必須將標竿基準的建立作為重大改善、超越顛峰的發揮舞台才行。

摘　　　　要

　　本章扼要地介紹了在品質提升計畫背景下，以設定標竿作為績效改善舞台的想法，並探討設定標竿的程序，且提出評論。

學習要點　設定標竿

關鍵定義

‧它是一種與其他組織的程序與系統相對照以作為改進基礎的正

式比較實務。

重要技術

- 指出關鍵特徵、指出標竿對象、設計資料收集方法、篩選工具、執行變革

評論

- 要求謙虛
- 具有學習意願
- 風險在於只是追隨，並未有超越競爭者的心態，因而可能造成消極防守而非積極競爭

問題

你會使用哪些績效衡量法則來挑選你的設定標竿對象？

第二十四章

供應商培養

「爲何你只看見你兄弟眼中的微屑，卻看不見你自己眼中的樑柱。」
（Matthew,7：3,新約聖經）

前言

　　供應商培養在標準品管文獻中並不是一個受到充分探討的主題。然而，供應商卻攸關品質提升的成敗，在物料或服務兩方面皆是如此。投入製造程序的原料品質對產出品質是重大的取決要素，而外購服務的品質，如配送、會計支援、資訊科技支援與建置、或機器維修等等，也在在影響生產程序或顧客接觸面（如透過送貨或開立發票等方式）。明顯地，確保內部程序投入與產出端的外部廠商符合必要的品質標準，也是優質組織的一部份。

24.1 何謂供應商培養？

　　最好將供應商培養當成正視品質提升之公司信奉的企業政策。它牽涉到公司對其所設立與達成滿足顧客要求之內部品質標準的承諾，並且支援它們的供應商，促使供應商們也能滿足這些相同的要求。

　　傳統上，希冀能對其價值鏈上下游部分發揮某程度控制力的公司將遵循垂直整合的途徑，這可能透過發展自身的服務或購併等方

式。然而，這些老套途徑已經證明並無法充分成功。公司會喪失其核心業務的焦點，並往往在其他部分落敗於專業者，且耗費更多成本，以致於成為許多方面的半調子，而非專精於一。同樣地，時常其整體利潤也受到負面影響。供應商培養避開上述策略，承認自身受到的限制，並尊重滿足其特定需求的專業能力與知識。

供應商培養要求公司改變其對供應商的相關姿態。傳統上，買方─供應商的關係是對立的，雙方都企求從這段關係中獲取自己的最大利益。供應商培養則要求將這種關係轉變為協力合作，以致使買方與供應商一起將共同利益最大化。這需要購買程序的變革，必須中止基於最低價格與秘密投標的訂購方式，改以替雙方達成公平結果為基礎，而進行資訊公開交流或議價。舉例而言，必須尊重雙方因其努力而獲得應有報酬的必要性。

某些學者也鼓吹向單一供應商的作法靠攏（如 Deming，1986：35—40）。這種政策有利有弊。就積極面而言，利用單一供貨資源應能在一致性、降低變異性（即更能固守標準）、持續改善標準、以及減少文書工作等層面上保有更高的可靠度。從供應商的觀點來說，他們或許可以確保擁有特定水準的訂單；訂單價值可能更高；商業規劃更具確定性；長期生產運轉的批次規模較大（減少停機時間與設定時間兩方面都能提高生產力）；貨款更為可靠；且可得到額外的專業能力（從顧客處）。

再看看反面說法。買方組織可能會自絕於其他選擇之外，減少了（符合要求的）原料投機交易或現貨買賣的機會；也可能減少與供應商議價時的籌碼影響力，尤其是當供應商力量高漲時（Porter，1980）。組織變得對供應商在策略、戰術、與績效上的轉變不堪一擊。特別當所購買的產品或服務對程序極為關鍵時則更加重要。舉個例子，假設配送工作外包給某家專門貨運公司，而該公司由於某些與契約無關的原因（如罷工或汽車限量供貨等）發生財務或其他困難。從供應商來說，成為某特定組織的單一供應來源，可能牽涉

到貢獻它絕大部分的資源以滿足這份訂單。在這種情況下，它反而可能容易因顧客所遭遇的困境、或是在對方的產品或策略轉變時受到傷害。舉個例子，若買方停止生產特定產品，或苦於各方面競爭導致產量下跌，那麼供應商的生意與命運也同樣會受影響。

上述的討論，是在協議任何單一供應關係前所必須斟酌的一般考量。可能雙方都認為在特定狀況下其利益比弊病與相關風險更有價值，而選擇著手推動。另一方面而言，其中某一方也可能發現這段關係將使他們格外脆弱，在此情形下，他們便應該轉而尋求替代方法。

明顯地，若與某買方的協議相當於其營業的絕大部分，並限制了與其他團體做生意的能力（無論為了什麼原因），對供應商皆有相當程度的風險。

也就是說，對買方組織來講，成功地執行供應商培養的策略也具有相當的潛在利益，特別是用於創造長期穩定的關係。

24.2 如何進行供應商培養？

唯有在一個已然全心承諾提升品質、且認知到提升投入品質對執行其品質計畫不可或缺的組織中，方能進行供應商培養的政策。在組織尚未達成高品質時進行這項政策，可能會被供應商視為企圖將品質缺失的譴責加以轉嫁。而這樣的方法是不太可能被接受的。

供應商培養的進行有七個階段（請見表 24.1）。第一個階段正如品質提升計畫的第一階段一般極具決定性。若資深主管未對這一程序與其結果許下承諾（包括提供短期財務支援與承諾對該策略投入員工資源的必要性），則必敗無疑。

表 24.1　供應商培養七大階段

1. 資深主管承諾供應商培養
2. 審核並評估內部標準
3. 定義並量化所預期或必要的轉變
4. 與特定的供應商協議
5. 組織聯合團隊並發展訓練計畫（如有必要）
6. 由團隊定義精確的目標、移交物、與時限
7. 進行變革並監督其影響效果

　　第二階段是審核並評估使用供應商投入商品的程序，以確保它們能滿足現今內部的期望。同樣地，投入商品本身也必須受到正式的評估。若程序因內部因素而失敗，那麼再高度的供應商培養也無法挽救。類似地，若想要待接洽的供應商提升其績效，則買方透過顯示自身產出的影響而精確理出其需求，也極為重要。

　　階段三是買方組織須確定希望供應商能遵守哪些規範標準，而哪些變革是因此必要且在意料之中的。辨清哪些層面是可接受績效（即滿足要求）不可或缺的部分，哪些層面又是長遠有益但目前非必要的部分，將十分重要。這個階段與階段二結合在一起，定義出供應商目前表現與必要表現間的缺口差距。這一點也定義出供應商培養策略的起始範圍，並提供衡量後續績效改善的基礎。

　　前三個階段只是籌畫與廠商接洽的基礎而已。買方組織現在備齊進行有意義討論所需的資訊了。階段四則是與特定供應商發展協議。明顯地，就算供應商沒有意願參與這項計畫，也沒有什麼損失，因為組織已然準備周全，可以明確的期許與想法另行接洽替代資源。供應方組織也必須有所準備，如買方組織一樣對績效改善立下

合作或競爭？

身為食品產業與大眾接觸的界面，大型連鎖超市都採取所謂的供應商培養策略。它們承諾持續提高它們販賣的食品品質（以他們的衡量法則），並且將此承諾於其廣告中宣傳。

這些組織透過購買行為與它們的供應商密切來往，所評估的不只是產品本身，還有工廠、農場、配送系統等等。它們與供應商針對產品各方面協議出繁瑣嚴謹的標準，並保留回拒不符標準之貨物的權利。在這個領域中，價格是個艱困的主題，由於連鎖超市間激烈競爭，而相應施壓於供應商降低成本。

然而，它們並非始終堅守本章所描繪的供應商培養策略。通常當前三個階段完成時，其後這個程序往往就崩潰了。協議常是片面性的。連鎖超市的購買壓力，伴隨著食品生產業的分崩離析而有許多小型的競爭供應商，易使那些供應商們對壓力不堪一擊。相同地，階段五、六、七，也常因超市期望供應商順應新標準並承擔這麼做的成本而作罷。儘管短期似乎對最終消費者有利，但在長期卻存在著供應商數量將大幅減少的危險性。在這種局勢下，選擇與多樣性將節節下滑，而價格則將上升，反映出供應商與超市關係間的更大勢力。

長遠來說，供應商培養策略所意味之買方與供應商間的「伙伴」想法，或許對各界最為有利。既可維持多樣性；因持續競爭之故，價格也較穩定；且食品品質也可不斷提升。但這唯有在合作而非鬥爭情勢下方能實現。

相同的承諾。且應以一份設立計畫目標、方向、以及預期達成效益的書面協議作為繼續前進的基礎。

階段五則組織問題解決聯合團隊，以追求各種效益為己任。這些團隊應採用品管圈的型式，並可能需要經過訓練與培養方能有效

發揮作用。理想上，這些團隊中應包括雙方組織相關部門的代表。一個在構成上排除了產品買方與業務人員的團隊，是無法發揮效能的，因為他們可能對某特定產品或服務的問題知識有限。作業人員應視為這類一團隊的基石，而有權在適當時刻援引其他資源，譬如會計人員（成本編列）、統計人員（發展程序控制測量）等等。

階段六為執行階段，此時上述的團隊應按照目前的績效差異定義出精確的目標、任務、與時限。執行程序本身應多多少少遵循品管圈運作模式，使用相同的品質工具與技術。

最後，階段七牽涉到執行所有萌生的變革作為，並對照預期效益監視影響效果。或許極大型的組織會需要一個監督或指導委員會以綜觀整個執行計畫（尤其在計畫中有一部份是將所產生的學習成果轉移給個別營運的其他部分時）。但對較小型的組織應該是非必要。

就像品質提升計畫的大部分其他面向一般，供應商培養應視為永無止日。它是一個旨在為了雙方利益而持續提升績效表現，不斷前進、反覆不休的程序。

24.3　重點回顧

藉由組織合作提升績效，可增長明顯而重大的利益，包括使製造程序順暢有效率、降低成本、提升生產力、及更充分滿足顧客的期望。這個策略的缺點，主要在於對單一來源的倚賴，使買方與供應方其中之一產生脆弱性。這種脆弱性與財務影響及供應疏失風險有關。

若要成功，則供應商培養策略需仰賴雙方承諾投入策劃工作，並有意願始終以良好的信任感行事。

摘　　　　要

　　本章以身為整體品管策略一部份的方式，簡單地介紹了供應商培養的概念。這個主題在品管文獻中尚未引人注目，在此所披露的想法只是提供一個基礎的輪廓而已。

學習要點　供應商培養

關鍵定義

- 買方與供應方協力合作，在價值鏈的上下游提升品質

重要技術

- 承諾；審核與評估；定義變革；發展協議；組織團隊；定義明確目標；執行

評論

- 透過順暢化、降低成本、提升生產力而取得利益
- 缺點包括來自供應商的脆弱性、價值鏈中權力的不均等、以及可能減少選擇與多樣性

問題

　　請思考內文中提到的食品產業範例。並提出能達成較公平、權力均等的作法。

第二十五章

質性方法

「成功助長了他們；他們似乎可以做到，而且果然做到了。」

Virgil, Aeneid, Ⅱ, Ⅴ.231

前言

　　本章的目的，在於回顧一些品質提升的非計量方法，說明它們可能的運用方式。讀者們將回憶起第二篇中大師們的方法論。本章中也將討論個別的工具。

25.1　品管圈

　　品管圈通常視爲 Karou Ishikawa 博士獨創的思想，且已廣受世界上許多公司以各種方式接納採用。品管圈之所以存在，乃是爲了指出並解決組織中及與特定利益團體或活動相關的品質問題。

　　採用品管圈的目標，在於改善並發展組織；展現對員工的尊重並提升他們在工作上的滿意度；以及延伸他們的潛力。每一個品管圈由 4 到 12 位成員組成，並由監工者或主管領導。其注意力焦點著重於自身領域中的問題，儘管問題若由前端程序所導入也應加以指出。這些問題便成爲監工者或主管應注意的責任。

　　品管圈的效能需仰仗許多重要因素。其中最主要的，便是來自資深主管與作業主管的支持。若是這些層級橫加阻撓或妨礙其努

力，即便是消極性，那麼此一積極舉動也終將失敗。與此類似，員工參與也必須是自願性的，且參與員工與領導者皆須經過適當技術的訓練。

一般建議品管圈成員具備共通的工作背景。但這可能阻礙了跨越程序藩籬的問題對策發展。理所當然的，某領域中的問題可能由該領域產生的品管圈成員來解決。不過這種方法並不一定有助於跨內部程序的問題，且否決了跨學科團隊的應用。目前已發現跨學科合作格外有助於作業研究，並在許多其他範疇中日益普及。至於「共通背景」品管圈的主要利益，便是成員將不會覺得對策是由外界的無關團體所強加。對問題對策產生「認同感」通常被認為是克服變革抗拒心態的一種有力手段。

品管圈屬於對策導向，且極易陷入對組織的抱怨。這一點可能明白顯現於對程序的其他部份之哀嘆，或毫無建設性地比較一些無關品管圈中心目標的工作狀況、薪資率、或其他問題等等。

品管圈的組織應大約同於會議的一般良好實務：固定特別保留的時間（但要有長度限制）；將議程表與邀請函傳布給所有與會者，並至少禮貌性地一併致交主管/監督者。並建議定期輪替品管圈主席，且在品管圈中避免階級出現。除了積極參與品管圈的利益之外，即便意義有限，卻也提供了一個讓所有成員嘗試經理人角色的機會。也可以當成是良好的訓練實務，並且是主管觀察個別員工如何肩負較有責任且具監督性的角色。

儘管這方面的爭論不斷，但一般而言，承認參與者的努力相當重要。某個思想學派指出，品管圈中的參與者只是藉著展現出如何達成改善而善盡他（她）對雇主的責任。若能透過這一點實現滿足感與日漸提升的工作安全感，那麼其努力便獲得報酬了。而另一學派則相信員工取得的是執行特定任務之報酬，額外責任應有額外報酬。

　　這些肯定與獎酬的面向與組織文化及地理位置有關，必須在特定組織的社會文化基礎上做相關決策。這表示適用於香港或新加坡的方式，對東京或倫敦可能無法全盤合用。

　　品管圈無法自立成爲 TQM（全面品質管理）的一種方法，而需由其他活動加以支援。在這方面的一項重要缺點，便是跨組織領域的工作及在組織高層中欠缺品管圈的層級。這代表在這個傳統的方法中，無法認清或妥善地處置互動關係。

25.2　工作設計

　　工作設計透過提振工作績效而涵蓋了與品質提升相關的一些議題。它牽連到承認工作在傳統上幾乎未受設計，往往只是在最初時加以描述，接著便任由逐漸演進。工作在追求更高效率及減少錯誤的程序中可能已進行過重新設計，包括應用工作的研究與組織、及方法與技術等，但往往用於將工作分割爲更小部分，常在毫不瞭解整體程序與貢獻目的時，便驟下有關特定任務的決策。

　　這一小節提出多種有助於應付因此而產生之種種問題的方法，包括針對工作不滿意、片斷分割、與缺乏效能。

　　通常，組織並非有系統地組成，工作往往基於目前的工作量或過去的經驗來分派。在這種方法下，工作看似圍繞著組織隨機移動。結果工作者無法對工作激起認同感或責任感。就這種分配基礎而言，工作對他們幾無意義或價值。創造自然的工作單位（請見表25.2）代表：採用一種不同的方法，藉此創造出符合邏輯（自然）的團隊分組，並將工作分配給個人或小組，每個團隊皆承受所分派工作的完全責任。若員工能與工作融爲一體，他們便有更多機會從完成工作中獲得驕傲與認同感。對工作的認同感與對成就的驕傲往往會透過個人的責任感而使品質更爲提升。

表 25.2　自然的工作單位

- 地理性：每一位員工皆應根據特定的所在地來分配工作，如國／郡／區。
- 組織性：員工根據其所屬的部門來分派工作
- 字母順序：依照字母順序來劃分顧客處理工作，如 A-D、E-K、L-R、S-Z。
- 數字：供貨倉庫中的工作或許可依據儲藏櫃位置或零件編號分配給工作人員。
- 顧客（規模或型態）：可根據顧客的規模或型態分配工作。例如說某些銀行將顧客劃分為四個主要部門—大企業、小企業、高淨值個人、大眾市場—而這些劃分就反映在他們的工作分配中。
- 企業型態/產業別：每位員工皆專精於在某特定市場區隔中服務顧客或製造產品；如工程、財產、教育、醫療等等。

　　自然或邏輯分組可以順著許多面向發展，端視所待完成之事為何。在創造這些工作單位時，理所當然有必要維持同等的工作量。這可能意味著將較多員工分配到一個特別繁重的工作量區域、或將工作做水平或垂直方向的再細分。這一點可以藉由交叉配合類別來達成，舉例而言，將地理環境與產業別配合，或劃定採取行動的權限。這一點的例子，便是銀行中放款權限的運用，譬如某位放款人員或許可以在某個市場區隔中核貸至 25 萬英鎊，而另一位針對同樣部門的可核貸 25 萬至 100 萬英鎊。

　　工作往往分割為任務（甚至是次任務），而為了能創造出完整的商品或服務，通常需要 5 或 6 位員工的團隊。尤其在服務業，這些人可能存在於不同的領域或部門中。

　　這麼做明顯具有高效率（就 Adam Smith 的意義來說），因為人們對特殊的任務會變得極為熟練。然而，簡單又重複的小型任務往

往提供不了什麼挑戰，因而激發不出員工的興趣。缺乏興致便會導致不滿意、生產力下滑、錯誤率及曠職率增加、往往也增加了員工流動率一最後一項又造成招募與訓練成本提高。這個方法主要以 Fredrick Taylor 的研究爲基礎，且被認爲至少應對 20 世紀見於西方國家中的工業關係問題負部分責任。

將任務重新組合回完整的工作中，有助於對抗這類不滿意的來源，可使員工在他（她）所創造出來的事物中擁有榮譽感與成就感。運用任務組合，便賦予員工管理自身工作的機會，而不只是被要求去一再重複同樣的簡單任務。

爲了執行這個做法，有必要對工作程序具有廣博的認識。這一點可透過運用第二十章中所討論的程序圖示化技術取得。並需要在程序的作業或細節的層次上進行分析。另一種替代作法則是將相關工作人員捲入重新設計的程序中。他們已然知道程序，且從經驗得知，他們一般對於如何可達成變革與改善都具有良好的瞭解。

在這方面，最著名且肯定最爲極端的例子或許就是瑞典的 Volvo。Volvo 重新設計了整個汽車工廠，揚棄生產線方法，並創造了一個以團隊來建造整部車的工廠。在這樣的配置中，每個團隊人員皆運用了一定範圍的專業能力來完成任務。這或許可與員工只進行每部汽車中之單一任務的傳統生產線相比較。

另一個例子則是大型組織中收發室的運作。一般的工作順序如下：

1. 事務員 A 接收並封緘對外包裹郵件。
2. 事務員 B 秤郵件包重量。
3. 事務員 C 黏貼郵票。
4. 事務員 D 將郵件包記錄在郵資簿上。
5. 事務員 E 將郵件包分類並堆積起來以供遞送。

　　很明顯地，這些片斷程序可以重新組合為一項由單人完成的工作，而非由五人團隊執行。同樣地，也可能考量其他在目前分割方式中所固有的其他問題，如每一位事務員都能執行現由其他人負責的工作嗎？或許在某位事務員不見蹤影時，收發室的功能就中斷了，且並非由於工作量太大，而是因為只有一位事務員具備完成某部分工作的必要知識。

針織工廠

　　儘管某程序會因一位員工缺席而中斷，這聽來似乎相當滑稽，但某家針織衣物工廠的確遭遇了類似的情境。這家工廠在英格蘭的伯明罕區，將刺繡工作外包給專業人員處理。一批批的套頭毛衣以日為單位快遞給這些專業人員來完成刺繡工作—他們處於工廠的中端程序—毛衣需要再貼上標籤與包裝。

　　其快遞程序只有一點例外與上述收發室的範例不同，事務員 D 也需要從核可範圍內選出一位刺繡者，並將快遞地址記錄在筆記本上。那是組織中唯一一份分配刺繡工作的紀錄。這本筆記本由該事務員提供，並由她保管，「以便我能確保工作分配公平」。而在她病假缺席或年假期間，就無法快遞任何刺繡工作，因為其他事務員根本不知道該寄到哪兒去！這當然使得完成程序因此中斷，不只是工廠，對外包簽約者亦然。更離譜的是，工廠主管全然不知有此情形。

　　有極大範圍的潛在問題從針織工廠的個案中顯現出來，包括組織中控制與權力的主題。就目前的目標，已足以承認快遞程序的分割方式在組織中創造出一個重大的弱點，並且無論是否解決了控制問題，一個仰賴團隊每位成員出席才能完成的程序，必然是不受歡迎的狀態。

在大多數的組織中，員工負責工作，而由監工者或主管進行規劃、組織、控制、與協調的任務。傳統上，工作、績效標準、攸關時限與目標者皆由主管為部屬決定，而少有諮詢商議。這代表著：員工並不覺得有義務要完成那些他們認為屬於主管而非他們自己的任務。

垂直向分攤工作包括允許責任下放到組織中，容許工作者有一定程度的自由去設定他們自己的標準，並接受其成果的某種責任。同樣地，也可增加決策的幅度，授權員工解決問題與採取適當行動。

使用垂直向工作分攤法可以減少並移除某些控制或檢查活動，減少分派較具要求性的任務、及減少員工間的職權層級。若妥為掌控，則應能在較低階層中造成改善的循環，並應能使經理人更能有效專注於自身的工作上。垂直向工作分攤的運用，需以三項工作者的重要特徵為基礎（請見表 25.3）。他們必須有意願接受額外責任；他們必須具備適當的能力；以及其訓練程度與競爭力必須能與任務的要求相稱。

表 25.3 垂直向工作分攤的條件

・有接受責任的意願
・有配合要求增加的能力
・訓練程度能與新責任相稱

當然，經理人的責任便是確保這些情形皆能符合，並在必要之處提供適當的訓練。經理人也必須確保被授權的員工習慣於他們自由的空間，並學著睿智地加以運用。當員工學著應用這些先前專為主管所保留的決策技巧與判斷時，在最初發生錯誤與疏失幾乎不可避免。必須接受錯誤是學習程序最初階段中的一部份，且經理人必須避免撤回自由、重掌直接控制的誘惑。

決策奠基於資訊上，但往往員工處於所謂的資訊真空中。他們不知道績效標準（或甚至它們是否存在），每年才接受一次考績評量（或在許多公共部門中兩年才一次），且對他們正在執行的特定任務之表現優劣，並未提供任何即時資訊。

在這些情況下，員工們將會設立他們自己的標準，或彼此商量，或較常見地由個人單獨進行─去作他們認為對自身最好的事。大自然厭惡真空狀態，在欠缺來自經理人的資訊時，員工們便將創造自己的資訊。這可能與經理人的期望一致，但也可能並非如此。為了矯正這一點，必須提供工作的回饋資訊，且為了效能起見，必須由程序本身驅動；必須盡可能「即時反映」；必須持續提供；且必須對接收者具有意義（請見表 25.4）。未符合這些條件中的任何一項，都將造成資訊無效。

表 25.4　工作回饋資訊

- 由程序本身驅動
- 即時（或盡可能接近）
- 持續
- 具有意義（即必須以接收者瞭解的語言表達）

回饋（feedback）這個字是英文中最容易遭受濫用的字眼之一。在本書中，指的是在程序的產出端與目標比較後所出的資訊，並以此作為調整程序投入面的基礎。

只要利用當代資訊科技，這些要求沒有一項難以達成。然而，最常見的難題常源自最後一項條件。有意義資訊的構成內容對經理人與相關員工而言可能大相逕庭。舉例來說，經理人也許希望看到表達盈虧的報表，也就是指績效以金錢來衡量。但對一位汽車經銷商服務部的工作人員而言，金錢衡量可能一點意義也沒有，他（她）

或許會從汽車服務數量或服務曳引台利用程度等角度來評量績效。因而對這些人們提供盈虧資訊是毫無用處的，因為這些資訊並無法讓他們運用於控制與自我管理的目的上。故應用資訊科技提供對接收者具有意義的資訊，將更為實用且更具效能。

自我管理的工作團隊的想法在本質上是垂直向工作分攤的衍伸。當整體的任務設定完成後，團隊便擁有自我組織以邁向完成的自由，其中或許沒有監工者，也或許會從團隊中聘請自己的監工者，通常採輪替制。在極端的情況下，自我管理的工作團隊甚至握有排假、或其他傳統上專歸經理人轄屬活動的責任。團隊有自由與責任對程序提出改進與變革的建言，且往往擁有向其他團隊溝通成效的管道。這個想法已受到製造業與服務業，以及各式各樣的公司採用（如通用汽車、德州儀器公司等）。

Semco 是一家巴西公司，它將自我管理的概念發揮得淋漓盡致。員工自行設定工時，經理人設定自己的薪水，大多數的員工皆可對企業層次的決策投票。這樣的方法對許多人而言看似災難配方，但 Semco 卻是巴西成長最快的公司之一，且在 1988 年享有 10%的毛利。其產品包括船舶幫浦、數位掃描器、商業用洗碗機、貨運濾材、以及各種組合設備；皆屬高複雜性產品。Semco 長期名列為巴西最宜於工作的公司，且每份職缺都收到 300 份申請書—沒有一項曾經登過廣告！有興趣的讀者們可在 Maverick!（Semler，1993）與 Organisation Fitness（Espejo 與 Schwaninger，1993）這兩本書中進一步研習這個個案。

25.3　組織結構

組織結構的主題將在第 27 章進一步探討。在這一小節中，將只簡單地檢視品質部門的角色與立場。

在許多組織中，品質控制或品質保證主管的一般位置是直屬於生產經理。這一點通常恰好將他們之間的潛在衝突制度化，並容許生產經理做最後的決策。

這種作法使生產經理得以超越品質決策，而追求其他利益，譬如說無視於品質就裝運一份訂單，以求在短期內滿足顧客。並得以操縱其他資訊，如生產力、員工利用率、甚至是退回／重製率等等。

為了要落實有效的檢查與審核，一般認為使品質保證部門不屬於生產部門，使之享有高度獨立性，是相當重要的。在一個充分接納品質道德規範的組織中，這問題反而較不突出，因為實現高品質的想法已根存於員工心中，且品質標準受到明確的定義與清楚認知。在這些情形下，品質決策大部分可以自我做成。人為裁量左右決策的範圍有限。

創造一個優質組織的關鍵要素，便是對程序的認知，以及接著領悟到程序的每一部份皆有其顧客，無論內部或外部顧客。一個能夠運用這些程序作為基石、並能體認顧客需求而設立品質準則的公司，便能成為一個優質組織。

摘　　要

本章旨在跳脫計量方法，思考一些有助於優質組織發展的質性方法。其中考量了品管圈、工作設計工具、組織設計方法等。每一項皆須在一套整體系統化品質計畫的背景下，加以睿智透徹地運用。若單獨應用，個別成效不大。

學習要點　質性方法

重要想法

・儘管計量方法舉足輕重，但他們只衡量了外在發生之事；質性方法則著重於去改變所發生之事

關鍵方法

・品管圈
・工作設計―自然工作單位、任務組合、垂直向工作分攤、任務回饋、自我管理的工作團隊
・組織結構

問題

　　請思考一家離你最近的速食店之任務進行方式。可如何重新設計這些任務以增進工作滿意度？你認為在這個組織中會產生什麼效果？

第二十六章

透過 TSI（全面系統介入）
進行全面品質管理

「TQM（全面品質管理）是常識。」

　　Robert Flood,Beyond TQM（超越全面品質管理）,1993

前言

　　至今所介紹的各種方法，只是對品質提出化約論作法，各自孤立，且只處理組織性問題中的特定層面。它們並未涉及整體組織，而只是應付個別部分、次部分，程序、及作業。

　　本章將開始介紹品管背景下的系統化方法—這些方法試圖通盤討論品質問題，尤以全面品質管理（TQM）的概念為主。首先所要介紹的，便是透過全面系統介入（TSI）進行全面品質管理。

26.1　透過 TSI 進行全面品質管理—理論面

　　讀者們或許會回憶起全面系統介入（TSI）的設計，是一種使處於某組織情勢下的參與者，得以突顯出組織中他們所關切且不斷變易之議題的整合性程序。透過有創意地運用隱喻，使他們能捕捉住該情勢的特徵，並突顯出主導性的議題。

　　當組織關心的主導議題為提升品質時，透過 TSI 進行全面品質
管理便極為適當。這一點會從 TSI 的創意階段中表露出來。Flood
（1993）提出，透過與 TSI 程序相同的基本結構，便可衍生出一套
全面品質管理計畫，圖示於 26.1。這顯示出當「品質」在 TSI 程序
中居於主導時，同樣的創意、選擇、執行三階段，也可用以篩選執
行提升品質的工具。

　　這份圖透露出 TSI 的邏輯結構在組織中所有問題之全盤環境
下，將如何支援 TQM 的應用。它將更能情報充足地運用手上現有
的推行提升品質之工具與方法，並反過來進一步利用 TSI 應付組織
中的其他問題。這個程序在 TQM 與 TSI 兩方面皆同樣反覆不休，
反映出持續性的想法對 TQM 而言十分重大。

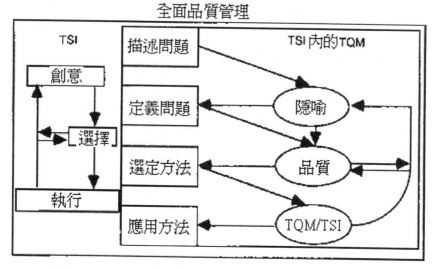

圖 26.1 TSI 內的 TQM 與 TQM 內的 TSI

26.2 透過 TSI 進行 TQM－實務面

透過 TSI 進行全面品質管理，只適用於在 TSI 程序中，品質議題脫穎而出成爲主導議題時，認知到這一點十分重要。TQM 並非「唯一最佳解」。若在 TSI 程序中主導議題確爲品質，那麼便表示應以 TSI 方法追求全面品質管理。在這樣的環境背景下，或許會將品質提升工具以一種互補性的方式用於系統方法上。但這將如何發生呢？

組織的管理團隊將先指出有理由注意的某個問題，或系列問題。並決定利用全面系統介入程序應付這些問題。接著定義並辯論問題背景，且闡明其特徵。在內部因素（也許是重製或矯正成本）或外部因素（或許是業績下滑或顧客抱怨）驅動下，「品質」脫穎而出，成爲組織關切的主要議題。

（已然運用 TSI 程序的）該團隊認知到任何一種品質提升方法都只凸顯並處理品質問題的特定層次，而非全面。因而他們尋求採用一種互補性的方法。他們於是在全面品質管理的背景下，重新進入 TSI 程序，試圖在整體品質問題中指出哪些特徵具有主導地位，這些特徵將反過來帶領他們選擇主要的品質提升推行方法。這並不是說組織僅只採用一種某位大師的方法，而是一步一步來。譬如說在第一步認爲計量程序控制（SPC）較爲合宜，或許是因爲尙未具備適當的品質或績效評量系統。接著便執行 SPC。提供一個正式評估品質表現的舞台。一旦瞭解品質績效之後，便可透過其他技術（也許利用品管圈等等）處理次要的關心問題，例如解決品質問題。

其程序是持續一貫的，某問題有令人滿意的對策並不代表解決了整體的品質問題，只表示組織離有效運作更近一步而已。由於各項利益逐一實現驗證，於是主要議題便不斷變易，而將組織一步步帶近它爲自己所設立的零缺陷目標或其他品質提升標的。

不可避免的，在進行 TSI/TQM 程序期間，最初並未指出的問題將顯露出來，並躍升主導地位。因此觀察 TSI 程序是不可或缺的，且創意、選擇、執行三階段必須保持開放，以容納革新與匯入新問題。

採用這套方法提升品質時，選擇的重點在組織內的參與者身上，而非那些離開組織的人—並非如常見情形般由外界（如顧問）強加選擇。這表示提出的任何對策皆應與組織中人員的偏好緊密地連成同一陣線，因為他們才是發展對策的人。這個方法常能戲劇化地增加成功機會，因其對策已受到工作人員的認同。

本質上，透過 TSI 來管理品質的路途並無終日，因為那是一個反覆無盡的程序。在一個動態的變易世界中，永遠都有新興問題尚待解決，或是新的混亂待你整理，而雖然使用的特殊方法論可能時時改變，但這一程序的效度卻是固定的。

26.3 Flood 的 TQM（全面品質管理）方法論

在方才所淺談 Flood（1993）運用 TSI 進行 TQM 的提議內，Flood 也提出了一套整體的 TQM 執行計畫。這套執行計畫本質上是直觀的，且包含了 11 個步驟（請見表 26.2）。

這個程序的第一步提出，品質提升的要求並非個別孤立，而是應在對管理的理論與實務有一貫瞭解的背景內。這一點反映出高品質不應視為自身的終點，而應當做是組織中整體管理的一部份，且應援引現有的管理知識，以支援品質提升程序。

第二步，指導委員會或「高階經理評議會」的建立，在於承認品質提升的必要性並非屬於個人，而是歸屬於整個組織。委員會的組成應充分代表組織上下的功能與責任，以致能「人人參與」。委員會的責任是建立品質提升的任務使命、指引並監督其執行程序、

表 26.2　TQM 的 11 項步驟：Robert Flood

1. 發展出對組織設計與組織行為的瞭解
2. 設置一個指導委員會
3. 設定組織的使命
4. 設立下一層的品質評議會
5. 設計教育計畫
6. 設定地區性使命
7. 進行顧客分析
8. 選擇執行專案
9. 選擇執行工具
10. 施行教育計畫並溝通專案細節
11. 施行專案

表 26.3　定義組織的使命：Robert Flood

· 我們認為我們在做什麼？
· 我們正在作我們認為自己在做的事嗎？
· 為什麼我們要做這件事？
· 我們正在做對的事情嗎？
· 我們還有什麼能做的？
· 做其他的一些事會有什麼利益？

在組織中擬定與執行品質提升教育計畫、並建立較低階的專責評議會（部門性或全組織性）。

　　第三、四、五步是指導委員會之主要職責。針對第三個步驟，Flood（1993：148）建議了六個有必要提出，以將組織注意力集中於其意圖上的問題（請見表 26.3）。

　　Flood 指出，這些問題將參與者的注意力集中在他們想要實現的事情上，而能明確陳述出清晰有力的組織目標。這些問題儘管十分實用，但本質上仍以內部為重心。為了系統化地定義組織目標，有必要詢問向外部看的問題，尤其是與顧客及企業中其他利害關係人之期望相關的問題。企業策略方面的文獻在應付這項主題上，提供了更多嚴謹且發展完全的工具。

　　後續下一層的評議會設立（步驟四），將反映出組織的導向。其設立方式應以最恰當的形式為基礎。譬如說，一個單一所在地的組織可能繞著產品、程序、部門為導向，或根據某些組織典範的學理，如組織控制學等。而一個多分點或地理位置分散的組織，可能首先選擇以地理位置作為指導委員會的下一層級，然後在更低的層級以其他一些準則來引導自己。根本規則便是自問究竟何者最能合乎組織需要。

　　第五步反映出在組織上下增進品質體認的必要性。若想實現品質提升方法的一致性，那麼便需要以一致的訓練方法加以支援。選定的特定方法雖將反映出指導委員會所依循的典範，但必須認清其他參與者不同的需求。

　　第六步是為各地區的評議會建立地區性使命。再一次使用上述的問題清單，它們可在企業思考架構中定位出地區的作法。維持作法的統一性則是不可或缺的。地區性使命必須永遠配合統一性，且補足整個企業的視野。若無法做到這一點，那麼整個活動便將失敗，因而在層級之間存在能促進有意義辯論的協定，是一件十分重要的事。

　　第七步：顧客分析。這應該是一個較為簡單的階段，構成內容有：指出顧客為何、確定（並認同）他們的要求、評估這些要求項目的績效表現、指出何處可進一步改善、及定義改進計畫。

　　較困難的任務在於端出寬廣的提案、使它們能轉換為有意義、優先順序恰當、且可達成的任務─指出必要資源、對關鍵成功因素

作支援性評量、明確分配職責以完成工作等。還必須有一套機制（步驟八），對於（即便在地區評議會之間）支援資源有限的替代性專案作比較分析。在這個階段中，可援用 Juran 及其他人的想法。Flood 提出步驟九：選擇工具，應以全面系統介入的輔助架構來引導，它能為方法論的選擇提供有用的指引。第十步就是執行本身。這個階段中充分而細密的規劃對確保最大效能與效率是不可或缺的—也就是指，不做重疊的努力、無缺口、且時程安排恰當，因為時間點對於收集有意義的資訊有極大的重要性。

在這個階段中，指導委員會的職責便是綜觀監視並協調整個執行計畫、監督進度、確保資訊妥善分享、及報告成敗。或許可將指導委員會當作組織學習的機制。

業績績效回顧

某家公司決定在招募額外人員支援一項重大商業計畫之前，先行回顧其銷售人員的績效與標準。這項回顧有兩點目標：

- 建立最佳行為實務模型
- 發展一套理想員工的剖析圖以作為招募指引

招募將在九月開始，而六月底做成進行回顧的決定。研究的進行是請外部顧問面談並觀察現有業務人員的行為，以兩相比較其觀察結論與這些員工們所達成的結果，並指出哪些特徵極富重要性。

不幸的是，這個研究在七月底與八月時進行。一方面難以與工作人員相約，因為許多人在這段期間內休年假。同時工作人員們也發現他們很難約人，因為他們的許多目標業務員也在休年假，因而難以觀察他們工作。除了這些問題以外，最初的討論突顯出對績效評量方式與結果正確性的關切。這些關心議題與資深經理人討論

後，顯示兩者有共通的關切點。

回顧活動繼續推行，雖然不確定性縈繞著績效評估的正確性，但仍有許多有用的發現，並發展了一套最佳行為實務模型。在最後一次的回顧會議中，卻透露出當回顧仍在進行時，已經招募了將近一半的額外人員。這些新進人員許多並不符合新建立的標準。

這就是一個想法良好遭到劣質執行的個案。

26.4　重點回顧

先前已提出對 TSI 的重點回顧，那些相同的意見也適用於此。因此只須檢討額外的面向，尤其是那些從 Flood 方法論中所衍生的部分。

支持 TSI 的理論平台可能廣受辯論。基本上有兩個陣營的倡導者。其中一派認為，就已變得分裂而非系統化的系統取向而言，TSI 邁向重新統一系統取向的一大步。另一派則主張 TSI 程序本身就採化約論調，尤其透過「系統方法論的系統」（System of Systems Methodologies），更進一步地分化了系統學，且強化了系統思想間不同學派的障礙藩籬。

且不談這些論辯，在透過 TSI 做為一種動態、反覆程序而進行全面品質管理的想法中，確有其價值存在。持續不斷致力於 TSI 三階段，讓人們瞭解到：追求全面品質管理（無論透過何種手段）不只是單一決策或單一行動的作用，而是一種前往更高標準的探索進行式。傳統方法要求在選定的特定方法完成後須反餽重覆的作法，的確也涵蓋了這一點；但 TSI 強調，這一點可以且應該在程序中便發生，而不只在結束之後。在組織中，往往由資深主管做成細部決策，並將行動權責授權給低階員工。接著決策者便相信自己已卸下

這件事的責任了，而轉往另一主題。但 TSI 程序要求資深經理人在變革程序中持續保持警覺並加以涉入，且在情況必要時重新聚焦。無論組織是否選擇採用 TSI 程序，都應接納這項持續注意、並回顧當前局勢及所應用方法的想法。

由 Flood 所提出的執行方法論，在許多方面只是他人所擁護方法的精鍊與統合，且幾乎適用於任何變革程序。然而，在全面品質管理的背景下，它增添了兩個領域的價值。

首先，它要求那些組織負責人對組織設計及組織行為的理論與實務應有相當程度的理解。儘管（管理科學家）在這方面的確有偏見，但確實有許多經理人雖然在他們個別學科上經歷了廣泛的訓練與教育，不過他們卻往往對組織如何行動瞭解有限。因為品質被視為是組織總體行為的綜效，故必須充分瞭解組織行為。許多品質提升計畫的挫敗也許就歸因於管理階層在這個領域中有所欠缺。

第二個貢獻來自於它要求在組織較低階層中建立正式的品質評議會。這個作法有助於品質方面的決策權轉移，並同時對所有參與者挑明責任與職權。這種授權想法已廣為人知，但並非以如此正式、制度化的方式受到重視。

摘　　　要

本章著重在理論與實務面，利用全面系統介入作為追求全面品質管理的指導程序。並回顧了 Flood 執行全面品質管理的計畫及其特殊優勢。希望進一步增長知識與瞭解的讀者們，可以參考 Flood（1993）、及 Flood 與 Jackson（1991）的原創著作。

學習要點

重要想法

・若 TQM 想達到真正的全面化，那麼它就必須使用一種能接納所有潛在方法的方法論。

關鍵方法

・在全面品質管理計畫內進行全面系統介入的全面品質管理
・Flood 的執行計畫

評論

・TSI 是系統化論調或化約論調？
・它透過動態的反覆程序、與正式成立的品質評議會而增添其價值

問題

當你在建立品質評議會的層級時可能遭遇那些問題？你要如何架構評議會，以確保能充分顧及各單位間的互動關係？

第二十七章

效能型組織

「因爲不穩定性可以哺育自己；災難般的崩塌
.....則是系統不可避免的結果。」

Stafford Beer,《構思自由》（Designing Freedom,1974）

前言

效能的本質是存活能力─組織在一個變動環境中求生的本領。這一點的關鍵就是學習與適應。控制學方法背後強調存活能力的理論已在第十五章探討過。在本章中，將把 Stafford Beer 的「可存活系統模型」，當作一種設計效能型組織的實務性現代工具。效能─指達成目標─推動了品質知覺。一個長期缺乏效能的組織將無法產生優質產品或服務。組織效能本身便涵括了高品質的概念，而使後者變得多餘。

27.1 可存活系統模型─理論面

可存活系統模型（Viable System Model：VSM），是由 Stafford Beer 從組織控制學原理中發展而出，所關心的就是駕馭組織迎向未來。組織控制學便是有關效能型組織的科學。

當組織有能力在一個特定環境中生存、並有能力在該環境中學習與適應變化時，才被視爲具有存活能力。爲了達成這個狀態，其

管理程序必須具備五項功能：執行、協調、控制、規劃、與政策擬訂，這些功能合而為一才構成可存活系統。

這個模型可容許任何組織形勢發展的多種解釋，所有解釋都根據同樣的原則，但著重於各觀察者對於組織所訴求的不同目的。透過這個模型化的程序，產生了對話與論辯，由此可衍生出大家都同意的組織目標，並發展出一套最有用的模型化方式。

這個深受 Beer 擁護的控制學方法以五項原則為基礎。第一，Beer 對觀察者定義系統、目標、及設計的角色投以極大的注意。經理人必須認清，是他們及他們所雇用的專家們，選擇了組織的定義。他們有選擇定義的自由，但也代表他們必須接受其後果的責任。

其次，是對系統原理的認知，瞭解到任何系統整體會具有它任一部份都沒有的特性，且每一部份也會有整體所沒有的特徵。因而經理人必須尋求整體系統的利益，而非僅求部分。實務上來說，在品管背景下，組織的定義或許可以延伸至法定邊界之外，將供應商一併納入，在某些情形下還包括貨物或服務的配送者。這個作法使供應商培養策略得以和組織本身的品管策略一以貫之。

第三，則是「黑箱」原則。這假設即便是複雜到無法全盤瞭解的系統，經理人仍能學著藉由控制投入、並監督產出效應來加以控制系統。無須走進「黑箱」中便可做到這一點。這項假設應與傳統的管理方法兩相對比，傳統方法要求組織各階層的細部分析與敘述，彷彿處於組織層級頂點，有個無所不知的主管超人。

第四是自律原則。這一點指出複雜系統透過內部、以及本身與環境間的回饋迴圈，或許被期望能展現出一定程度的自律性。倘若複雜系統那種自我管制的傾向受到肯定與積極地鼓勵，對經理人會有重大的利益。

最後一項是所謂的「必備多樣性法則」。由 Ross Ashby 解釋，主張若要具有效能，則控制者（管理部門）的多樣性必須同等於被控制者（組織）。多樣性，在控制學中是一種系統可能狀態數目的

表27.1　評量多樣性

交通號誌燈的四種可能狀態

- 紅：停止
- 紅與黃：準備前進
- 綠：前進
- 黃：除非停止將造成意外，否則應停止

為了控制這項設備，交通號誌燈控制器必須能認知並產生這四種狀態的其中之一。若不能做到，便將無效。

量數。表27.1即為一例。在研讀本章下一小節的文章時，請讀者們將這些原則銘記於心。

27.2　VSM（可存活系統模型）：概念與建構

VSM是一套決定於觀察者、適用於任何組織的一般化模型，與適應、溝通、及控制等機制有關。其中包含五個次系統，每一項對組織的存活能力皆同等重要。這些次系統藉由一個持續運作的資訊迴路網絡緊密地互相聯絡。整個系統具有學習能力，即具有適應能力。這五個次系統分別是：執行、協調、控制、規劃、擬訂政策。

照字面上來說，執行是指組織對其創造出來之產品或服務所做的事。協調與控制機制則確保組織的凝聚力，同時這一模型也容許執行部分享有最大程度的自主性。這個作法打算極力拓展自律傾向的應用，並使問題對策盡量貼近問題發生處。一般認為這可能產生兩種後果，兩種都與推動品質提升方法息息相關：第一，使在組織基層具有更強烈的動機—這是提升品質的重要面向；其次，它能解

放高階管理人，使其能專注於與他們更切身攸關的事務上。

規劃功能促使組織與環境互動，發揮影響力，同時也受到影響。舉例而言，這個功能有助於讓組織知曉顧客的要求—那是達成優質程序的關鍵。擬訂政策功能則對整個組織負責，要創造並維持組織的身份，並居中調節改革與穩定性的要求。正是政策擬訂功能決定是否要冒險提升品質。

將組織當作環境中的一部份，將是個有用的起點。組織包括兩大部分—作業與管理（請見圖 27.2）。在這三項組成要素間的界線應當成可滲透的薄膜，容許資訊流通。這些薄膜使得要素間的必要溝通持續不斷。圖示化的慣例要求這些溝通以不連續的資訊流道的方式顯現，且將見於後續的圖表中。

這種表達方式實效有限，它僅能提供一般概念，而非細部瞭解。圖 27.3 透過將這三項要素分開，及顯現溝通流道，而展示出建立可存活系統模型（VSM）的下一步驟。

任何一項溝通流道不是用來擴大多樣性，就是用以降低多樣性。也就是指環境的多樣性被組織及其管理所吸收，且組織中作業

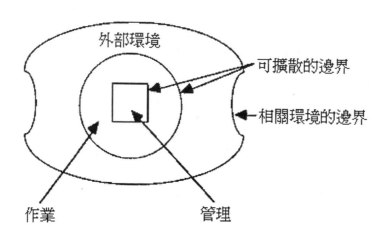

圖 27.2 在環境中的組織

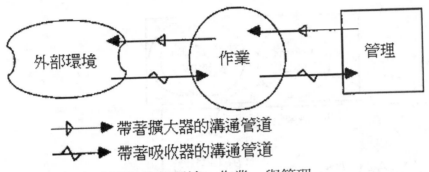

圖 27.3 分開的外部環境、作業、與管理

與管理的多樣性也擴大至環境中。達成這項目標的標準策略已在第十五章中回顧過了。

　　圖 27.3 提供一份整體組織與環境間的互動概觀。大部分的組織皆由內建於組織中的作業與管理單位所構成，舉例而言，如多國公司的分部，銀行的分行、以及工廠中的生產線。這些單位合而為一，構成了組織的執行部分—即滿足組織目標的部分。在加諸身上的種種限制下，每一個單位都必須有生存能力才行。同樣地，在每個單位中都能找到更低層級的單位，他們也必須能夠生存。實務上的最低單位就是個別員工了。「築巢」效應便是指逐層延伸，構設一種建基於組織邏輯（而非權力）的特殊層級形式。

　　圖 27.4 中呈現出可存活系統的延伸鏈。每一個長方框中濃縮著一套完整的涵容系統。圖 27.5 則顯現出公司所有同一涵容層級的營運要素，譬如說公司分部。一如所示，這一連串乃由組織的執行功能部門所構成，由這些部分著手實現組織目標。在此圖中，溝通流道則被簡化了。

　　圖中顯示，各個分部在其環境間都有一定程度的重疊。可能代表共同的顧客、地理市場區域間的實體重疊、或代表同一公司中有兩類以上產品可滿足顧客要求的競爭狀態。舉例而言，對一家電腦

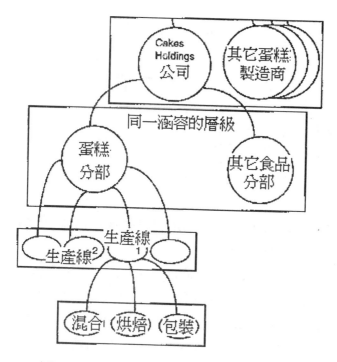

圖 27.4 可存活系統的延伸鏈

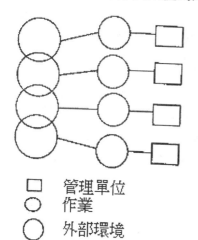

□　管理單位
○　作業
◯　外部環境
──　溝通管道

圖 27.5 執行要素的集合

製造商來說，其重疊部分可能代表用大型 PC 網路或中型系統皆可達成要求的顧客。

各分部間的衝突會在組織內與對顧客的處理造成問題與無效率。因而有必要創造一項協調機制以應付處於衝突的資源。這一點或許可透過高層敕告達成—指一套由資深主管所宣示的規定或政策。然而這樣一套方法，卻有下述兩種重要效應：第一，政策中的任何例外皆需受到更高層的批准。這將增加溝通量，並可能使資深主管在較瑣碎的決策上負擔過重。第二，將嚴重限制個體員工所享有的自由程度，而降低作業層次的彈性、阻礙 kaizen 程序發展，並無法充分利用組織的自律特徵。最後一項效應則是組織會令人覺得苦悶，因為個體員工會感到他們只握有有限的行動與抉擇自由。

因此協調機制有必要以作業要素的服務支援身份存在，且需讓人們認為它是一種協助，而非障礙。這一點的例子就是工廠中的進度追趕者/生產控制者、教育企業組織所創造的時間表、汽車經銷商的服務曳引帶分配、或是銀行中的申訴窗口等等。這些措施都具有執行功能，保留知覺與實務的自由、並減少高階行使例行決策的必要性。圖 27.6 便顯示出一個具有適當協調機制的組織。

在這份圖中所包含的第二個特色就是作業要素間的連結。代表著總是發生於程序中階段間（或組織分部間）的非正式溝通。在品管背景下，或許可將它們當成是內部供應商—顧客關係的展現。

管理程序的下一個步驟是控制。這是對組織目前進行中活動的規範。控制功能與作業要素的資源分配、資源責任、及堅守企業與法令規範等項目有關。

控制功能透過兩個主要程序達成這些目標：資源的協議與審核。資源協議是一種所有組織中皆有的編列資源預算程序。而 VSM 則要求它應在談判基礎上進行。控制部門與作業要素應針對需要哪些資源，以及有待達成哪些目標等事做有意義的討論。資源協議程序應該涵蓋所有能利用的資源與設立的目標—金錢、員工、設備、

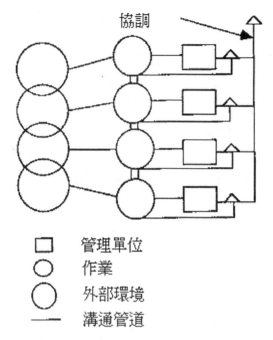

協調

管理單位
作業
外部環境
溝通管道

圖 27.6 有著協調與互動關係的作業要素

獲利能力、品質標準等等。

　　控制功能由各種與管制活動相關的部門所組成。可能包括行政部、人事部、生產管理、也許還有總裁或分部主管辦公室、品質保證等單位。

　　審核則是各控制部門對作業要素的零星偶發性之介入行為。這是為了增進它們對這些部門表現如何的知識與瞭解。其中十分必要的是審核必須為零星偶發性，否則便將失去其效果。

　　控制功能就定位後，現在或許可認為組織是富有自律性了。它將能有效運作，完成所分配的工作。其間的相似例如暖氣/空調系統，也以相同方式自律調整至設定溫度。圖 27.7 便呈現出這個階段的模型。

無效的查核

無效查核的例子到處都是，在電視與報紙上時有所聞。讀者們或許都知道一些大型會計師事務所因為其年報未能透露出公司會計系統上的重大錯誤或缺失，所遭遇的某些後果。

其他較不公開的例子也同樣常見。在英國，交通部每 12 個月對汽車進行一次路試，雖然證書聲明該汽車只在測試當天適合上路，但在接下來 12 個月中都不需再做進一步測試。汽車使用人有法定義務始終將車子維持在宜於道路駕駛的狀態，且警察與交通檢察署的檢查員具有隨時抽查汽車的法定權利。然而，比起道路上行駛的汽車數目而言，這樣的檢查少之又少，尤其對私有車更是如此。因而駕駛人們都確定在測試日時他們的車子會達到適當標準，但因為在測試日間遇到抽查的可能性如此微小，許多考量預算的駕駛人不到車子要再次接受測試時，對這方面是毫不在意的。這可能表示有多數的日用車是不宜上路的。

道路安全審查功能的效益因其規律性而喪失。這個系統的設計無效。

一個僅能自律的組織在長期間下並無法妥善生存，因為它將無法回應環境變化；也無法產生持續進步，因為它沒有發展的才能。這點於是將我們帶往管理程序中的下一階段一規劃。

規劃囊括了所有組織的研究發展活動。它可能牽涉到市場調查與市場行銷、產品發展、財務規劃、員工訓練與培養、當然還有最根本的品質規劃。規劃功能與組織的新環境互動，考量可能的行動程序，或許是讓組織適應環境，也或是在適當之處影響環境靠攏組織。規劃與控制功能也彼此互動，不斷地重新協商資源分配與組織目標。

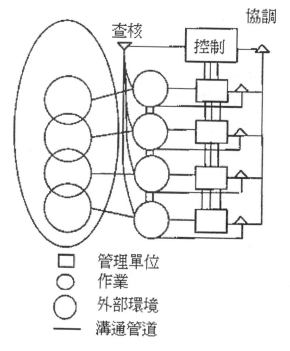

圖 27.7　自律的組織

　　幾乎無可避免的，協商程序偶爾會導致衝突與爭論，控制部門希望能維持原先的狀態，但發展部門卻希望推動改革。這兩者之間的對話將受到最後一項管理功能—擬訂政策—的監控，它會根據組織的風氣審慎地居中調節。

　　組織風氣是一套在事業哲學背後做為支柱的價值觀與信念。若沒有擬訂政策功能存在，那麼規劃與控制的論辯可能會進入無法管制的兩難之中，誰也沒有權力凌駕於他人之上。就這一面而言，擬訂政策約略等同於協調功能在執行層次上的作用。不過卻有一點重大的差異。政策擬訂部門透過其活動，對外部世界來說代表整個組織，且是與更高層組織間的正式連結。完整的可存活系統模型請見圖 27.8。

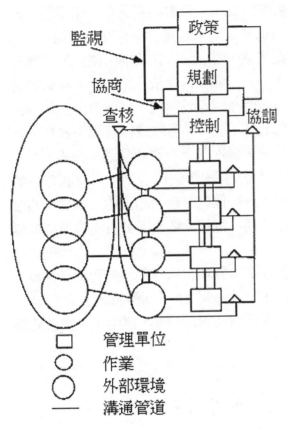

圖 27.8 可存活系統模型

　　方才已說過，政策擬訂部門的職責在於將組織的身份呈現給外部世界。在這個階段中，這一模型在所有學者都一致呼籲要有高層主管的承諾，則可與先前有關品質的內容彼此呼應。明顯地，若無這項承諾，品質提升行動便將失敗，且該承諾要求資深主管在言行兩方面皆加以改變。如果我們的組織真如可存活系統模型所主張的那般緊密連結（從經驗看來確是如此），那麼政策擬訂團隊的行動與舉止便將迅速影響組織中其他人的言行。若他們正視品質，這個訊息會迅即滲透組織；若他們不重視，那麼同樣的訊息也會傳播甚

快。透過控制學模型，便可瞭解資深主管對品質承諾的正當性，因為他們將重要訊息傳達給組織及環境—組織的顧客與供應商。

效能型組織的模型至此完備，而一個依此架構所建立的組織將得以生存，但在這個階段中仍有三點尚待完成。第一，溝通管道必須持續運作；其次，它們必須能在特定時間內，負荷得了比傳送系統所能產生的資訊量更多的資訊，這一點可以確保資訊不會在系統中漏失或扭曲。同樣地，千萬要謹記每一次資訊穿過交接邊界時，必須將它轉換成接收系統的「語言」。舉個例子，一份有關電晶體或電容種類數量的訊息，可能對一個以財務術語表達「通貨」的接收部門、或是一個以零件組合體（電腦、鍵盤等）表達的單位毫無意義。

最後，通常人們在三個層次上管理組織：關注的可存活系統，即所謂「焦點系統」；涵攝系統（上一階）；受涵攝系統（下一階）。這是由於涵攝系統會對焦點系統行使管理控制，再由焦點系統管理受涵攝系統。

27.3 VSM 的實務面：可存活系統診斷

VSM 可運用於三種方式：敘述性、診斷性、處方性。以下的方法論將顯示出如何將目前的組織模型化（敘述）。此一模型可做為與理想模型的比較基準（診斷），接著成為矯正組織錯誤的基礎（施以處方）。在此所提出的方法論是由 Flood 與 Jackson 提出（1991），並由 Beckford 加以修改（1993），且假設組織成員積極主動參與。全部程序有三個階段：指認目標、定義系統、以及診斷。第一個階段要認同組織（系統）所欲追求的目標。想達成這一點，則可透過下列以四個問題為中心（請見表 27.9）的討論與爭辯程序，並將所有利害關係人一併捲入。重要的是在一開始便指出目標

表 27.9　定義目標的四個問題

· 何者構成這個系統？
· 系統的產出為何？
· 這些產出與期望相符嗎？
· 還尋求其他或不同的產出嗎？

所在，以使所有團體明確瞭解組織到底所為何事。若連這一點也做不到，那麼其他活動都將徒勞無功。

　　一旦定義了有待完成的目標，則有必要指出實現目標的組織實體。這就是所謂的「焦點系統」。重要的是請記住：系統的目標是利害關係人認為它該做的事，而這是由執行功能來完成—所以是由執行功能產生焦點系統。

　　下一步則是指出焦點系統中執行活動的可行部分—指對完成目標有貢獻的活動。接著需要找出焦點系統中的促成活動—代表在支援執行時必須做的事。比方說，可能包括人事與會計活動等等。

　　下一個階段是點出焦點系統所屬的可存活系統，也就是環境影響力與更廣大的系統。該系統應是對完成目標最有用的系統，且通常對所研究的焦點系統行使管理或控制影響。在一個托辣斯企業或是其他大型組織中，這可能是母公司，或可能是一個純概念性的組織，如「汽車產業」。它並非如一個正式組織般地存在，但其成員卻有一套相關舉止；就這個意義來說，它行使控制影響力。

　　已建立組織的身份與目標後，研究程序便移向診斷期。從此刻起的一般化型態（請見表 27.10），在於要求參與者在研究組織各部分時倚重先前勾勒過的控制學原則。在程序中的各階段，都必須與參與者重點檢討其迴響，以協助他們探索並發展其瞭解認知。結果在必要時也應加以修訂。

表 27.10　可存活系統診斷六大步驟

步驟一　研究焦點系統的執行功能，並

- 針對各項執行要素一一列舉其環境、作業、及在地化的管理
- 研究高階經理人將什麼限制加諸於各執行要素上
- 詢問各部分如何行使職責，以及採用哪些績效指標
- 確定執行主管是否具備充分職權與能力足以完成目標
- 根據 VSM 圖設計執行功能

步驟二　研究焦點系統的協調功能，並：

- 列舉出執行要素與其環境間潛在的兩難或衝突來源，並指出具有調停或阻絕效果的協調機制
- 決定應透過此功能處理哪些「柔性主題」，如倫理規範、道德標準、文化等
- 詢問組織成員對協調活動的觀感如何（是威脅？或是助長促進？）

步驟三　研究焦點系統的控制功能：

- 列舉焦點系統的控制活動
- 詢問如何施行控制
- 詢問如何與執行要素進行資源協議
- 決定由何人負責執行功能的績效
- 確定控制與發展活動是否已充分彼此區分開來
- 如何評量他們促成目標實現的績效表現
- 是否所有的控制活動對維持系統而言皆屬必要？
- 闡明有哪些「審核」調查是由控制功能對執行方面所進行的？
- 審核活動是零星偶發性？或例行性？

- 瞭解控制與執行功能間的關係（觀感為專權或民主？），並確認執行功能擁有多少自主性。

步驟四　研究焦點系統的發展功能：

- 列舉所有焦點系統的發展活動
- 詢問這些活動考量得多長遠？
- 質疑這些活動是否能保證適應未來？
- 質疑發展活動中包括監督環境與預估趨勢？
- 請估量用哪些方法可令發展功能接納嶄新的事物？
- 確認發展活動有個管理中心/作業室，能將外部與內部資訊放在一起，提供一個「決策的環境」。
- 質疑發展部門是否能夠警告政策擬訂部門作緊急發展
- 發展活動在其層次上如何對他們所耗費的資源負責？
- 如何衡量他們促成系統發展的績效？
- 發展活動的攸關性是如何決定的？
- 發展部門如何從整個組織的經驗中學習？

步驟五　研究焦點系統的政策擬訂功能：

- 詢問由誰發號施令（如董事會）；以及他們如何行動？
- 決定更高層次的涵攝層級在政策擬訂上加諸了哪些限制？
- 這些限制如何影響適應的自由？
- 評估政策擬訂功能是否為組織（焦點系統）提出了一個恰當的身份
- 詢問政策擬訂功能所建立的風氣如何影響對發展功能的觀感
- 請確定政策風氣如何影響控制與發展功能間的論辯（何者較受重視？）
- 調查政策擬訂部門是否與執行部門共享同一身份，或是宣稱有所不同？

步驟六　確認所有的資訊通道、轉換器、控制迴路皆已設計妥當

表 27.11　組織常見的錯誤

- 組織層級（涵攝性）尚未妥善連結
- 某些執行要素欠缺適當管理
- 中心的指揮部門之行為表現宛若組織已可存活
- 協調功能軟弱，且其角色欠缺他人瞭解
- 規劃功能不明確或受到忽略
- 資深主管致力於控制，而非規劃或政策擬訂活動
- 控制部門出身的主管致力於日常例行活動
- 沒有共通的倫理觀（價值觀與信念）
- 溝通管道並未呼應可存活系統的要求
- 績效評量不恰當

　　診斷的發現結果往往將直接導致變革提案的產生。常犯的錯誤則強調於表 27.11 中。

　　在此所提出的方法論宜用於一般的組織問題解決，但也十分適合將此方法論應用於檢討組織特定的單一面向。譬如說在每一個階段中，這一方法論的任務可偏向品質主題，也就是用以確定品管系統是否有效。

　　它也可能純然用以設計品質管理部門，且往往十分實用。這個作法能確保品質提升計畫的效能性受到組織中各階層的瞭解。常見到儘管資深主管已推行了一項品質提升計畫，卻只有作業層次上單打獨鬥，而在組織中其他部分卻毫無轉變以支援該計畫。舉例而言，控制方面也許全然著重以生產量作為產出評量標準，忽略了品質問題。研發方面也可能只強調對新產品的需求，而忽略了對現有產品要求更高的品質（就顧客的定義而言）。

27.4 重點回顧

　　VSM 已受到各種規模的組織所採行，下自一人公司，上至全國性公司。其應用性及實效都勝過其他組織模型。這套模型充分顧及了組織與其環境間的互動關係，並由利害關係人來決定組織的定義與目標。

　　這個模型受人批評為在實務上難以運用，事實上儘管方法論看似又長又複雜，卻可快速通用。標準模型化格式產生了極大的經濟性。在某次偶然的機會中，筆者本人對某家保險業的子公司進行了一次簡單的診斷。不同於使用標準化的圖表，而是採用個別的牛奶瓶、橘皮果醬、奶油容器來建構該模型。整個程序只耗費了 30 分鐘，並向經理人團隊揭示一個組織設計上的重大缺失。

　　這套模型也被批評為著重於靜態而非動態的目標，但不如說這項批評錯過了該模型的重點。類似地，也有人主張此一模型將造成並支持專制的管理行為。儘管這項主張較易支撐下去，但必須注意的是模型原則中要求有恰當的自主程度，若不容許這一點，則組織將無法存活。其運用的主要障礙在於組織內權力移轉的必要性，這項要求往往產生既得權力者的抗拒心態。

<table>
<tr><td>摘</td><td>要</td></tr>
</table>

　　本章介紹可存活系統模型，顯現了它對品質管理的攸關性，以及如何運用該模型。讀者們可參考 Stafford Beer（1979、1981、1985）與 Beckford（1993）等人的研究成果，以求取更進一步的瞭解。

學習要點　效能型組織

重要定義

・當系統有能力在已知環境中存活，並有能力在環境中學習與適應
　變化時，才是一個可存活的系統。

原則

・由觀察者界定系統
・系統化思想
・黑箱
・自律性
・必備多樣性

三種應用模式

・敘述性
・診斷性
・處方性

三階段

・目的
・指認
・診斷

評論

・具有普遍的應用性
・與環境互動
・觀察者定義

・難以使用
・威脅現有的權力基礎
・強調靜態而非動態的目標

問題

　　請運用 VSM 來研究你的大學或學院？請根據控制學原則診斷其缺失，並提議改善方法。

第二十八章

員工參與

「程序即為產物。」

佚名

前言

　　對決策中員工參與的熱烈肯定，至少可回溯到管理學中人群關係（HR）學派的初始時期，且在許多學者的後續研究中始終是一個恆久一貫的主題。其必要性也明證於品管大師們的著作中。Crosby 的整套方法便縈繞著參與而建立，而 Ishikawa 的品管圈，則強調他連結計量與參與法以提升品質的觀點。由到目前為止所進行的研究中，不可否認，組織中所有行動者在品質提升程序中的主動參與，將有助於獲致品質提升的成功。至於反覆不斷的困難在於：如何在常以內部權力鬥爭與權力小團體主導著稱的組織中，達成真正具有意義的參與。

　　本章將介紹兩種系統方法論，每一種都設計來達成有意義的參與。它們就是 Checkland 的柔性系統方法論（Soft System Methodology:SSM），與 Ackoff 的互動規劃（Interactive Planning：IP）。這兩者都是奠基於第十六章中所勾勒之柔性系統思想的作業性方法論。

28.1 柔性系統方法論：原則與概念

柔性系統方法論（SSM）（Checkland：1981）所依賴的假設是：複雜問題（如提升品質或許便爲其一）的解決對策，需仰賴情境中的參與者先天的主觀眼光。SSM 已發展應用在欠缺清晰的問題定義、對於需以何種行動解決問題毫無共識的不良情形上。SSM 藉由問題解決小組使得各種觀點受到澄清與評估，並容小組成員對未來做出資訊充分的選擇。一般認爲透過在開放性公議會中探討各種觀點，並評估其優勢限制，便可產生一套所有參與者皆對自身立下承諾的作法。透過 SSM 方法論中七個階段的調查程序，一般將可對三個構面造成變革—態度、組織結構、與處理程序。通常認爲應使盡可能多的人一起捲入 SSM 程序中，且它無須由專家推動，主管可作爲日常工作實務中的一部份。

28.4　SSM（柔性系統方法論）：方法

正如先前所言，SSM 由一套七階段的程序所組成，且應以反覆回饋的方式運作（請見表 28.1）。儘管在本章中由第一階段開始敘述，但其他起始點也將造成同等有效的結果。雖然這套方法論可能由「問題解決者」來促進（往往是顧問），但卻由組織成員們致力實踐。

前兩項階段發生於所謂的「真實世界」中，也就是指，它們以參與者對事物如何進行的知識與經驗爲基礎。階段一透過觀察、評估正式資料（如公司記錄）、與面談等方式探討問題情勢、並收集相關資訊。

表 28.1 柔性系統方法論七階段：Peter Checkland

1. 發現
2. 充分的圖像
3. 根本定義
4. 重新設計
5. 與真實世界的比較
6. 論辯與決策
7. 採取行動

　　階段二往往是個有趣的時期，且常以卡通形式表現（故稱做「豐富的圖像」）。該階段包含了創造出參與者所經歷的問題情境之表達方式。將階段一與階段二合而為一，可引領參與者界定出許多主題，或是他們需要審視的系統。這些在研究整個組織時，可有用地視為程序。

　　階段三與階段四乃是抽象程序，設計來探討在行動者的知覺中，事物可以（在論證上應該）如何地與現狀不同。它們關係到Ackoff（1981）所稱的「理想設計」。階段三發展出各種系統與程序目的的簡潔陳述，稱為「根本定義」（root definition）。根本定義呈現出一幅相關系統「應」達成之事的理想遠景，並透過六項主要要素（請見表 28.2）與六項重要問題（請見表 28.3）加以修正。

　　階段四利用驗證後的根本定義重新設計活動（轉換程序），旨在克服現有轉換程序的限制。所發展出的「概念化模型」，則指出確保轉換程序能達成其目的時必須的最少活動。這些活動將根據現實世界中所發生的順序循序列入程序中—這一點可確保不致於將馬車放在馬前面（本末倒置）！也可能有必要定義出自然集群的次級活動，或許它們隸屬於作業、協調、控制等標題下（如前章 VSM 模型所示）。

表 28.2　柔性系統六項主要要素

1. 顧客：那些因此活動而獲益或受害者
2. 行動者：執行活動者
3. 轉換程序：行動本身
4. 世界觀：使行動正當有效的世界形勢觀
5. 所有權人：有能力中止活動者（常為主管）
6. 環境：加諸系統行為上的外部限制

表 28.3　修正「根本定義」的六項問題

1. 需要什麼？
2. 為何需要？
3. 由誰執行？
4. 誰將得益？
5. 誰將受害？
6. 有哪些外部因素限制此一活動？

　　階段五的要旨，在於將團隊成員對現實世界的瞭解與所建構的模型做一番比較。使得他們能突顯出實際情況中可能的改變，以便更貼近目前所發展的系統化理想。這一點的機制措施包括：強調差異領域、產生選擇並安排（評估）順序、並做出對未來的模擬投射（如荷蘭皇家殼牌（Royal Dutch Shell）所使用的情境規劃技術等方式）。

　　在階段六中，前一階段所衍生的比較結果，將提供作為參與者間討論與爭辯的基礎。這階段應在實際狀況中選拔出文化上的可行變革—也就是指系統所企求的變革，且在特定組織文化下可達成的轉變。

開發內部模型

某家大型組織的執行長，很滿意一項在他領導下所做，但對未來不甚有把握的進展。於是他邀請一位顧問「來看看，覺得有什麼不對就告訴我。」

這位顧問，對該組織所知有限，對其國家與文化也瞭解不多，卻在專案第一天就面對著房間裡滿滿來自組織中的資深主管們。其中沒有一個參與者（包括顧問自己）知道他們為什麼會在這兒。執行長在散佈資訊方面相當吝嗇。介紹了顧問，並說：「我不確切知道為何他會在這兒，或是否能給我們做點兒什麼」後，執行長就宣布他將出發前往一趟商務旅行—在顧問來訪期間。

此刻這位顧問選擇部分利用 SSM。這個選擇有幾個目的：

- 可發展他本身與資深主管間的關係
- 可促進他對組織瞭解的發展
- 可令資深主管們涉入參與性對話—立刻將他們捲入問題解決程序。目前迫在眉睫的問題，就是定義出有待解決的問題！

自我介紹並解釋其背景後，使得參與者能投身於討論中。問題與他們的回答則用以在顧問的組織經驗（他的心智模式），與參與者的「現實世界」經驗（他們的各種心智模式）之間推導出一番比較。

在程序開始的 30 分鐘內，主管間進行了一場開放而誠懇的論點交流。顧問的角色退而成調停人。指出問題的這個問題已經開始了。

在這個階段，幾乎沒有絕對的對錯可言。這項行動的焦點是程序本身（產生互相瞭解與欣賞）更甚於結果—不過除非這些能為組織帶來實際而有益的轉變，否則可能被當作空洞無益。最後的結

果，則應該是一套各團體都有意願許下承諾的變革行動。

　　這個程序的最後一個階段—階段七—就是採取行動，也就是指在真實世界的情形下執行先前所提出的變革計畫。這些計畫可能會影響到組織整體性的任何一部份，即組織結構（組織設計、工作設計）；態度（文化與價值觀）；及程序（組織的實際運作）。整個程序圖示於圖 28.4 中。

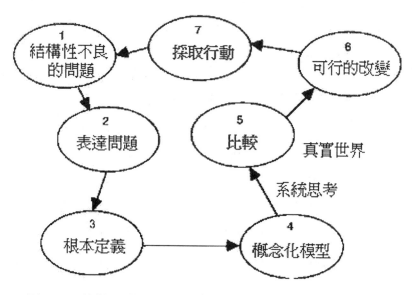

圖 28.4 軟性系統方法論

28.3　重點回顧

　　儘管 SSM 並未預先排除程序中包含多人的情況，但一般通常肯定這個方法在人數較少時效果較大。SSM 的方法論運用，對人數眾多或是需要將「秩序」帶入調查程序的情況並未提供任何特殊協助，譬如一家雇用了 2000 人的工廠，或是在辦公室與工廠的分散

網絡中雇用了千百名員工的全方位組織。對這種組織而言,更為明顯實用的方法,是下一小節將要討論的 Ackoff 之互動規劃(Interactive Planning：IP)(Ackoff,1981)。這套方法仍堅守於 SSM 中所肯定的參與與主觀眼光,但在創造未來的程序中納入所有組織成員方面,則提供了更具結構性的方法。

　　SSM 在統整意見紛歧團體的能力上具有極大優勢,並能透過意見的論辯提供他們一套結構化的程序。然而,卻未提供任何理想型結果的格式。除了形成一致觀點以外,就絲毫未提出任何一個理想對策應堅守的原則。因而所提出的對策將改善程序參與者所關心之事,但對那些情願與否皆被排除在程序之外的人們而言,便不一定如此了。它也不一定能堅守於可能受人歡迎的組織、文化、或程序之原則。除非這些事物已在參與者的世界觀中呈現出來,或在問題定義階段中探討過,否則就沒有它們受到思考的餘地。

28.4　互動規劃：原則與概念

　　Ackoff 所抱持的觀點是：之所以需要規劃方法論,是要使人們能為自身做規劃,而不是接受他人的規劃。他認為這一點得使參與者讓他們自己的價值觀與理想,在規劃程序中取得至高無上的地位。令參與者表達出他們對「現實」的觀點,而不是讓其他人的現實強加在他們身上;並且在創造組織未來時必然需要廣泛參與。反映出來的理念在其他方法中已提出過,互動規劃肯定了組織中的三種利益。組織本身的利益是成為一個目標明確、能存活的實體;組織所處廣大社群(環境)的利益;以及在組織中工作之個人的利益。

　　互動規劃者考量過去、現在、與關於未來的預測,並做為目的在於創造未來並建構達成機制的規劃程序。他們為心目中組織的理想遠景而努力。

互動規劃以三項原則為基礎：參與、持續性、及整體性。參與原則便是所有利害關係人皆應參加規劃程序中的各階段。Ackoff 與 Checkland 一樣，指出規劃的程序比產生的計畫更為重要，因為在程序中使個人得以貢獻，且藉由親身涉入而提升了對整體組織的瞭解。

持續性原則承認利害關係人的價值觀與理想會隨時間而改變，且更進一步的問題與新契機將於計畫執行期間顯露萌生。對 Ackoff 而言，這代表計畫必須適應於滿足這些轉變，使它們能持續反映現狀；也許它們應永遠視為草案！這項想法反映出第十九章中所審視的「學習」觀念。

最後一項原則是整體性，即指系統化思想。這指出規劃應針對整個組織（或至少是儘可能多的部分與層級）同時並彼此相連進行。整體論或系統化思想的概念已在第十四章中探討過。

為了使互動規劃中的參與原則得以實現，Ackoff 提出一套規劃組織的特定形式。這套形式便是內建規劃程序，作為組織構成的核心部份。依此設計，則組織被分為各種規劃委員會。組織內的單位首長在三層次上成為委員會成員，自身層級、上一級、及下一級。在這方面，他們頗類似且如 Likert 的「連結拴」，或可存活系統模型中連結層層包容層級的「政策擬定部門」。在最高層級上，外部利害關係人會出席委員會，而在最低層級上，所有員工皆為該單位委員會的成員。這一類組織可以有效地作為一種連結組織內品管圈活動的設計方式。

儘管明顯地曠日廢時，且某些經理人會隸屬於 10 個委員會之多，但透過溝通、協調、與整合等方面的改善，仍對組織衍生了重大利益。道德規範也有所進步。互動規劃的組織圖示於圖 28.5。

可清楚看出這個架構並未替代現有的層級，而是插入其中。是規劃的層級，而非控制的層級，這一點會產生權力階級試圖去妨礙的溝通與論辯。特別值得注意的是，這套方法明白地將外部利害關

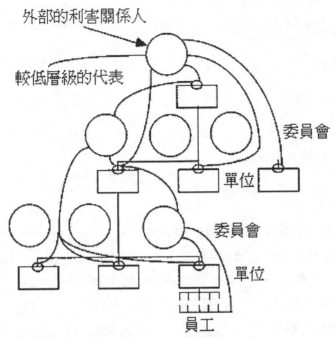

外部的利害關係人

較低層級的代表

委員會

單位

委員會

單位

員工

圖 28.5　為互動規劃的組織設計

係人的觀點納入，可能包括地方政府代表、社區領導者、供應商、以及產品及服務的顧客或消費者。這對組織的品質提升計畫具有顯著意涵。譬如說，在執行供應商培養策略之處，供應商便可連入組織的規劃程序中。類似地，當顧客構成了組織中的一部份，那麼顧客的回饋會變得真正有意義起來。

28.5　互動規劃：方法

　　互動規劃的方法論包含五項步驟（請見表 28.6）。堅守住這個方法的系統化要求後，則其程序可用任何順序運作，但應將整體視為一個反覆回饋的程序，因為計畫已如先前所言，始終是「草案」

表 28.6　互動規劃五步驟：Russel Ackoff

1. 整理混亂狀態
2. 目標規劃
3. 手段規劃
4. 資源規劃
5. 執行與控制的設計

的形式。

　　步驟一：整理混亂狀態，包括 SWOT 分析，該分析試圖突顯出組織所面臨的優勢（strength）、弱勢（weakness）、機會（opportunities）、與威脅（threat）。Ackoff 指出有用的措施是詳細評估「組織現處狀態的未來」。即若對內部情形無所為，且環境持續依照預想的軸線發展下去，這就是組織未來的場景。Ackoff 提出這一點需要進行三種型態的研究（請見表 28.7）。這三組結果的綜合體便被視為目前「混亂狀態」的參考場景。

表 28.7　整理混亂狀態的三種方法

・系統分析：細部描述組織本身、它如何運作、及其環境
・障礙分析：揭露企業發展的阻礙
・參照投射：藉由推估在已知環境下的表現，預測未來的績效

　　目標規劃（步驟二）則試圖明確指出組織所企求的未來。起始於理想化的重新設計—即利害關係人若能隨心所欲的話，他們所將創造的組織願景。這一點涉及選擇使命、明確陳述設計的屬性、以及設計組織。一般而言，會創造出兩種版本—其一受到現有大環境的限制，另一則無。這兩種理想化組織間的差異，顯示出組織必須

在規劃程序中努力修正其環境的程度。

　　理想化的重新設計是一個充滿創意的程序，且只受到兩項限制。第一，該設計必須符合技術可行性，也就是不得仰賴未來可能出現的發明或突破。第二，必須在作業上可行，即創造出來後它必須能夠運作。

　　Flood 與 Jackson（1991，151）指出，這些設計必須與利害關係人所想像的最佳「理想追求系統」之準則一致。從這一點而言，明顯地，所設計出來的組織必須有能力學習與適應。Ackoff 對這類系統的設計列出大綱，要求它能夠：

- 觀察：體認機會與威脅
- 決策：能回應機會與威脅
- 執行：實際做點什麼
- 控制：績效監控與自我矯正
- 溝通：資訊的取得、產生、與傳布。

　　機警的讀者們現在或許已指出互動規劃與其他方法間在想法上的類似性，如 VSM 對執行、協調、控制、發展、與政策擬定（管理五功能）的要求。但必須宣稱的是，這些方法背後所隱含的理念有某些根本性的差異。

　　手段規劃（階段三）則是程序中為支援前兩步驟「做什麼」，而產生「如何作」的階段。牽涉到藉由相關人員做出作業上的必要改變。也應產生出替代的「如何做」方案，這或許可利用本書先前章節中概述過的某些技術，並進行比較以找出效能最高者。

　　資源規劃（步驟四）探討對物料、供給品、能源、與服務的要求一均為組織的投入一如同設備、人員、與金錢。在各方面都有必要決定做哪些改變以因應理想化的重新設計。這個階段相當類似於策略檢討程序中的「內部的企業稽核」，因為也企圖評估組織的人

員與執行力。

執行與控制則確保所做的決策都能著手進行。這牽涉到任務的分派，以及完成情形的監控。執行結果應回饋至規劃程序中，以進行必要修正及更進一步的變革。

28.6　重點回顧

互動規劃與 SSM 受到同樣的批評，指出其結果受制於程序中參與者的知識與期望。為了使品質提升能成為強調主題之一，則在最初便必須將其突顯為整理混亂狀態中的一部份。類似地，在執行階段中，也必須肯定品管理論與實務知識的必要性。

儘管互動規劃與品管圈看似多所相同，但可用兩種方式加以辨別。第一，品管圈只在組織的單一階層上運作，互動規劃則連結各層級。第二，品管圈純然強調局部性的作業問題，而互動規劃若運用恰當，則具有從組織最低階捕捉策略性觀點的餘地。品管圈可視為一種問題解決技術，而互動規劃卻是一種管理組織的方式。

就像 SSM 一樣，互動規劃也以界定問題為導向。它強調提供一套產生對策的方法論，卻並不提出任何有關對策應當為何的指引，只要求這些對策以不受到牽制的方式衍生而出。

摘	要

本章回顧了兩種創造優質組織的參與性方法。有心進一步瞭解的讀者們可參考 Checkland(1981)與 Ackoff（1981）的著作。

學習要點

柔性系統方法論

重要定義

• 解決複雜問題需以情境參與者本有的主觀眼光為基礎

原則

• 讓組織中的參與者涉入，以改變其運作方式
• 提升對結果的承諾
• 在決定手段之前，必須先定義出目標

方法

• 調查程序七階段：發現、充分的圖像、根本定義、重新設計、與真實世界的比較、論辯與決策、採取行動

評論

• 較適合小眾；將「秩序」帶入論辯中；提供多種意見；除了共識以外，並無任何理想型式的結果

互動規劃

重要定義

• 參與者的價值觀與理想在規劃程序中必須至高無上

原則

• 主動規劃或是受人籌畫；

・在決定手段之前必須先認同目標

方法

・五階段程序─整理混亂狀態、目標規劃、手段規劃、資源規劃、執行與控制的設計

評論

・結果受制於參與者的知識與期望
・多層級參與
・其結構可促成多數人參與
・有產生策略性觀點的潛力
・手段導向
・沒有「理想化」的對策

問題

請比較本章所描繪的兩種方法。在哪種情況下你會個別使用哪一種？

第二十九章

利害關係人參與

「層級是社會系統中固有的人類經驗，
但迄今看似仍不足作爲一項組織原則。」
　　　　　Stafford Beer,《超越論爭》（Beyond Dispute）,1994

前言

　　至今為止，在本書中所回顧的方法、工具、與技巧，都具有一個共通的中心主題；它們皆是設計來改善組織的品質績效。與此類似，它們都以一項假設為基礎：對組織有益之事必然也有益於社會與個別員工。在這套工具中，並無觸及或研究這項假設。重心放在做些什麼、可以做到多好等實務議題；但就是不曾提及是否應如此做的問題。

　　Flood（1993）指出，當「爭論的自由」受到挫敗，則「人們就受到囚禁了。」他們深陷於展現他人利益的思考方式或假設中，而非展現自身的利益。他們可能會受制於實際的限制，這經由意外或設計，導致他們服從更有權力之團體或個人的期望。人們的深陷，或許受到其知識與瞭解的限制；或受到他們身處之社會與組織結構的限制。於是有人指出有必要透過一種手段，使受到變革或程序影響的人們能與權力團體合作，以檢討變革的假設與結果。處理這些問題的程序便稱為「關鍵系統啟發法」。正是本章的主題。

　　儘管利害關係人的觀念在政治學與社會學中已行之有年，但它卻在近年來才使用在管理術語上。在這樣的背景下，利害關係人的

定義是：任何與系統行為有正當利益關係的個人或團體，這包括了
涉入人士、受到影響的人士（無論是否涉入）及施加影響力的人士。

29.1　關鍵系統啓發法：原則與概念

　　Werner Ulrich 的著作：《社會規劃的關鍵啓發法》（Critical
Heuristics of Social Planning：1983），發表了一項解放性的系統方
法，而開拓出系統化思想的新疆域。這個方法可透過剛性系統思想
與經由柔性系統思想所達到的共識本質，將重要反省投射於所達成
的手段與目標上。

　　這項方法企圖揭示提案的規範面—最根本的價值觀假設、以及
受到規劃影響的結果與周邊效應。Ulrich 提出，儘管系統化思想的
主導工具只考量解決問題的手段與目標，也有必要去思考「是非」一
即「應該做些什麼」？這被視爲可以促成自由選擇，以創造出更好
的社會系統與改善處理程序，藉此那些受制於設計結果的人們，也
可以挑戰規劃者的合理性。

　　一般認爲 Ulrich 提供了一個處理威權情勢的方法，即可處理社
會中的權力階級將他們觀點強加在別人身上的情形。一般指出 CSH
（關鍵系統啓發法：Critical Systems Heuristics）透露了提案深層根
本的動機與真實利益，以及如果計畫被視爲合理，則必能受到所有
利害關係人的支持。

　　針對「關鍵系統啓發法」，Ulrich 的說法如下：

· 關鍵（Critical）：一個探索特定方法（多為本書中已探討過的大
　師著作）背後所隱含的假設之方法。
· 系統（System）：所要研究的組成要素與互動關係之網絡。
· 啟發（Heuristics）：發展出一套不含規劃者偏見之對策的反覆探

求程序。

定義中的最後一部份，暗示著一種維持住程序第一線之假設前提的「理想」探求程序。它們必須不斷地開放自己，接受質疑與爭議。

Ulrich 在「涉入」規劃決策人士與「受影響、但並未涉入」人士之間，建立了一道基本的分野，並縈繞著這一點，與三項「準超越概念」（quasi-transcendental ideas）－系統、道德、與保證人，創造出一套 12 項啓發類別的架構。（Flood 與 Jackson，1991：201－202）。

關鍵系統啓發法便納進這三項原則，再加上意圖的概念爲其基礎（請見表 29.1）。

表 29.1　關鍵系統啓發法四原則：Werner Ulrich

1. 意圖
2. 系統
3. 道德
4. 保證人

意圖原則，要求確定意圖的能力應遍及系統上下。系統應產生並散布與意圖攸關的知識，以促成辯論。所有計畫皆應就其規範性內容作重點式審視。

系統原則提供一項得以衡量世界觀（假設）的重要標準。道德原則則是要求系統設計者透過他們的設計，持續致力於改善全體人員的狀態。

保證人原則認清可能無法絕對保證改善。這項原則要求系統設計者在創造提案時吸收各方專家與利害關係人團體的意見，且這些

提案應受到涉入人士、以及受影響人士們的認同。

　　基本上，Ulrich 的方法可以視爲以較實際的方式，不遺餘力確保所有系統成員、互動人士皆能有意義地參與社會系統的設計。

29.2　關鍵系統啓發法：方法論

　　CSH 的方法論由兩部分的實體構成。第一部份以兩種模式舉出12 個問題—「現狀（is）」與「應然（ought）」。在「現狀」模式中，第一種用途是企圖透露出與系統攸關的四個團體之利益如何滿足。這些團體分別是：顧客、決策支配者、設計者（涉入者）、以及證人（受影響但未涉入人士）。這些問題藉由思考權力基礎與設計之正當合理性，以探討該設計的價值觀（規範）基礎。第二種用途則在「應然」模式中，審視各團體的利益應由系統來如何滿足。這些問題請見表 29.2。

　　問題一界定出何人屬於其意圖（利益與價值觀）受到滿足的族群，這有別於那些無法得益，卻可能必須負擔特殊系統設計之成本或其他不利處的人。問題二則相對於規劃者宣稱所將達成之事，而評估已達到哪些成果。問題三就實際的成就考量成功的衡量項目。

　　問題四透過詢問以何人的角度來衡量成功，而試圖確立誰可實際改變成功的衡量項目。問題五嘗試確定在促成系統成功地規劃與建置時之必要資源，以及需克服的限制。

　　問題六牽涉到系統領域的界定，企圖確定哪些面向落於系統可管理的範圍之內與之外。問題七指出哪些人著手進行規劃；而問題八，則嘗試辨清提供的專業能力與哪些問題應發展對策—質疑他們涉入的正當合理性。問題九確立所許的承諾將如何達成；問題十則試圖確認哪些人將受到系統運作的影響，但未涉入其中—因而不會對其運作造成直接衝擊。

表29.2　關鍵系統啓發法的 12 個問題：「現狀（is）」與
　　　　「應然（ought）」模式

1. 誰（應）是該系統設計的真正顧客？
2. 系統設計的實際目標（應）為何？
3. 何者（應）為成功與否的衡量項目？
4. 誰（應）是實際的決策支配者？
5. 哪些資源與限制實際上（應）由決策支配者控制？
6. 哪些資源或限制並非（不應）由決策支配者控制？
7. 誰（應）是真正的涉入規劃者？
8. 誰（應）以專業人士身份涉入？
9. 涉入人士認為何處將保證他們的規劃成功？（誰應是成功的保證人）
10. 在涉入的見證人之中，誰代表受影響人士的關切事物？（誰應介入？）
11. 受影響人士有機會從專業人士手中解脫出來嗎？（受影響人士可以脫離專業人士的影響到何種程度？）
12. 系統設計的根本世界觀（應）為何？

　　問題十一循此而進，要求加入「受影響但未涉入人士」的意見，以便將他們的觀點納入考量。問題十二則反省提案背後隱含的世界觀假設。舉例而言，在品管背景下，問題十二可能令參與者思考品質提升是否必然是件好事；或它是否只是一套特定假設與期望下的函數而已。

　　這兩組答案間的差異，便是方法論第二部份的基礎：「採行邊界判斷論證」。該方法較常受到捲入「邪惡擁護者」立場之程序的人們採用。這種辯證論爭法的目的在於透過辯論程序，迫使系統設計者（問題解決者）例示說明他們所挑選之系統邊界（系統運作的

參數與期望）的妥適性。於是便並非由「受影響但未涉入」人士證明他們的另類觀點為真，反之規劃者必須證明其原創邊界的優越性。

受影響人士可透過該程序實地論證：

- 規劃者在創造提案及計算效應時，已採用了邊界判斷。
- 專業人員並無法透過他們的專業能力驗證自身立場的正當性，或對他們的批判者直指其誤。
- 無法在其知識基礎上辯護其提案的專業人士（規劃者），正獨斷或憤世地持其立場，因而喪失其論辯資格。

錯誤的問題

英國，就與其他許多國家一樣，採用公眾民調系統來探討具地區或國家重要性的議題。這一類旨在對特定提案促成公開公平辯論的調查法，正反映出關鍵系統啟發法的某些理念。近年來的例子包括針對 Newbury 外環道（現正建置中），以及希斯洛機場第五航廈的調查（持續到 1998 年中）。

英國公眾調查的規定保證各利益團體皆有機會對調查人員表達他們的意見，且這些意見必須收集在最後結果內。

但公眾調查程序有兩點重要缺失。第一，調查人員乃由當時執政的政府選出。儘管政府是獨立的，且受到公正與不偏的責任所牽制，不過在程序中仍有政治介入的可能性。其次，最受關心的是，公眾調查只討論一項問題，並無其他。而問題並未以反映 CSH 程序的方式定義。因此這項調查可能會針對一個眾多受影響人士所認知錯誤的問題，推導出一個公平公正的答案。

同樣的缺失也可能出現在本章所概述的任何一項論辯程序之中。

普遍認為，採用這種論證程序可在團體間產生地位平等性，而促成「合理的對話」。

透過方才所勾勒的探討與論辯程序，而可望將系統設計加以探索與修正，以期更能符合涉入人士與受影響人士兩方面的需求。

29.3　重點回顧

當然，CSH 程序只適用於所有團體皆願對程序有所貢獻，並願意基於發現成果加以調整之處。在存在著明顯威權的地方，（換句話說就是該方法最能充分發揮辯護的情況下），或許不太可能認為掌權者會有意願與弱勢者進行辯證。他們較可能直接使用權力加以鎮壓。

這項方法在全面品質提升計畫的初期最為有效。在這個階段慎重地使用 CSH 法，或許可藉由讓涉入人士與受影響人士突顯出通常隱而不宣的希望與憂慮，而揭露了品質革新運動的障礙。正是這些作為參與者的希望與憂慮，往往對品質提升具有決定性的影響。

例如，一位主管為了組織能持續競爭並生存，而體認到提升品質的必要性；但也體認到這可能對自身地位與員工地位產生威脅─他們是涉入者，也是受影響者。員工本身也可能認為威脅近在眼前─工作保障、已被接受且習慣的工作實務、甚至是組織生活的整體方式。

CSH 法應透過質疑與論證程序，將這所有憂慮與希望展露出來，讓它們為系統設計說話，及認可他們未必擁有的專家洞察。那麼儘管開始時並未涉入，受影響者也同樣更能瞭解經理人的動機與理論基礎。

　　另一項最有益的效應，則或許是引發強勢者「自我反省」的必要性。辯論措施迫使他們去表達出自己的認知，並在這麼做的程序中檢視判斷自己。若他們做不到這一點，那麼他們或許最好改弦易轍。

　　就像其他以「柔性系統」爲基礎的方法論一樣，CSH 的運用並無法引導出任何特定的問題對策。它也並不會產生出一套全新的組織圖或不同於過去的工作方法。它所能做的，就是點出另一方法論所衍生之特定對策背後的理性邏輯，並從受影響人士的角度加以澄清。

摘　　　　　要

　　本章介紹了在品質上採取解放性方法的必要性—爲所有人創造出思想與行動的自由。本章的第二部份則介紹關鍵系統啓發法的理論與實務。希望對這個複雜而嚴謹方法有進一步瞭解的讀者們，請參考 Ulrich（1983，1987）的著作。

學習要點　利害關係人參與

重要定義：

一套發展真正共識的解放性系統方法

原則

・意圖；系統；道德；保證人

方法

・利害關係人參與的 CSH 方法論；辯證論爭

評論

- 只在強勢者容許辯論時才有效；
- 明顯的專制會阻撓該程序，並可能造成品質提升的障礙；
- 發展理解；
- 沒有理想型式的對策

問題

當你在一個企業環境下運用關鍵系統啓發法時，可能會遭遇到哪些困難？

第三十章

施行品質提升計畫

「行如其言，言符其行。」

莎士比亞，哈姆雷特（Hamlet）,(Ⅲ,ii)

前言

　　追求品質的主管階層絕對有必要具備能力使用目前現有的各種工具與方法，但這還不夠。不可或缺的是，這些工具也應在一個結構良好且統籌性背景下使用。片斷或部分的方法只能產生部分的品質管理。必須承認的是，儘管推行品質提升是一項持續不斷的活動，且必須成為組織管理程序中內建的一部份，但推展品質提升計畫仍須仰賴一個成功的起始專案。

　　在本書第二篇中所概述的品管大師之基本方法，從 Crosby 的「品質改進 14 步」、Deming 的「七點行動計畫」、直到 Feigenbaum 的「全面品質控制四步驟」以及 Ishikawa 的「公司全體性品質控制」。但它們都囿於一項限制：它們的設計在用以實現一項某位大師所認為重要之處，而遺漏了程序中的其他面向。Flood（1993）的全盤性程序企圖藉由以一項教育計畫推展全面品質管理（TQM），並且鼓勵折衷採用所有品質提升觀念，以克服這個困境。Flood 的程序已勾勒於第 26 章中。一位思考細密的經理人，便可從本書中所概述的品質提升原則中，挑選

出適當的工具，並發展出適合其組織的品質提升計畫。再提供進一步的 TQM 方法論將顯得累贅，因此本章將審視某些專案管理、執行、控制等一般性議題。

30.1　專案管理

　　這一小節假設我們已將某些概述過的工具施用於品質提升程序上，而所要做的，便是執行專案。施行專案由三組行動構成（請見表 30.1）。它是一個不斷操縱專案向目標前進的動態反覆回饋的程序─而目標本身在專案存續期間也可能變易。舉個例子，原先所設立的標竿目標可能改變；可能有一項新技術從研發實驗室中進入主流製程；或是組織的顧客層有重大變動，這些變異在在造成計畫必須修正。

表 30.1　專案執行三活動：品質提升綱要

- 規劃
- 執行
- 控制

　　在著手於任何專案之前，具有決定性效果的是，專案主管應思考有待達成的主要任務；著手進行的順序；所需資源；以及專案內可供「彈性利用」的時間。他們也應斟酌考量加諸於專案上的任一限制，如營運資本的補充能力、季節天氣變化效應、以及給予顧客的送達承諾等等。

　　一個變數與活動數量有限的小型專案，可運用最小量的專案管理工具而著手實施。而大型專案，包括全面品質管理行動，便應該援用這些工具來支援程序，並確保獲致最佳結果。

　　目前有許多可用於規劃專案的方法。其中最古老或許也是最廣為人知的一種，就是甘特圖（Gantt Chart）。其作法是將專案拆為各構成部分，根據專案時間編定進程，並以陰影指出進度。儘管相當實用—且甘特圖十分簡便—但它並未考量到個別要素間的互相關連性，且忽略了「可彈性利用的」時間。在專案期間可能難以保持對落後活動的知覺，或瞭解該專案是否能準時完成。甘特圖的範例圖示於圖 30.2 中。

　　網絡分析（或要徑分析）的技術，則為大型專案的規劃與控制提供了一套更易理解的系統。它與甘特圖有所不同，它肯定要素間的互依性，並強調專案中的關鍵部分。所謂關鍵的意義，即指若未能準時完成便將拖延或阻礙完成專案的其他部分。在安排資源及縮減專案成本上十分實用。網絡程序由兩階

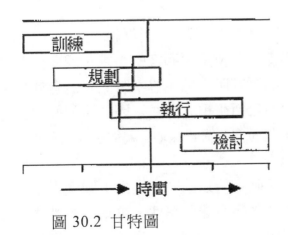

圖 30.2 甘特圖

表 30.3　要徑分析

編製網絡：

- 定義整個專案的範圍與目的
- 指出各種活動
- 決定活動與事件（個別活動的起迄點）間的邏輯關係，並建構網絡圖。
- 為各項活動決定可能花費的時間、所需資源、及各種限制，如開始日期、僅在白日工作等等。

分析網絡：

- 分析網絡，以找出哪些工作在決定完成時間上具有關鍵地位。
- 決定縮短完成時間是否具有經濟可行性（或有其他必要理由）。

段組成：編製網絡（請見表 30.3），以及分析網絡。

在品管背景下，為了滿足某位重要顧客的需求、或要對某個構成威脅的競爭者建立品質差距，縮短專案時間可能有此需要。從建構網絡的程序中便可衍生重大利益，因為這迫使規劃者在執行前就詳細思考各個面向。倘若採取「關鍵性」的路徑，則該程序應能導致計畫的改善。

網絡圖中所呈現的各活動，皆以箭頭末端配上圓圈表示。字母表示活動，而圓圈中的數字意味著事件。專案中的某些活動將須倚賴前一活動的完成，而其他則可同步進行。在活動同時進行之處，則引進虛擬事件，以解決不同的個別活動由同一

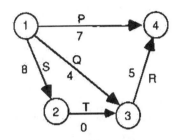

圖 30.4 網絡圖範例

對事件界定的邏輯困境。圖 30.4 即為一簡單範例。

在這個狀況下，活動 P 可與 Q、R 同時進行，但在 R 開始前必須先完成 Q。活動 S 可與 Q 同事進行，但仍須在 R 開始前先行完成。故引進事件 T 以區分 Q、S 的線段。線段長短無關緊要，而耗費時間則標示於線段旁邊。

「關鍵路徑」就是耗費最小時間通過所有關鍵點而穿透網絡的途徑。在範例中，其路徑即為 1、2、3、4，耗費 13 分鐘，因為在進行 R 以前，必須先完成 S 才行。在此範例中 R 與 S 便是關鍵活動，若延誤將影響整個專案，反之 P 與 Q 則不具關鍵性地位。他們可以分別延誤 6 分鐘與 4 分鐘，而對整體時間毫無影響。可容許的延誤時間便稱為總「彈性利用時間」（float time）。

網絡法為專案提供了「時間預算」（若成本與時間直接相關，甚至可用以發展財務預算）。正如任何一種預算一般，它應在專案進行期間更新以整合完成的「實際」值，且應相應修正並重新規劃專案的平衡點。目前已有套裝軟體可供進行並支援網絡分析。

30.2　執行策略

　　執行程序（無論透過何種方法或工具）可用兩種主要方式
實現：專家法—由顧問或品管專業人員推動計畫；以及自助法—
專案由員工掌握並推動，但由顧問或專業人員加以輔助。

　　專家法專案最為常見，且任命專案經理人與執行團隊著手
進行。一般而言，這類團隊將負起專案的完全責任，指認並做
出適當的變革，並將新系統或新方法以「整套承包移交」的基
礎交給目標員工。團隊在移交專案前，將處理訓練事宜、為新
系統或程序排除故障、並擺平任何困難。

　　這種方法在某些情況下有極大的好處，如處在毫無既定方
法或預設想法的「原生地」局面下。也可能在短期內見效甚速
（並因而具成本效能性）。這種作法，可以擷取無法取得或十分
昂貴之專業別優勢。而其主要不利處，特別在已建立的情形下，
則是它將新方法的主控權交在專案團隊而非相關員工的手上。
其衝擊效應在員工或主管兩方面皆將成敗歸於專案團隊，且變
革的障礙與異議並未將之根除，而只是加以迴避—利害關係人
受到權力的鎮壓。接著可能延宕或阻撓變革程序，並產生令先
前方法復歸舊貌的可能性，實質上是抵銷先前所為，白費功夫。

　　自助法較具效能性。它從相關團體中聘僱專案主管，並以
必要的部門專業人才加以輔助，且由員工組成執行團隊。因之
他們能激發對自身領域的改革，促進變革的認同感與接受度，
更避開了強加改革的困境。

　　於是部門專業人員的角色轉為輔佐行動，而非自己推動變
革。這個作法將高專業能力的部門專家與組織中具草根知識的

員工結合在一起，產生出各方面皆能接受的對策。該作法最主要的不利處便是它得花較久的時間才能達成預期轉變。但這些額外時間（也許也必須承擔額外成本）卻必能與更可創造永續且令人接受轉變的可能性兩相平衡。

更進一步的優勢，則是涉入員工將從部門專業人員身上學習，因而增進自身的知識與瞭解。儘管難以估量，但卻是一項重大的效益，因為它在員工之中建立起「改革領導方向」，令他們逐漸認知到在新觀點下何者可行，何者不可行。基於以上兩種執行風格下的工作經驗，使得筆者本人建議以第二種方法為佳。

30.3 控制

控制乃是對專案進度的持續監控，以專案中所得的資訊「回饋」作為基礎，與通常由甘特圖或網絡圖所引出的期望值兩相比較。比較的結果則當作調整專案的投入、或後續資源重分配方針的基礎。讀者們應認知到這是一項控制論（cybernetic）的程序。

調整專案的投入可能包括增減使用資源的程度、在浮現特別困難問題時提升專業能力的程度，或引進新資源與新專才以處理預料之外的事件與阻礙。舉例而言，Deming 的 PDCA 循環中的「檢討」階段，便預期會出現困難點或意料之外的結果，故以此機制來調整。這類意料之外的結果不應如一般所見視為失敗，而應當做是演進活動學習程序中的一部份。未能產生預期結果的實驗與全如所料的實驗一樣珍貴。知道「如何不去做某事」，至少與知道如何去做某事一樣重要。睿智地運用這些資

訊，就能避免更進一步的失敗，或避免繼續使用一項失敗的方法。

　　同樣地，預料之外的成功更是學習的機會。它可能是使變革程序未來幾步變得不必要的觀念或實務之突破點，或是變革的結果所產生的新契機。一個控制系統能認清這些面向，並從中獲利，是相當重要的。

　　管理變革計畫時，常見到某個試驗案僵持甚久，除了員工反彈外，什麼也沒有達成的情形。這種情形可能常常突然地被克服，而重要的是去體認這個突破性時刻，並利用所增加的優勢。某領域中的這一類突破點往往也在其他領域中創造出突破的契機。

管理與鍵盤

　　某家大型企業的員工堅決反抗引進個人電腦與電子郵件系統。他們慣用個人助理與打字員來生產出所有需要鍵盤打字技巧的工作。

　　對這個企業來說，服務品質提升行動的一項關鍵部分，牽涉到縮短回覆書面詢問（在內外部兩方面）的時間，且一般皆肯定這一點可藉由從生產鏈中移除某些步驟來達成，也就是鼓勵員工自己動手打信。已有範例顯示這一點即使上至相當資深的主管層級也更具成本效能性，並能減少雇用人數，及減少大量紙張。

　　反彈遍及全公司。員工們不肯接受這個想法，而 IT 專家們也無法以他們的成本模型證實其成本效益。轉捩點的出現，在於總裁同意在某個一般主管願敞開心胸接受革新之處，先行進

行導航研究。

　　接著就像是強制性改革一樣，架設起廣域網路，並告訴員工他們必須接納這些機器—而不是他們必須使用這些機器。除了電子郵件設備外，機器中也裝設了支援員工「非回覆性」活動的試算表與資料庫套裝軟體。員工接受這些設備的訓練，並已承認它們能增進績效、並得以評量他們使用這一類系統的優勢。他們很快地就「發現」到「電子郵件」功能，並開始使用，因為他們發現那可以讓他們更快速地執行各種工作。在一個月內，員工們打了大量的回信，先前的反對早被遺忘。他們才體認到，對他們而言，該系統的效益並非原先所認為的附屬用途。

　　一旦這些員工肯定其利益，組織上下的反彈便開始瓦解，且從許多其他地方傳出需要同樣設備的喧囂。IT 部門也證實了成本效益（因為他們能修正模型，反映出真實情景），並信誓旦旦地向整個組織宣稱，已在部門中為他們自己創造出了一套楷模系統！

　　某項變革為人接受的突破點創造出其他轉變的可能性，先前同樣遭受強烈反彈的，如今也為組織上下所接受。這些改革影響了工作規範、經理人角色、聘用員工數目、以及系統與程序的整個區域，為了支援品質提升行動，一切皆可重新設計。

　　當進度指出原有目標（因種種理由）無法達成，或由於出乎意料的突破與進展而可前往更為嚴苛的目標時，變更專案目標是可能的。往往，涉入專案者會遭受設立錯誤目標、或「犯錯」的批評。但有必要變更已達成的目標或已提出的提案是管理良好的標誌。這是大部分的品質提升方法中的根本部分—不斷追求更高目標與更高成就。

30.4　重點回顧

　　在這種篇幅的文章中，只能對品質提升計畫的執行做如此簡短的概論。目前已有無數的專案管理技術可供使用，它們大多具有貢獻價值。

　　有關規劃、執行、控制的整個型態，可以如書中所述般應用，或用於進行一趟實現品質提升計畫之旅。不管如何，本書中所指出的技術對於協助瞭解全面執行程序時都極有價值，並可在組織內各階層中採行。舉個例子，可為整體品質提升行動編製一份甘特圖，且用以作為所有低層級之品質提升行動的推動力。還有，若採用 Flood 計畫，則各品質評議會將可利用它自身的甘特圖，並彼此推演連結。若該計畫未以這種方式整合，那麼不可避免地，計畫中的某些面向必然會在隔閡中遭受挫敗。最重要的一點是要透徹地使用這些工具，探索它們能如何為組織提供助力。

摘　　　　　　　　要

　　本章扼要地介紹了提升品質的整體執行程序，並顯示如何以規劃、執行、及控制的三階段程序加以管理。

學習要點　執行品質提升計畫

重要理念

- 品質提升計畫「必須」是全盤性

方法

- 有各種方法，如甘特圖、要徑分析
- 在受影響的團體中進行專案管理
- 對計畫持續進行控制與調整

評論

- 工具必須加以透徹而系統化地運用
- 肯定專案間的連結
- 經理人本身必須以身作則

問題

　　請研讀一位在本書中所描繪之品管大師的品質提升計畫。請確定你認為其中哪些活動符合規劃、執行、控制的三階段程序。你會另外為計畫添加哪些額外的步驟以作加強？

延伸閱讀

Throughout this book reference has been made to a wide selection of sources which have been found informative and interesting in the attempt to understand the role of quality in the wider context of management thinking, organisation theory and emergent social issues. Following is a list of texts which will help the reader to explore further the themes and issues raised in this book.

Beer, S. (1974) *Designing Freedom*, Wiley, Chichester: Beer discusses the impact of conventional management thinking on the development of society and suggests ways in which the apparent threats to freedom can be overcome. This book is Beer's most lucid attempt to elaborate his philosophy.

Crosby, P. (1979) *Quality is Free*, Mentor, New York: Crosby introduces his quality approach in a highly readable, accessible text.

Deming, W. E. (1986) *Out of the Crisis*, The Press Syndicate, Cambridge: Deming elaborates his fears for the future of American industry and proposes solutions based on his quality thinking and practice.

Feigenbaum, A. V. (1986) *Total Quality Control*, McGraw-Hill, New York: This text provides a full explanation of Feigenbaum's approach to managing for quality.

Flood, R. L. (1993) *Beyond TQM*, Wiley, Chichester: Flood develops his holistic approach to Total Quality Management drawing on his background in systems science. The book is readily accessible to non-specialists in systems and quality.

Galbraith, J. (1974) *The New Industrial State*, Penguin, London: Galbraith develops an argument about the power of big corporations in the future economy of the world.

Hannagan, T. J. (1986) *Mastering Statistics*, 2nd edition, Macmillan Education Ltd, Basingstoke: Hannagan provides an introduction to the development and use of a wide variety of statistical techniques.

Hoff, B. (1994) *The Tao of Pooh and the Te of Piglet*, Methuen, London: Hoff provides an insight to Western systems thinking through a re-interpretation of elements of Chinese philosophy.

Hoyle, D. (1998) *ISO 9000 Quality Systems Handbook*, 3rd edition, Butterworth-Heinemann Ltd, Oxford: Hoyle provides an easy to follow guide to developing and installing a quality management system.

Huczynski, A. and Buchanan, D. (1991) *Organisational Behaviour*, 2nd edition, Prentice-Hall International (UK) Ltd, Hemel Hempstead: This text provides a substantial and reader friendly guide to the principal strands of management thinking which dominate contemporary organisations.

Huff, D. (1973) *How to Lie with Statistics*, Pelican, London: Huff explores in an entertaining but ruthlessly critical manner the ways in which poor understanding of statistics are used to manipulate decision making.

Ishikawa, K. (1986) *Guide to Quality Control*, 2nd edition, Asian Productivity Organisation: This book, based upon Ishikawa's practical work was originally developed as a guide for the work of Quality Circle members.

Juran, J. M., (1988) *Juran on Planning for Quality*, Free Press, New York: This substantial and detailed text provides the most useful guide to Juran's thinking and his approach to achieving quality.

Kanji, G. P. and Asher, M. (1996) *100 Methods for Total Quality Management*, Sage, London: The authors provide an easy to follow, simple 'how to' guide covering the major activities in a TQM programme.

Logothetis, N. (1992) *Managing for Total Quality*, Prentice Hall International, London: Logothetis provides a guide to the statistically based methods for achieving quality.

Lovelock, J. (1979) *Gaia: A New Look at Life on Earth*: Lovelock explains the development of his theory of the environment. Appreciation of this perspective helps in understanding the environmental imperative for the pursuit of quality.

Oakland, J. S. (1993) *Total Quality Management*, 2nd edition, Butterworth-Heinemann Ltd, Oxford: Readable and well structured, Oakland elaborates in detail his programme for attaining quality.

Ormerod, P. (1994) *The Death of Economics*, Faber and Faber, London: Ormerod explores the assumptions which underpin much of currently dominant economic theory, highlighting the weaknesses and flaws which he perceives.

Pirsig, R. M. (1974) *Zen and the Art of Motorcycle Maintenance (An Inquiry into Values)*, Black Swan edition, Arrow Books, London: Presented as an account of a man's journey with his son, the book reflects a process of enquiry into two strands of quality thinking, the technical and aesthetic.

Shingo, S. (1987) *The Sayings of Shigeo Shingo*, (trans. A. P. Dillon, Productivity Press, USA 1987): Shingo's message is expressed through his many mottoes for achieving quality.

Taguchi, G. (1987) *Systems of Experimental Design*, Vols 1 and 2, Unipub/Kraus, International Publications, New York: Taguchi's own guide to his process for developing quality within the product and the production process.

Waldrop, S. (1992) *Complexity*, Simon and Schuster, New York: Waldrop reports the development of complexity theory giving insight to thinking about organisations as non-linear dynamical systems.

參考書目

Ackoff, R.L. (1981) *Creating the Corporate Future*, Wiley, New York

Allen, R. E. (1995) *Winnie the Pooh on Management*, Methuen, London

Ashby, W. R. (1956) *An Introduction to Cybernetics*, Chapman and Hall, London

Bank, J. (1992) *The Essence of Total Quality Management*, Prentice-Hall International, London

Beckford, J. (1993) 'The Viable System Model, A More Adequate Tool for Practising Management?', Ph.D. thesis, University of Hull

Beckford, J., (1995), Towards a Participative Methodology for the Viable Systems Model, in, *Systemist*, UK Systems Society, 17(3): 112–128

Beer, S. (1959) *Cybernetics and Management*, Wiley, New York

Beer, S. (1974) *Designing Freedom*, Wiley, Chichester

Beer, S. (1979) *The Heart of Enterprise*, Wiley, Chichester

Beer, S. (1981) *Brain of the Firm*, 2nd edition, Wiley, Chichester

Beer, S. (1985) *Diagnosing the System for Organisations*, Wiley, Chichester

Beer, S. (1994) *Beyond Dispute: The Invention of Team Syntegrity*, Wiley, Chichester

Bendell, T. (1989) *The Quality Gurus: What Can They Do for Your Company?*, Department of Trade and Industry, London, and Services Ltd, Nottingham

Burns, T and Stalker G. M. (1961) *The Management of Innovation*, Tavistock, London

Burrell, G. and Morgan, G. (1979) *Sociological Paradigms and Organisational Analysis*, Heinemann, London

Carroll, L. (1866) *Alice's Adventures in Wonderland*, Macmillan and Co., London

Checkland, P. B. (1978) The Origins and Nature of 'Hard' Systems Thinking, *Journal of Applied Systems Analysis*, 5 (2): 99

Checkland, P. B. (1981) *Systems Thinking, Systems Practice*, Wiley, Chichester

Checkland, P. and Scholes, J. (1990) *Soft Systems Methodology in Action*, Wiley, Chichester

Clemson, B. (1984) *Cybernetics: A New Management Tool*, Abacus, Tunbridge Wells

Clutterbuck, D. and Crainer, S. (1990) *Makers of Management*, Macmillan, London

Crosby, P. (1979) *Quality is Free*, Mentor, New York

De Bono, E. (1970) *Lateral Thinking: A Text-book of Creativity*, Spain Press, London

Deming, W. E. (1982) *Quality, Productivity and Competitive Position*, Massachusetts Institute of Technology, MA

Deming, W. E. (1986) *Out of the Crisis*, the Press Syndicate, Cambridge

Espejo, R. and Schwaninger, M. (1993) *Organisational Fitness, Corporate Effectiveness through Management Cybernetics*, Campus Verlag, Frankfurt and New York

Fayol, H. (1916) *General and Industrial Management*, SRL Dunod, Paris (trans. Constance Storrs, 1949, Pitman, London)

Feigenbaum, A. V. (1986) *Total Quality Control*, McGraw-Hill, New York

Fiedler F. E. (1967) *A Theory of Leadership Effectiveness*, McGraw-Hill, New York

Flood, R. L. (1993) *Beyond TQM*, Wiley, Chichester

Flood, R. L. and Carson, E. R. (1988) *Dealing with Complexity*, Plenum, New York

Flood, R. L. and Jackson, M. C. (1991) *Creative Problem Solving*, Wiley, Chichester

Flood, R. L. and Romm, N. R. A. (1996) *Diversity Management: Triple Loop Learning*, Wiley, Chichester

Galbraith, J. (1974) *The New Industrial State*, Penguin, London

Gilbert, J. (1992) *How to Eat an Elephant: A Slice-by Slice Guide to Total Quality Management*, Tudor, London

Gilbert, M. (1994) *Understanding Quality Management Standards*, Institute of Management, London

Gleick, J. (1987) *Chaos*, Heinemann, London

Hammer, M. and Champy, J. (1993) *Business Process Re-engineering*, Nicholas Brealey, London

Handy, C. (1985) *Understanding Organisations*, 3rd edition, Penguin, London

Handy, C. (1990a) *The Age of Unreason*, Arrow, London

Handy, C. (1990b) *Inside Organisations*, BBC Books, London

Heller, R. (1989) *The Making of Managers*, Penguin, London

Herzberg, F., Mauser, B. and Synderman, B. B. (1959) *The Motivation to Work*, 2nd edition, Wiley, New York

Hofstede, G. (1980) Motivation, Leadership and Organization: Do American Theories Apply Abroad? *Organizational Dynamics*, Summer: 42–63

Hoyle, D. (1998) *ISO 9000 Quality Systems Handbook*, 3rd edition, Butterworth-Heinemann Ltd, Oxford

Huczynski, A. and Buchanan, D. (1991) *Organizational Behaviour*, 2nd edition, Prentice Hall International (UK) Ltd, Hemel Hempstead

Ishikawa, K. (1985) *What is Total Quality Control? The Japanese Way*, Prentice-Hall, London

Ishikawa, K. (1986) *Guide to Quality Control*, 2nd edition, Asian Productivity Organisation

Jackson, M. C. (1990) *Organisation Design and Behaviour, An MBA Manual*, University of Hull, Hull

Jackson, M. C. (1991) *Systems Methodology for the Management Sciences*, Wiley, Chichester

Jackson, M. C. and Keys, P. (1984) Towards a System of Systems Methodologies, *Journal of the Operational Research Society*, 35: 473–486

Jay, A. (1987) *Management and Machiavelli*, revd edn, Hutchinson Business, London

Johansson, H. J., McHugh, P., Pendlebury, A. J. and Wheeler, W. A. (1993) *Business Process Re-engineering*, Wiley, Chichester

Johnson, G. and Scholes, K. (1993) *Exploring Corporate Strategy*, 3rd edition, Prentice-Hall, Hemel Hempstead

Juran, J. (1988) *Juran on Planning for Quality*, Free Press, New York

Kanji, G. K. and Asher, M. (1996) *100 Methods for Total Quality Management*, Sage, London

Logothetis, N. (1992) *Managing for Total Quality*, Prentice Hall International, London

Lovelock, J. (1979) *Gaia: A New Look at Life on Earth*, Oxford University Press, Oxford

Lovelock, J. (1988) *The Ages of Gaia*, Oxford University Press, Oxford

Lovelock, J. (1991) *Gaia: The Practical Science of Planetary Medicine*, Gaia Books Ltd, London

Lynn, J. and Jay, A. (1982) *Yes Minister*, BBC, London

Machiavelli, N. (1513) *The Prince*, (trans. G. Bull, 1961) Penguin, London

Maslow, A. (1970) *Motivation and Personality*, 2nd edition, Harper & Row, New York

Mason, R. O. and Mitroff, I. I. (1981) *Challenging Strategic Planning Assumptions*, Wiley, New York

Mayo, E. (1949) *The Social Problems of an Industrial Civilisation*, Routledge & Kegan Paul Ltd, London

McGoldrick, G. (1994) *The Complete Quality Manual*, Longman, London

McGregor, D. (1960) *The Human Side of Enterprise*, McGraw-Hill, New York

Morgan, G. (1986) *Images of Organisation*, Sage, London

Oakland, J., (1993), *Total Quality Management* 2nd edition, Butterworth-Heinemann Ltd, Oxford

Oliga, J. (1988) Methodological Foundations of Systems Methodologies, *Critical Systems Thinking, Directed Readings*, (Flood, R. L. and Jackson, M. C., 1991, eds) Wiley, Chichester

Parsons, T. and Smelser, N. J. (1956) *Economy and Society*, Routledge & Kegan Paul, London

Peters, T. J. and Waterman, R. H. (1982) *In Search of Excellence*, Harper Collins, New York

Porter, M., (1980) *Competitive Strategy: Techniques for Analysing Industries and Competitors*, The Free Press, Macmillan, New York

Porter, M., (1996), What Is Strategy?, *Harvard Business Review*, November–December: 61–78

Pugh, D. S. (1990) *Organisation Theory*, 3rd edition, Penguin, London

Pugh, D. S. and Hickson, D. J. (1976) *Organisation Structure in its Context: The Aston Programme 1*, Saxon House, Aldershot

Pugh, D. S. and Hickson, D. J. (1989) *Writers on Organizations*, 4th edn, Penguin, London

Pugh, D. and Hinings, C. R. (eds) (1976) *Organizational Structure – Extensions and Replications: The Aston Programme II*, Gower, Aldershot

Schoderbek, P. P., Schoderbek, C. G. and Kefalas, A. G. (1990) *Management Systems: Conceptual Considerations*, 4th edition, Business Publications, Dallas

Semler, R. (1993) *Maverick!*, Arrow, London

Senge, P. M. (1990) *The Fifth Discipline*, Century Business, London

Shingo, S. (1987) *The Sayings of Shigeo Shingo*, (trans. A. P. Dillon, Productivity Press, 1987)

Singleton, W. T. (1974) *Man-Machine Systems*, Penguin, London

Taguchi, G. (1987) *Systems of Experimental Design*, Vols 1 and 2, Unipub/Kraus International Publications, New York

Taylor, F. (1911) *The Principles of Scientific Management*, The Plimpton Press, Norwood

Townsend, R. (1985) *Further Up the Organisation*, Michael Joseph, Sevenoaks.

Trist, E. A. and Bamforth, K. W. (1951) Some Social and Psychological Consequences of the Longwall Method of Coal-getting [sic], in *Organisation Theory, Selected Readings*, (D. S. Pugh, ed.) 3rd edition, 1990, Penguin, London

Ulrich, W. (1983) *Critical Heuristics of Social Planning*, Haupt, Berne

Ulrich, W. (1987) Critical Heuristics of Social Systems Design, *European Journal of Operational Research*, 31: 276–283

Waldrop, S. (1992) *Complexity*, Simon & Schuster, New York

Waller J., Allen, D. and Burns, A. (1993) *The Quality Management Manual*, Kogan Page, London

Weber, M. (1924) Legitimate Authority and Bureaucracy, in, *Organisation Theory, Selected Readings*, (D. S. Pugh, ed.) 3rd edition, 1990, Penguin, London

Wiener, N. (1948) *Cybernetics or Control and Communication in the Animal and the Machine*, The Massachusetts Institute of Technology, Cambridge, MA

Woodward, J. (1965) *Industrial Organization: Theory and Practice*, Oxford University Press, London

品質的最新思潮

作　者 / John Beckford 著
譯　者 / 李茂興、留佳妙譯
出 版 者 / 弘智文化事業有限公司
登 記 證 / 局版台業字第 6263 號
地　　址 / 台北市中正區丹陽街 39 號 1 樓
電　　話 /（02）23959178 · 0936252817
傳　　真 /（02）23959913
發 行 人 / 邱一文
郵政劃撥 / 19467647　戶名 / 馮玉蘭
書 店 經 銷 / 旭昇圖書有限公司
地　　址 / 台北縣中和市中山路 2 段 352 號 2 樓
電　　話 /（02）22451480
傳　　真 /（02）22451479
製　　版 / 信利印製有限公司
版　　次 / 2004 年 7 月初版一刷
定　　價 / 450 元

ISBN 986-7451-04-X(平裝)
本書如有破損、缺頁、裝訂錯誤，請寄回更換！

國家圖書館出版品預行編目資料

品質的最新思潮 / John Beckford 著；李茂興,

留佳妙譯. -- 初版. -- 臺北市：弘智文化,

民 93

面； 公分

參考書目:面

譯自：Quality : a critical introduction

ISBN 986-7451-04-X(平裝)

1. 品質管理 2. 企業管理

494.56   93010550

弘智文化價目表

書名	定價		書名	定價
			生涯規劃：掙脫人生的三大桎梏	250
社會心理學（第三版）	700		心靈塑身	200
教學心理學	600		享受退休	150
生涯諮商理論與實務	658		婚姻的轉捩點	150
健康心理學	500		協助過動兒	150
金錢心理學	500		經營第二春	120
平衡演出	500		積極人生十撇步	120
追求未來與過去	550		賭徒的救生圈	150
夢想的殿堂	400			
心理學：適應環境的心靈	700			
兒童發展	出版中		生產與作業管理（精簡版）	600
為孩子做正確的決定	300		生產與作業管理（上）	500
認知心理學	出版中		生產與作業管理（下）	600
醫護心理學	出版中		管理概論：全面品質管理取向	650
老化與心理健康	390		組織行為管理學	800
身體意象	250		國際財務管理	650
人際關係	250		新金融工具	出版中
照護年老的雙親	200		新白領階級	350
諮商概論	600		如何創造影響力	350
兒童遊戲治療法	500		財務管理	出版中
認知治療法概論	500		財務資產評價的數量方法一百問	290
家族治療法概論	出版中		策略管理	390
伴侶治療法概論	出版中		策略管理個案集	390
教師的諮商技巧	200		服務管理	400
醫師的諮商技巧	出版中		全球化與企業實務	出版中
社工實務的諮商技巧	200		國際管理	700
安寧照護的諮商技巧	200		策略性人力資源管理	出版中
			人力資源策略	390

書名	定價		書名	定價
管理品質與人力資源	290		全球化	300
行動學習法	350		五種身體	250
全球的金融市場	500		認識迪士尼	320
公司治理	350		社會的麥當勞化	350
人因工程的應用	出版中		網際網路與社會	320
策略性行銷（行銷策略）	400		立法者與詮釋者	290
行銷管理全球觀	600		國際企業與社會	250
服務業的行銷與管理	650		恐怖主義文化	300
餐旅服務業與觀光行銷	690		文化人類學	650
餐飲服務	590		文化基因論	出版中
旅遊與觀光概論	600		社會人類學	390
休閒與遊憩概論	600		血拼經驗	350
不確定情況下的決策	390		消費文化與現代性	350
資料分析、迴歸、與預測	350		全球化與反全球化	出版中
確定情況下的下決策	390		社會資本	出版中
風險管理	400			
專案管理師	350		陳宇嘉博士主編14本社會工作相關著作	出版中
顧客調查的觀念與技術	出版中			
品質的最新思潮	出版中		教育哲學	400
全球化物流管理	出版中		特殊兒童教學法	300
製造策略	出版中		如何拿博士學位	220
國際通用的行銷量表	出版中		如何寫評論文章	250
許長田著「行銷超限戰」	300		實務社群	出版中
許長田著「企業應變力」	300			
許長田著「不做總統，就做廣告企劃」	300		現實主義與國際關係	300
許長田著「全民拼經濟」	450		人權與國際關係	300
			國家與國際關係	300
社會學：全球性的觀點	650			
紀登斯的社會學	出版中		統計學	400

書名	定價		書名	定價
類別與受限依變項的迴歸統計模式	400		政策研究方法論	200
機率的樂趣	300		焦點團體	250
			個案研究	300
策略的賽局	550		醫療保健研究法	250
計量經濟學	出版中		解釋性互動論	250
經濟學的伊索寓言	出版中		事件史分析	250
			次級資料研究法	220
電路學（上）	400		企業研究法	出版中
新興的資訊科技	450		抽樣實務	出版中
電路學（下）	350		審核與後設評估之聯結	出版中
電腦網路與網際網路	290			
應用性社會研究的倫理與價值	220		**書僮文化價目表**	
社會研究的後設分析程序	250			
量表的發展	200		台灣五十年來的五十本好書	220
改進調查問題：設計與評估	300		２００２年好書推薦	250
標準化的調查訪問	220		書海拾貝	220
研究文獻之回顧與整合	250		替你讀經典：社會人文篇	250
參與觀察法	200		替你讀經典：讀書心得與寫作範例篇	230
調查研究方法	250			
電話調查方法	320		生命魔法書	220
郵寄問卷調查	250		賽加的魔幻世界	250
生產力之衡量	200			
民族誌學	250